はじめに

鳥の鳴き声といっても様々で難しくて困る。なんておっしゃらないで下さい。

私達は学生時代に歴史の重大な事件の年号や、化学、数学などの重要な公式の概数や順序等を覚えるのにゴロ合せをして覚えたものでした。それと同じように鳥の鳴き方にもゴロ合せがありますし、自分なりに作ると面白くなります。


例えば、この三泗（さんし）地方では、イカルという声も姿も美しい鳥に出合うことが多くなったと思います。

この鳥は、本来は落葉広葉樹林帯で繁殖します。冬になると里や南の方の里山に越冬鳥として集団で確認されている鳥だったのですが、今から四〇年ほど前に三重県でも、この近くの野登山（ののぼりやま）で繁殖が確認されました。それ以降、二〇年ほど前から伊勢地方の里山でも繁殖、ここは常緑広葉樹林帯です。全国的にその理由は、はっきりしていませんが、低山帯の里山で繁殖していることが確認されるようになった、面白い習性の持主です。

図鑑で確認して下されば幸いですが、ヒヨドリぐらいの鳥で嘴は大きな三角錐形の目立った美しい黄色で、頭上と翼、尾は光沢のある黒色、体の残り部分は灰色で脇が少し褐色、時々「キョッ、キョッ」と、するどい地鳴きをした後、口笛を吹くような声で「キョコキー」といって年中囀(さえず)っています。嘴が大きいので、ムクノキの実やエノキ等の実を割ってよく食べますので昔から「マメマワシ」といっている地方もありますが、最近、伊勢で見ていますと、シイの実とかアラカシの実を食べている他に、蛾の蛹(さなぎ)やアオマツムシ、セミ等を捕食することもあり、決して植物の実だけではないのです。特に繁殖期は動物性の食物もよく食べているようです。

この鳥は全国的に様々な声で鳴くので大へん面白いのです。

この三泗地方での私の記録では、「四六(シロク)、二四(ニジユウシ)（四×六＝二四）」といって掛算のできる優秀な鳥です。他に「お菊二四(ニジユウシ)」と年令を言ってみたり、「月(ツキ)、星(ホシ)、日(ヒ)」と天体を言ってみたり、昔は、この地方から岐阜の谷汲(たにぐみ)地方にかけては、「赤着物着(アカベーコキー)」「みの傘着い(キー)」「清子帰(キー)」と啼くと言われていました。東京のような都会では「トッポジージョ」と言うと知人から聞いていましたが、最近では伊勢地方でも「トッポジージョ」と啼くのが出てきました。

伊勢では長い間、六羽〜一〇羽の小群団が同じ行動を取っていましたが、ここ三年ほど前からそれが五〇羽ほどになりました。繁殖群団が増え、越冬しに来る五〇〜一〇〇羽ほどの群と別々の行動を取っているようです。

神宮林で繁殖している群は、志摩へ通じる高麗広地区に定着しています。そこに住む人達によると、女の人が歩いていると「チョット姉さん」、男の人が歩いていると「チョット兄さん」と呼ぶ鳥がいるというのですが、それがこのイカルです。

そして内宮の宇治橋附近では、好天や曇天の時に必ずと言っていいくらい「今日イイ天気」とか「伊勢イイトコネッ」と啼いています。

また、私が学生の頃、五月の連休に京都の比叡山で行われた夜間探鳥会に参加した時のことです。京都大学教授で『鳥の歌の科学』という書籍を出された有名な動物生態学者の川村多実二先生のご指導がありました。真闇の中、杉の大木が林立し周りはさらに暗く、上空のわずかな樹冠の間から澄んだ夜空をさらに奥行きが感じられるように星が点々と眼に入ってくるが星座を読みとることはできなく、まさに深山幽谷の世界を唯々夜間に活動する鳥はいないかと総ての五感を働かせて足音も静かに山道を一団が歩いていたのです。すると遠くの方でかすかに、

「キョッ、キョ、キョキョキョキョ」

「ピッピピピピ」

と聞こえてきたのです。すると先生は、

「ほら、『本尊書けたか。』『天辺かけたか。』というように聞こえませんか。後に『ピッピピピピ』と鳴いたのは雌が雄の啼き声に反応した声です」

と静かにご説明されました。

私は、はじめての経験ですから、なるほどその通り、と心の中で興奮した感動を体験し今でもこれが昨日あったことのように記憶しています。すると、探鳥会に参加した人の中に新聞記者が一人いたのです。彼は、先生の説明を受け、ホトトギスの啼き声をひとしきり聞いた後で、突然、口を開いたのです。

「先生、先ほど先生のご説明を聞き、しばらく一生懸命にホトトギスの啼き声を聞いているのですが、

先生のお言葉を返すようですが、どうしても、『本尊書けたか。』とか『天辺かけたか。』というように聞こえてこないのです。私の職業柄でしょうか。『原稿書けたか。』としか聞こえないのです」と、彼は自分の思っていることを一気に説明したのです。

先生は、すかさず、

「うん。それは面白い。鳥の声を聞きなすということは、鳴き方を覚えやすくゴロ合せをするのだから、人によって感じ方はまちまちです。当然、同じ人でも、そのときに聞いた体調や精神的にどのような調子になっているのかによって受け止めた感覚は違っていますから、貴方がおっしゃったことは正解。大へん面白い。これから時々、ホトトギスの聞きなしの説明に使わせてもらいますよ」

とおっしゃったのです。

イカルはその点から考えると、とても聞きなしがうまくできる親しみのある啼き方をする鳥なのです。

（「ふるさとの自然と鳥たち」一四〇ページより抜粋）

目次

はじめに　3

第一章　講演録　13

第二章　エッセイ　161

装画・装幀　野村　雄大

第一章

講演録

本章各項は、本人が準備した講演原稿を、基本的にそのまま活字にしました。話すために書かれたものなので、文章としては読みにくい点もありますが、講演時の様子を忠実に再現するために、書きことばとしての修正は最小限にとどめました。なお、現在は使用されていない専門的なことばもあります。

神宮の森

実施日不詳（平成元年〜二年）
於　道路緑化講演会

「日本道路緑化」の総会にお招き戴きまして誠に有難うございます。緑化に係わるお仕事をなさっていらっしゃる皆様方はプロ中のプロの人達ばかりで私は些か困惑しております。

ところで「神宮の森」と言いますと皆様方はどんな森を連想されるでしょうか。

昼の休息時間を利用して、ときどき五十鈴川に架かる宇治橋の中央で静かに上流部の緑の山腹を眺めていますと、

「緑がきれいだね」
「森がきれいな緑でいっぱい」
「五十鈴川の水が澄んでいてきれい」
「空気がうまい」
「五十鈴川はどこにあるの」
「この橋の下が五十鈴川だよ」
「いや水が流れていないから川ではなく堀だよ」
「素晴しい形のマツがあるよ」
「マツクイ虫の被害はあるのかな、大丈夫だろうか」

「照葉樹の森だと聞いていたがスギとヒノキの造林地ではないか」
「原生林だと言われているが、原生林は日本にあるだろうか。神宮に来てみてもそれらしい樹木の群生地は見当らないぞ」
等と個人が感じることを大声で語りながら御本殿のある森へと立ち去って行く光景は面白いです。

宇治橋から上流部の視野に入る森は確かに総て神宮の森です。伊勢湾台風一九五九年（昭和三四）九月二六日、志摩半島で風速六五㍍で機械が故障し記録がそれ以上はされなかったと言われ、さらに夕方六時半頃から風は強くなり、午後七時半頃から八時半頃までのわずか一時間ほどで樹木のほとんどは、風の通り道を中心に倒木やら幹、建造物の破壊が発生しました。参道近辺の低木層の樹群や、小さなスギ、ヒノキはその後、植栽したもので、そんな事件があったのかというような調子で林層を形成しようとしている環境です。

神宮では、幸い古文書が温存されており、年表を繙いてみますと凡そ一〇〇年に一度は伊勢湾級ほどの台風が来襲し参道周辺の森は被害を受け、献納された樹木の苗木を植えているようです。例えば御贄（みにえ）調舎（ちょうしゃ）附近の三本のスギの内一本は倒木となり、大木は材として銘木なので、笹杢（ささもく）は皇居と国技館で立派な役目を果しております。御本殿前の石段の左側にある幹が三本となっている三本杉は有名でありますが、樹皮の性質からみると私は三本が献納され一個に植栽され、幹が太くなって一本にみえるものだと考えています（これは後日の台風で一本が倒木折損し、三本が一本に観察されていたことが判明した）。

いずれにしても春には遠景の山腹の緑の中に点々とヤマザクラが目にとまります。そのサクラ色は山に変化を与え近景のサクラの花が霞むように棚引く姿は、言いようもなく美しいもので誰もが感動する光景です。それに続いて初夏の若葉は近く、あるいは遠くに各々赤緑、黄緑、緑、白緑、青緑等と緑々した山腹の色彩や、またその形が一本一本それぞれに変化している様は、見たものでしか感動することができないほど、その移り変りにおいては多様なものがあります。さらにその景色は霞、霧、雨などがかかったときは典型的な日本画の鑑賞で横山大観等の巨匠の編み出した朦朧体を目前で感じているみたいです。このような景観は夏の単調な深緑に変化をもたらす現象です。

ちょっと脱線しますが、神宮の森のように様々な樹木の老大木が点々と存在し、その大木が天命を全うし、森の中で一人立ちしていることができなくバランスを崩したとき、皆様は一体その老枯損木はどんな時に倒れると予測されますか、想像されたことがありますか。これはクイズとして提言したいと思います。いきなり私の方から質問したので戸惑われたでしょうが大きく七つに大別し、どれかに挙手してみて下さい。

1　真冬の寒くて、なにもかも氷りつくような厳寒期の朝。

2　雪の降るとき。これは一〇センチほどの積雪としましょう。三〇センチ以上の積雪だと二〇センチほどのスギの生木は折れてしまいます。

3　風の強い日。伊勢湾台風のような特殊な風ではありません。台風であれば元気な生木でもひっくり返ります。この場合は普通の木枯し程度の風と致しましょう。

4　風もなく雨もなく晴れてもいないごく普通の穏やかな日でしょうか。

5　雨の日で集中豪雨のあるときでしょうか。

6　雨の日で霧雨のような天候でしょうか。

7　枯損した細い枝から順に折れて倒れて行くのでしょうか。

正解は「7」です。これは、無風、曇天、午前中で今にも雨が降ってきそうで降らないときで、季節は梅雨期なのです。

自分は本当に天命を全うしたというように地響きを立てて倒れるのです。

内宮の神楽殿で当直をして、この件について遭遇した職員は、

「大きな地震のときの地鳴りのような音がして、共に建物が揺らぎます。大抵、夜明け前が多いです」

「伊勢湾台風以前の森は、年に二回ほど毎年このような現象がありました」

と、異口同音に、私に話をしてくれました。

これが、本当の自然の常緑広葉樹林の極盛相の森の環境です。

そこで皆様は自然に生育している樹木はどれほど根張りを広げているとお考えでしょうか。これは最近ユネスコで世界の植物の性質について調べようということで日本の動植物の学者がそれぞれの専門に従って調査した結果、植物の根はどれでも樹冠の投影面積の四倍の面積に広がっている。即ちクローネ（投影面積）に当たる気圧に絶えるには直径の二倍、即ち四倍の樹冠面積に受ける気圧の重さに耐えなければ倒れてしまうという結果が出たそうです。一平方センチ、一気圧の重さの支えが必要なのです。一〇〇平方センチであれば一〇〇気圧です。皆様方はその重さを感じられませんが無意識のうちにすごい空気圧がかかっていますよね。

さて、皆様方の中には御社殿の存立する横に広々（約一ヘクタール）とした白石の敷きつまった土地のあることはご存知だと思いますが、古殿地といって、秋に遷宮が終り、翌春になると古い建物を壊し、その後の敷地は次の遷宮準備までは自然状態で放置しておくところです。現在の古殿地は大体一五年ほど経過

していますが、様々な植物の種子が落下し発芽し生育します。樹木は生育の良いのは一〇～一五㍍ほどになり主にアカマツが林立します。この現象は神道の原理の一つである生命の蘇りを示すもので「再生」を表現しているのです。何か知らないが地中には人間よりも力の強いものがいて私達の生活の基になる植物を立派に育んでくれている。これはまさに「神の力」以外のなにものでもない。と私達の先祖は考えたのですね。この考え方が遷宮の基本であり、毎年私達が「米」を食べてその活力をもらって活動しています。これが米の文化の哲学です。ちょっと脱線しましたが、話を戻しましょう。

以上の結果、私が三〇余年間で神宮の森とか他の森林等で経験した結果によって自分なりに判断をしますと、神宮の自然林は約一〇〇～一五〇年を経過すれば常緑広葉樹林帯の森は破壊され、幼樹が成林し、極盛相になり、極盛相になった頃、再び台風等で破壊され成長し再び極盛相になるという繰り返しをしているという推測ができます。

伊勢湾台風後約五〇余年経過した外宮の森は、台風被害を免れたスギ等の大樹とその下層に自然に復旧した森林の鬱閉（うっぺい）状態をみて極盛相に近い状態で覆われていることに気づきます。

内宮の森の遷移については　森林事業は機械化されなかった昭和初期（昭和三〇年以前）に於ては大規模な森林破壊はなかったのではないかと思います。脆性（ぜいせい）、人力で利用できる範囲でしか利用されなかったと思います。

例えば大木が倒れ、幹がどんなに利用価値があったとしても、材の搬出ができなければ放置しなければなりません。すると大部分の倒木は再び土に帰るしかありません。直径二㍍近くのスギの倒木は腕利きの杣夫（そまふ）が二人がかりでも三日はかからないと一個所を切断できません。ところが昭和三〇年代に入ると動力機の導入によって、チェンソーを使えばどんな不器用な人でも山で伐木経験のある人であれば半日あれば切断してしまいます。ましてや重量物の搬出には土木機械等を利用すると、どんな奥深い山でも材木は人間が利用できる里へ姿を現わすことができます。その一方で、今まで何十万年をかけ安定した森林内の林床は一瞬のうちに破壊され、その後いくら人が手を変え品をかえ養生しようが森林が自分自身で作りあげた土壌環境は元に戻らなくなってしまいます。

常緑広葉樹林の本当の極盛相というのは、一般に外観だけを取りあげ神宮林で申せばクスノキとシイノキ等のカシ類の繁茂した高木層の森だと思われがちになりますが、実際に林内へ入ってみると外観からは観察できない現象が沢山あります。

例えば、孤立木が健全な樹木に被圧され立枯れになり点々と林内に立っている森では森の小動物が適当に棲み分け縄張りを形成しています。ムササビ、リス、ヤマネ、小鳥類ではコゲラ、アオゲラ、アカゲラ、シジュウカラ等です。

通常、幹から出た枝は、下の枝の太い部分から頂きに行くに従って細枝に変わりますが、台風で倒れた樹木の中でまだ根っこの部分が三分の一以上地面に着いている場合は、空中に向かって立っている枝が幹に変身し、倒れた幹に一列に並んで成木になります。

また根元の樹木とは全く異質の植物が、まるでヤドリギのような状況で生育した風変わりな樹が時々発見されます。これは大きな空洞や枝分かれの部分に他の植物の種子が偶然に落下し、発芽、生長したものです。

神宮の内宮の神域では、ヤドリギザクラとして銘木に指定されています。この樹は幸い伊勢湾台風での被害を免れました。

国学者の本居宣長が、

来ても見よ杉にさくらの花咲きて神代もきかぬ神垣の春

と詠んでいます。スギの直径約三㍍ほどある樹の高さ約一〇㍍ほどの枝に穿（うが）たれた穴が空き、幹は中心部が空洞となっている。そこへヤマザクラの種子が落下。周辺にヤマザクラはありません。多分、小鳥の糞が穿たれた穴に落下。幸いにそこは腐植物が堆積し、水分状況もよかったのでしょう。発芽し大きくなったヤマザクラは、幹周りが大正時代に測定したら四尺以上、今で言うと一㍍二〇㌢以上はあるサクラになっています。これは幹の腐朽部分を根が伝って地面にめり込んでいます。直径約四～五㌢ほどの太い根が樹皮の上部に二本、幹の内部は、はっきりしませんが四～五本がありやはり地面にしっかり根着いていました。スギの大木は南側の傾斜地ですが地形はわずかに凹地となり（一〇〇～一五〇平方㍍）、少しばかり（二～三㍍）がへこんだ中央部分にあり、その周りに生育するカシ類に取り囲まれて無事だったのです。ヤマザクラの根は凹地の中で沢山根を張っているのには驚きました。

　この他、御本殿に至るまでの参道で気をつけて観察しますとスギに腐着したヤドリキヤマモモ等が観察できます。また、これは旧木曾の御料林（ごりょうりん）の中には幹の下部はサワラ、上部はヒノキ。逆になった手品も同然の現象になった写真も残っています。また、倒木が朽木化し腐植土同然になったところに種子が落下してヒノキ、スギ等が発芽、生育し今まで横たわっていた範囲だけが天然更新し競い合って森を構成します。

　特にヒメシャラの大木の倒木が多い屋久島等に行きますと天然更新の仕方が変っていて興味をそそります。屋久島では大樹がフジとかテイカカズラ等に覆われ、元の大樹が枯死され、本体はありません。

蔓を被ったような現象等、特にアコウの群落では驚くばかりの光景に出合います。地元では「枯らしやの木」と呼んでいます。クライマックスになった森は、樹木の個々にそれぞれの歴史を秘めており、自然はこれが丁度私達の発病したときに治癒するのと同様の状況だと想像して下さるならばよいと思います。このバランスが崩れたときは生命が絶えることになるわけです。この現象に近い神宮の森は昭和三四年の伊勢湾台風前までの森であると私は思っています。

さて、こうして神宮の森の来た道、これを知ることは神宮の森の保全をするためのヒントにもなると私は考えていますので端折ってご紹介致しましょう。

いま定説となっているのは、私達の住んでいる太陽系の存在する宇宙です。この宇宙はビッグバンの現象からはじまるといわれています。ビッグバンという現象は、時間も空間も質量も総てのものが縫針の先端のとがったところのような小さな点に凝縮されていたものが、突然に大爆発を起したもので、今なお、その爆発によって拡散しつつある。今から一五〇億年前の出来事だったと言われ、その中の一つの現象に太陽系があり、地球が誕生し、それが約四六億年前の出来事だったということです。この時の地球は火の玉で生命体は存在していません。

時は過ぎ三七億年前はこの地球に酸素は分離されておらず岩石の中に閉じ込められたままでした。三六億年前になると、生命体を構成するタンパク質は他の星から飛来したといわれ、生きるための情報を持ったタンパク質（私達の生命を構成する基本となるＤＮＡ、ＲＮＡ）が存在するようになり、単細胞生物が出来上がったと言われています（従って地球人は宇宙人でもあるのです）。単細胞生物はやがて多細胞生物へと進化し、植物は光合成を盛んに行い分化し、空中へは大量の酸素を放出し現在の空気を構成して来ました。

一方、動物は高等動物の出現となり、シーラカンスのような魚類の出現となったのは今から六億年ほど前のことです。その頃の地球は陸地が一つで地軸は今のように固定せず絶えず大きく変動していました。従って陸上部の生物は寒暖差があり過ぎ、この現象に対応できる生物の進化はほとんど行われませんでした。陸地が現在のような配置に分散しだしたのは、今から約二億年ほど前のことで、大型動物の出現したのは二千万年前のことでした。その間、神宮の森はまだ姿も形もありません。何故ならば四千五百～千九百万年前のことで、地球の地殻変動が盛んだった頃ですから半分は海中にあり、半分は陸地が出来あがりつつあった状態だったと言われています。その間に陸地は現在の大陸分布を完成させ山脈を造り河を造り大洋と湾を造山活動によって造り、今までほとんど変化のなかった気候帯においても現代に近い状況の気候風土を各地に造りあげて行きました。言うなれば環境変化を多様化すると共に同一場所での極端な変化はしなくなったのです。

そうなると地球上の植物は現代に近い形で種や種の生活型が固定化され、動物は植物の影響を受けつつその生活型が固定化しはじめ、分子系統学上における霊長類（サルの仲間）が出現しはじめて今から五百万年前の出来事となりました。やがて人類はアフリカ大陸の地溝帯附近から出現し（現在では霊長類と人類が分れたのは化石からみて八百万年前に遡るといわれる）陸地を北方に移動しはじめたのは今から三百～四百万年前の出来事でした。人類は四万年ほど前、チグリス、ユーフラテス地方から大陸を東西に分れて分散し、西へ移動したのは北欧系民族となり一部はヨーロッパ大陸の北部を北上し東へ移動した北方民族、東の方へ移動したのはモンゴロイド系の民族で東洋人となったのです。さらにこの民族はシベリアからオホーツク海を横断し北米から南米へと移動したのがアメリカインディアンだといわれています。そして南米大陸の最南端で人類の分布は終了するわけですが、これが旧石器時代の人類の分布であると同時に文化的にも現代のような変化はみられず哲学的な考え方についても大きな変化はなかったものと考えられています。この頃の地球は寒冷化されていてオホーツク海は簡単にシベリアから北米へと移動できたのです。寒冷化が厳しく氷に覆われた地球は現在の水面より一〇〇㍍ほど下っていたからです。これが約一万年前のことで、地球全体は温暖多雨の時代を迎えて現在に至っているのです。

日本列島はなんとか屋久島の一部が森林帯で大部分の陸地は氷河とツンドラ地帯だったようです。これを証明できるのは北アルプスのカール状の地形で高山植物やライチョウはその名残の生物です。神宮の森等も広くツンドラ地帯だったようです。その証拠として現われているのが宮川沿線にある神宮がヒノキ苗を生産している伊勢市佐八町の苗畑です。この地より西方の津市久居町あたりの苗畑をみると黒ボクで腐植に富んだ土壌に覆われています。専門家の話によると、関東地方の黒ボクとは違ってツンドラで構成されたコケが堆積して出来上がった歴史があるといわれています（例えば北米やカナダで現在でも採集されるミズゴケは長さが一㍍以上に生長しており、恐らく伊勢地方のミズゴケ類もこのような形態ではなかったかと想像すれば、黒ボク状の土壌が覆っていることはツンドラ地帯であったことの予測はできます）。

また、日本古代史に関する資料『魏志倭人伝』に記述されている植物をみると、中国の使節団としてやって来た役人は、日本はクスノキ、トチノキ、ボケ、クヌギ、ヤマグワ、スギ、ヤダケ、サンショ、ショウガ等が沢山生育していて住みよい国であると表現しています。この頃はかなり温暖化が進み海岸部からクスノキ等の常緑樹が繁茂していたことが窺えます。暖帯林となって現在の神宮林とほぼ同じような林相を呈していたものと思われます。縄文時代の後期に当たります。

さらに『古事記』または『日本書紀』の風土に関する記述をみると素戔嗚命（すさのおのみこと）の話が出て来ます（素戔嗚尊・

須佐之男命とも書く）。尊は子供と共に新羅に渡り、日本の国は島国であるから船がないと困るというので植林の技術を教えたと言われています。それは眉毛を抜き「ふーっ」と息を吹きかけたらクスノキが生まれ、髭を抜いて息を吹くとスギの木が、胸毛を抜いて息を吹くとヒノキが生まれ、宮殿建築の材が出来、隠れ毛（尻の毛）を抜いて息を吹くとコウヤマキが生まれ、これは棺の材料に使用したというのです。これは植林するときの山地は、どのような性質の土壌であればよいのかを教えているのです。クスノキは尾根筋の風当たりの強い場所でも台風被害で枝が折れ易いから平然と立っているし、カンフルを含んで腐朽しにくいから大丈夫だ。スギは谷筋の比較的湿潤な水捌けの良い場所に、ヒノキは山の中腹の比較的土壌の良好な場所を、コウヤマキは谷の暗い水捌けの良好な比較的傾斜のゆるい地域に適していることを理解しやすく体の部分で表現したのです。今は台風で大部分が被害にあったが、神宮林の一部では明治時代に短冊造林といって谷スギ、尾マツ、腹ヒノキ（尾は尾根のこと、腹は山の中腹のこと）という造林を実施し良好な成績を治めていました。

ヒノキの生長は木曾材で平均一ヶ年で土壌や光線の当たり具合の良好な場所で約三ミリ、約一六七年で立木の生長にすると胸高直径は六〇センチ以上が必要になるから約二〇〇年以上経ないと用材になりません。現在、神宮では試験的に、施肥にワラを、試験木の周辺にある被圧する木は間伐を繰り返し実施するといった特殊施業したものは平均して一センチの胸高直径の生長になります。順調に行っても最低六〇年は必要となります。自然状態では様々な条件を考えてみても一二〇年以上の年月が必要になりますし、一回の遷宮で約一万三〇〇〇本（平均の太さでみる）を要します。従って下刈を省略するのと江戸時代に稲架丸太や柱を必要とした尾鷲林業のように一ヘクタル当たり一万本植栽は致しません、いくら多くても六〇〇〇本植で途中の手入時に強度の伐採をします。これは幼令樹の撫育のためなら処理してもよいことにしていますから実際に山のヒノキの生育状況をみて木目細かく作業をしています。話をすればまだまだ続き尽きません。時間が来ましたので私の話は終らせていただきますが、現地を見学されるのが一番ではないでしょうか。その折は営林部へ申し込まれたらよいと思います。

森と鳥

平成元年十一月九日
花菱会
於　徴古館会議室

1　挨拶

皆様こんにちは！　花菱会は昭和二四年に設立され今日まで神宮を影の力としてバックアップされ、今年は四〇年を迎え、去る十月十四日盛大に記念式典を挙行されたと仄聞しております。

高い席をお借りして神宮職員の一人として改めてお礼申しあげます。本当に有難うございます。

さて、私事で大へん恐縮に存じますが、先程ご紹介戴いたように私は長い間営林部の現場の仕事をしており、山へ行って実物と名簿を一致させていたこと、営林部の者が管財の仕事をすることは異例なこと、さらに仕事とは別に時々報道で「三重野鳥の会」の世話役として鳥に関係したことをやっている等があって本当の私の専門はなんなのか知らない職員から質問を受け「杉浦さんの専門は本当はなんですか「鳥」を専門とする職場はないし……」言うなれば管財へ何故行くことになったのかという意味だと思いますが「鳥」のことしかとりえのないのが私です。

そんなこともあって私は花菱会でお話しするのは三回目となりますが、すべて「鳥」に関係する話ばかりを皆様にすることになります。中には「またあの話か」と思われる方があるかも知れませんが、大方の人が新しいのでちょっと安心しました。

第一回目はよく記憶していませんが確か昭和三三年か三四年の六月だったと思います。「神宮の鳥について」どんな鳥がいるのか紹介しその中で鳥を知るには鳴き声で、覚え易くするには鳴き声の聞きなしだと昔から伝えられています。

ある探鳥会の時、センダイムシクイと言う鳥は「焼酎一ぱいグイー」と教わり、会員の子供が「お父さん焼酎一ぱいグイーがいた。あの鳥の名はなんだった」「うーん、なんだった。忘れた！　焼酎一ぱいグイーでいいぞ」という実話を話しました。後日、世話係に「祭主様を笑わすような話はお前が初めてだ。もっと真面目に話さんといかんぞ」という苦情をもらい今でも昨日のことのように思い出されます。

二回目は昭和五七年四月「神宮林の野鳥について」スライドを使い伊勢湾台風前後の森の変化と鳥相の変化を紹介しました。

第三回目の今日は「森と鳥」と題して、森は鳥を守り、鳥は森を守ってくれることを話す予定にしています。今年は地球環境年であるのでこの紹介と日本の環境は森を育んでいくのに最適な条件を持っていること、鳥という動物はどんな生き物か、その鳥との付き合いの仕方はどうしたらよいか、最後に纏めとして環境を守り子子孫孫に貴重な環境という遺産を受継いでゆくことができるように働きかけるのは、育児に専念される女性パワーなくしてはできないのだ、ということを時間の許す限りお話ししたいと思います。そして、最後に普通にみられる鳥の声の録音を一〇分ほど聞いて参考にして戴く予定にしています。

2

1. 地球環境

地球環境年という言葉は新しく出来た用語で報道で騒がれていますが、ヨーロッパの産業革命以来、経済の高度成長に伴って地球上全体の環境が急速に悪化しております。これは米国のNASAによる地球観測や南極観測ではっきりして来ました。フロンガスによって大気中のオゾン層が破壊され太陽から出る生物にとって有害な紫外線が地上に大量に降り注いでいることがわかったのです。つい最近まで日本人は紫外線による影響がないので平気だというぐらいの関心の低さでした。

ところがこのフロンガスは大気の温暖化とも関係があると言われ、勿論大きな影響は二酸化炭素による温室効果で今のままで推移すれば西暦二〇四〇年頃までに地球の気温は平均二度ほど上昇すると言われています。すると地球の北と南の両極に現在大量に積み重なった氷が解け出し地球は水浸しになる。人間が生活している平野部の大部分は一㍍ほど水が浸水し海となってしまう。大へんなことです。

それでは二酸化炭素を出さなければ良いではないかと言うことになると、人間生活をする以上減らせません。では、温室効果ガスの原因となっている二酸化炭素を減らすためにはどうしたらよいか考えたら良いのです。地球が出来てから現在まで凡そ四六億年、植物が地球上に発生し酸素を分離し大気中を覆うようになってやっと動物が現われ人間が生活できるようになってきたのです。

つまり、酸素の生産者は大量の木、即ち森林であるということです。森林は大気中に大量に出た二酸化炭素を吸って光合成を行い、酸素を出すのです。

ところがこの地球上の森林を代表する熱帯降雨林をみるとどうでしょうか。フィリピン、ボルネオの熱帯林は戦後日本の復興産業のため必要以上のラワン材が伐採されてしまい、熱帯林は消滅してしまったのです。そして樹の苗を植栽しても成林しないのです。スコール等の集中豪雨で肥沃な土壌が流出し環境は悪化するばかりです。

私事ですが義兄が建設省に勤めており、国家間の諸問題の一つとして砂防ダム建設の技術指導でよくフィリピンへ行っていました。そして「ダム建設だけで解決は不能。根本的には荒廃した土地を熱帯林にするにはどうしたらよいか考えることが先だ。すると過去に自然保護を真剣に考えていた君の方が今になると羨ましい」とよく電話で伝えて来ました。日本ではその深刻さは到底計り知れませんが今までの経験から私はわかる気がします。

ベトナム戦争で枯れ葉剤を使用して枯損した森林や海岸部のマングローブ林の減少はエビの養殖に影響しています。これは日本への輸出産品の生産場として伐採され減少しています。アマゾン流域の広大な熱帯林の減少もブラジル政府の政策で伐採はし放題でまったく見る影もない現状だということです。農作物を作る畑地の開拓のためだといわれますが二〜三年は収穫は大丈夫でしょうが日本のような農地には決してならないのです。

また、緯度の高い針葉樹林地帯のある北欧、カナダの森林帯は酸性雨による被害によって立枯れた森林が大量に現れてきたと騒がれています。シベリアのタイガー地帯といわれる大森林地帯も開発のためにみるべき森林帯はなかったとシベリア鉄道で旅行した人が言っているのを聞きました。また、二十年ほど前に世界の森林地帯を観察したことがあります。アラスカの方にシトカという小さな島があり、九州ほどの島ですがそれは素晴しい森林で主に日本のモミやマツの仲間の大木でした。これを日本の王子製紙が共同開発し大森林を全部伐採した後、植林していたが気候が厳しいのと煙の公害、酸性雨によって植林が成功せず荒廃地となっていたところを見て驚いたのです。

　このように地球上の大森林地帯は益々スピードを上げ減少しています。経済の高度成長に伴う環境破壊は言葉で言い尽せないものがあります。そこで日本はどうか見直してみると例外ではありません。伊勢湾台風（昭和三四年）前後の様子と比較すればわかります。神宮の森も荒廃はひどいものです。例えば内宮の参道に生育する大きなスギを伐採するのに台風以前は樵（きこり）と手間取りで四人一組となって、調子よく伐採できても一日に一本を伐倒すれば上等でした。それが現在では二人一組、チェンソーでバリバリと伐倒してしまうのに一時間一本という、大体一五～二〇倍のスピードで伐採してしまうのです。

　米国などでは私達はカニバサミと言っているが、カニのハサミのような機械で根元を伐るのです。上の方は倒れないようにその機械で支えるようになっているのですが五分ほどで油圧式の機械で伐ります。地形はほとんど平地同様ですから森林もたまったものではありません。三〇～五〇年ほど前と比較にならないスピードで森林が消えているのです。

2. 日本の環境は森を育むのに最適

さて、日本の気候は森林が生育するのにどのような状況であるかを考えてみましょう。

世界地図があると理解し易いのですが、雨の少ない大砂漠が世界では五ヶ所ほどあります。アフリカ、中央アジア、中国、オーストラリア、米国です。これらの砂漠では雨が降らないので人間が生活できず人類が作り上げた立派な文化が滅亡してしまいました。それは森林を伐採してしまったためだとも言われています。

また、昭和四九年九月に前大宮司で先般お亡くなりになった徳川宗敬（むねよし）先生が神宮の御遷宮用材を育成するには直接役立たないかも知れないが海外の林業状況を観察すれば何か参考になることもあろう、と言われ、営林部の私に白羽の矢を当てて下さったので、短期間であったが米国の西海岸太平洋側の北はアラスカから南下し、つい先日地震のあったカリフォルニア、ロサンゼルスと世界の森林地帯から砂漠地帯を視察させて頂きました。その時、カリフォルニアの東北にあるヨセミテ国立公園に寄ったのです。およそ四国の広さです。米国の国立公園はどんなことがあっても人が手を加えることができないのです。

ちょうど行った時は山火事で遠くに煙が出てましたが、人畜に影響がない限り火は消さないで放置し自然に消えるまで待つのだと言ってました。それに、樹木を刳（く）り貫（ぬ）いて自動車が通るようになっていた世界最大の大木が集まる森、ビックツリーのあるところでは土が乾燥しさらさらの砂地でした。何度も火事があり災害から抜け出した樹木が今の大木で、高さは約一〇〇メートルだと言いますので、内宮参道沿にあるスギの大木の二倍の大きさです。樹令はおよそ四〇〇〇年といわれており生長は大へん悪いのです。日本と比較すると問題になりません。そこへ行くのに道はありますが道路が出来て当時で八〇年ほど経過していると言ってました。

斜面は樹木が生育しにくく、よく育っているところでも精々直径が二〇センチほどでしたから樹木は大切にしていました。大木の枝が垂れ下がって道路の行く手を塞いでいた時でした。邪魔な枝だと思ったら日本では簡単にその枝を払い落してしまうのですが、バスはその手前で停まるのです。そこで林業関係者ばかりですから「後に来る人のために枝を払っておこう。誰か鋸を持ってないか」とバスの中は一時騒然となりました。すると運転手は鋸ではなくロープを持ってないかと言うのです。長くはないが持っている人がいたので運転手にロープを手渡しました。運転手は車を停め席を外れ、ロープを枝先に結わえ若い人達二〜三人を指さしてロープを引っ張れと命令したのです。続いて運転手は、

「この付近の樹木の生長はとても悪い。この道路（今通っている道路で国立公園の主要道路全体のこと）は八〇余年前に開設されて以来道路方面はやっとこの程度の樹木しか生えない。現在も将来においてもこれは同じ状況が続くであろう。それにこの区域はどんな小さな木を伐っても罰せられます」

と言いながら高さ三〇㍍前後の日本のモミに似た木を指差して話してくれました。枝は弓のようにしなりバスはかろうじて障害の枝から離れたとき運転手はうまく行った、有難う、と何度も心から嬉しそうにゼスチャーたっぷりに表現していました。

ところで樹木の生長は降水量が問題となります。ヨセミテ国立公園の一年間の降水量は四二ミリ、ほとんど霧で、しかも冬期です。夏の植物の成長期は乾燥して一ヶ月も二ヶ月も雨は降らないのです。比較のために津地方をみると、冬の一番乾燥している一月は降水量が四三ミリです。ヨセミテの一年より一ミリ多いのです。三重県の平野部では平均年間降水量は一五〇〇〜一七〇〇ミリ、山間部は二〇〇〇ミリ以上降ります。尾鷲は屋久島に次ぐ降水量といわれ約三〇〇〇ミリ以上、屋久島はアマゾン地方の熱帯雨林に匹敵する四〇〇〇ミリ以上です。従って日本の土地は原生林のように見える地域でも意外と森林の年令は若い。幸い自然の回復は早いということであります。

伊勢湾台風までは神宮の神域でもよく見られる倒木の枝が幹になって並んで生育したり腐朽木の上に

幼樹が生育したりしている状況です。今では富士山の樹海にしか見られなくなってしまったのが原生林です。

縄文時代当時の私達の祖先は、そんな環境の中で生活し、土や木、森や山に不思議な力を見出し、それを神の仕業でと考えて自然とお付き合いをして来ました。伊勢湾台風前まではそんな雰囲気が内宮の神域の森でよく体験できました。例えば、神楽殿などの建物でした。庇は大木に譲り建物の一部を刳り取ったり、廊下の中に大木があったりしてうまく自然を取り込んでいました。年輩の人ならまだ新しい記憶として残っているはずです。それに神宮の祭典の中の動作あるいはお供えの品々の中には縄文時代のものをそっくり再現しています。

言うなれば、つい最近まで日本では、縄文文化と現代文化が融合して生き抜いて来たと言っても過言ではないのです。御神宝に須賀利（すがり）の御太刀があってその柄にトキの羽がどうしても必要なことは皆様もご存知のはずです。このトキと言う鳥も本来江戸末期にはこの周辺に沢山生息していたのです。それは絵画にちゃんと表現されています。ところが現在では絶滅し将来の御神宝調整に材料がなくなったらどうしたらよいか考えなければならないことになってしまったのです。

これは自然と融合したお付き合いを明治以来していなかったためです。そう考えると神社の森を中心にして私達の周辺にある森林の大切さは切々と胸に迫るものがあります。

3．鳥という動物は

さて、トキのことを考えるとなぜ鳥はそんなに弱い動物なのか、あるいはもっと広く鳥とはどんな動物なのだろうかということを知りたくなります。それではタイムスリップして地球という歴史をちょっと振り返ってみることにしましょう。

宇宙ができ、太陽系が形成され、地球という一つの天体として独立したのが、今から約四六億年前のことだと言われています。そして地球には現存する大気はなく酸素はありませんでした。動物がこの地球上で生存できるのは酸素があるからです。初めは今と違って藍藻類が、今は葉緑素を持っている植物が光合成を行って二酸化炭素を固定するだけでなく酸素もうみだしているのです。

ちょっと脱線しますが酸素があってオゾンが生れます。オゾンは酸素が三個くっついて大気中にあります。オゾンのお陰で生物にとって有害な、太陽から来る紫外線という物質が吸収され、私達生物は安閑として生活ができるのです。それが最近ではオゾン層の破壊が起り影響が出はじめたというのです。

話を元に戻して鳥類はジュラ紀に始祖鳥としてこの地球上に初めて姿を現わしたのです。人間は二五〇万年前、現代人は七万年前に出現し人類の文化が初めて出現したのは精々一万年前だと言われています。これをコスミックカレンダーとしてみると人類は除夜の鐘の鳴る一秒前に出現したといわれ、人類の歴史の新しさを指摘されています。鳥は出現して以来今日に至るまで空を飛ぶために自分の体を犠牲にしてこの地球上において最大限の進化発展をとげた動物なのです。例えば、骨はカルシュウムで出来上がり、重い物質です。地球の重力に反発できる程度に中心部分を空洞にし、歯はなくし軽く硬いタンパク質に変え、形は採餌あるいは餌の種類によって大小様々に多種多様に変形してしまったのです。さらに大食でなければエネルギーが摂取されません。しかし、どんどん食べると体の中は食物でいっぱいになり重くなるので消化器官を短く不要な膀胱をなくしてしまいました。生活に必要最小限の器官に省略したり変形して飛ぶための精巧な機械と同じように体の作りを変えて現在の状況に進化したのです。器官が精巧に出来ているため、環境のちょっとした変化に対して私達の体のようには適応できないのです。順応出来なければこの地球上から姿を消して行く結果となるわけです。この代表に鳥のトキがあったのです。従って鳥類は、順応することで昆虫類に次いで種類が多くなり、高等動物（脊椎動物）では最も種類が多く、また地球上のあらゆる環境で生活することができるようになったのです。

熱帯はもちろん両極の寒い地方（ペンギン）や、砂漠（ダチョウ他）がその例です。

世界にはおよそ八五〇〇種の鳥が生息していると言われています。そのうち日本には約五二五種が記録されているそうです。これは多い方です。面積の割合からみると、日本の面積は世界の二％にあたりますが、鳥の種類は六％です。これは多い方です。三重県では三二〇種ですから、日本の六一％が観察されたことになります。神宮の森では一三〇種で、三重県で記録されたうちの四一％が記録されています。数が少ないのは、森林が主となる環境にあるためです。しかし、一年を通してみると、毎年だいたい一〇〇種は記録されており、これは大へん多いことです。なぜなら、一日しか記録されていない珍しいものも含まれているわけで、毎年同じ数の一〇〇種ずつが記録されているものは、三重県下の三一％にあたります。これは、森林がよほど安定していなければ観察することができないことになります。

4. 普通の鳥とのお付き合いの仕方

伊勢神宮周辺部に住んでいる私達は前述のようですから鳥とのお付き合いについては大へん幸せではないかと私は考えております。

また、私事ですが三重県野鳥の会で探鳥会を催し説明をしていると、次のような質問が帰って来てちょっと戸惑うことがあるのです。

野鳥は警戒心が強く親しみが薄いのでなんとかならないだろうかというのです。

それは、私達の方がよくないのです。鳥は私達が彼等と同等の動物であるという気持ちになってそのようなお付き合いをすると必ず鳥の方から寄ってきてくれるのです。

つい一週間ほど前の朝日新聞に出ていましたが、日本写真連盟の特別賞だったと思っていますが、子供が砂浜の上で何気なくウミネコの群をみていると周囲のウミネコが子供の後ろの方から近づいてちょっかいをかけてみようかと言う動作をしている写真が載せられていました。

これなどは典型的に人と鳥とが対等のお付き合いをしている状態のときであります。いうなれば鳥に警戒心を与える付き合い方は私達人間の責任であると私は考えています。また野鳥は小型の鳥ほどじっとしていることはありませんし大型のものほど落ち付いている傾向があります。それに何度も観察していますと、どんな種類はどのような所作や習性をもっているから私達の方でどのような対応をすれば最適なのかが分かります。やはり経験が必要になってくるのではないでしょうか。自然に私達と鳥が無言の対話ができるようになってくるものです。こういった態度は「なじみのない動物」という烙印を押す前にどの生物にとっても観察する場合の基本的な態度だと私は思います。

そこで今から鳥と友達になってみましょう。と心掛けたときその近道は一体どうしたらよいのかと言うことになります。

時期はこの冬からが一番よいでしょう。その方法はじっと静かに観察する場合、家の中に小さな植込みのある庭があれば申し分ありません。そこへ餌台を設置してやるのです。餌台設置は自然保護を強く訴える人からみると不自然で、よほど寒波が強く雪に覆われて採餌することが困難な場合は別ですがあまりやらない方がいいかも知れません。理由は採餌を怠け、弱者が多くなるので良くないと言われています。

さて餌台の設置は台の高さで猫の攻撃を防ぐために地上から一・五～二・〇㍍ほどの高さが欲しいですね。猫が台に乗れなければよいのです。台の板は約三〇×三〇㌢前後の大きさの板に、板の縁に高さ一㌢ほどの木を打ち板が反らない処置をし、底板の四角は雨水が落ちる小さな穴を開けます。縁板はあまり高くすると餌台の中から外部の危険がわからないので鳥は利用しません。屋根等をつけると警戒して利用しません。台の上は毎日少しずつ粟、米屑、稗など穀類と、周辺の一部に浅い口の広い器に水を入れてやります。欲を言えばリンゴ、ミカン等輪切りにして木の枝に吊すのもよいでしょう。やって来る鳥はスズメ、メジロ、ツグミ、キジバト、ムクドリ、ウグイス、ジョウビタキ、ヒヨドリ等です。そうすれば鳥類の習性をよく観察することができるようになります。

いや！　もっと自然の状態で自分は観察してみたいと思われて、時間と庭に余裕のある方は、大小「実の生る木」を植えられるとよろしい。小形の木はセンリョウ、ムラサキシキブ、クチナシ、キンカン、大形の木はカキ、ナンテン、ピラカンサ等です。鳥は飛ぶためには大へんなエネルギーを必要とします。そのために大量に餌を摂取します。また、鳥は体重を少しでも軽くするために消化器官を短くし、すぐ排泄しなければならないので消化できない種子は糞として体外へ出します。種子の方も自然に地上落下するより動物の体内へ入り地上に落下した方が発芽しやすくなるので得策です。自然の仕組の不思議な力と考えた方がよいでしょう。実際は硬い殻の一部分に酸または酵素によって芽が出易い部分ができます。従って庭の中では給餌台の周辺部に鳥が休憩するので翌年の春には見たことのない植物がひょっこり顔を出すことになります。放置しておけば庭は素晴しい林になって行きます。昨年の暮に倭姫宮の古殿地に高さ一㍍前後のアカマツの他にクスノキ、スギなどの幼樹がぎっしり生育していました。昭和天皇が崩御されたとき、特別警戒で夜、倭姫宮を見廻ったときその幼樹は全部抜きとられて私は残念に思いました。それは日本の自然の回復力の素晴しさを写真に残しておきたかったからです。これと同様に里山は人間と自然が一番係わりを持っていたクヌギ林など村落から低山地に移行しようとしている丘陵地ですが、今でも素晴しい自然の復元力をみることができます。

先般、三重大学の先生から鳥は山を保護するだけだと考えていたがムクドリの群等は里山のねぐら地に新しい森林を作り出すことに気づいた。それでよいのだろうかと質問を受けました。その通りですと答えて鳥の素晴しい力があることを一人でも多くの人に知ってもらいたいから講義の中でうんとPRしてもらうよう頼みました。このような現場をみると、昔の人はまさに「土が蘇ったのは神の力以外にはない」と考えるようになったのです。

さて鳥に近づく方法としては身近な鳥が一体どんな声で鳴くのかということを知っていると一層興味を持つことができます。例えば「スズメはどのように鳴きますか」と皆様にご質問します。皆様はきっと幼児に親から教わった「チュン、チュン」とお答えになるでしょう。スズメは普通「チッチェ、チッチェ」とか「チェプ　チィ」とか「チィチェ」と鳴きます。この繰り返しです。その他都会のスズメは三〇種ほどの鳴き声を持ちますが、田舎のスズメは精々五～六種だと言われています。鳥は案外、棲んでいる場所で鳴き方が変ります。方言がどの鳥にもあります。身近な例でカラスがいます。ハシボソガラスは「カアー」という声が濁っていますがハシブトガラスでは澄んで聞こえます。中には中間の鳴き方をする者がいますので嘴が細いか太いか注意しなければなりません。

次にホオジロは昔から手紙を書くのが得意なのか「一筆啓上仕候（イッピツケイジョウツカマツリソウロウ）」と鳴くと全国的に言われています。また「丁稚鬢付（デッチビンヅケ）いつ付けた」と聞こえるそうです。神宮の森にいる種も時々そのように聞こえます。若い人は理解できないと思いますが、昔は小学校を出ると仕事を覚えるのに丁稚奉公に出されました。すると先輩の言う事を次々と聞いて完成させて行く、それこそ夜になって寝る暇さえないほど忙しいので当然自分の顔や頭の毛の手入さえ出来ない始末となります。それで鬢付の手入れをいつしたのかという冷やかしの表現ですね。他にホオジロは「源平ツツジ白ツツジ」等とも聞かれます。三重県ではこの手の種が多いようです。ウグイスは昔から「法々華経」と言われていますが中には「ホーホケキィイーヨ」と変化に富んでいるのもいます。宮城林では「アークティビィティイ activity」と英語を使うのがいてびっくりです。私は外国語に弱いものですから困りましたが活動的で活気ある鳴き方でした。

キジバトは「鉄砲捨てた」というように聞こえます。ハトは平和のシンボルだから面白い鳴き方をするといって教えてくれたのは私の家内です。これは私が戴き皆様にいつも紹介させてもらっています。「ちょっと来い」とか「ちょっくら来ーい」と大声でこれからこの附近でよく聞かれるのはコジュケイという鳥ですが元は日本のものではなく大陸の鳥です。大正時代から養殖に成功し人工的に繁殖させ放鳥したので全国にひろがった種類です。神宮の森では伊勢湾台風以前は生息していない種類でしたが、台風後は全域に分布するようになりました（平成十年にはほとんど鳴き声を聞きません）。環境変化に敏感な鳥です。サシバは最近全国調査が行われＮＨＫで三ヶ年ほど連続してラジオ放送で渡りの経路確認が報道されたから皆様に馴染み深いタカです。カラスほどの鳥ですが秋になると群団で伊良湖岬を飛び立ち、伊勢の上空を通って淡路島、四国、九州、沖縄へと移動し、冬はフィリピン方面で越冬し、再び繁殖のために日本にやって来る鳥です。芭蕉も

鷹ひとつ見付てうれしいらご崎　芭蕉

と詠んでいます。昔から伊勢地方ではこの鳥の飛来で農作業の目安にしていたと言われています。この鳥は「ピンピー」と鳴くので伊勢地方ではピンピー鳥という方言がありました。全国的には「金十円（キンジウエン）」と聞きなされていますが、最近では「kiss me!」と聞こえるそうです。聞きなしは楽しいのが沢山ありますが時間の都合で省略し、身近な鳥の声を録音してありますのでお聞き下さい（一〇分）。要は遊びながら鳥類に近づくことが大切かなと私は思っています。

5．神社の森を大切に！

こうして鳥類や森林のことを端折って紹介しましたが纏めてみることにします。

私達は日本の気候が当たり前のように思っていますが地球全体の規模として大局的に見ると両極の氷

の世界、砂漠地帯というように生物が生息するには厳しい環境が多いことに気づきます。もっと大きく見ると宇宙で考えただけでも地球のように生命のいる星はほとんど発見されていない。

この良好な環境の星の中でも日本国は素晴しい環境です。昔から日本は四季のある国と言っていますが六季ほどに分けることができます。春、初夏、梅雨、盛夏、秋（晩秋＝秋雨前線）冬です。他国では春夏秋冬、または夏と冬と言ったように季節的変化は少ないのです。言うなれば季節的変化が多いことは地域毎に様々な状況で環境が変化することです。私達はそこを一度離れ一年間過ごしてみるとよく分かります。いくら文明が発達した地域でも私達が生活しようとすると極めて厳しいことを感じます。地球自身は自浄能力があって環境の良好なほどそれは強いからです。様々な事を考え合わせてみると日本の自然は森林を開発から守って行くためには神社の森が最後の砦ではないでしょうか。

神社本庁が全国の神社界に「神社の森を大切に！」というキャンペーンを始めたのもわずか五年ほどまえからです。これも故人となられた徳川宗敬（むねよし）統理さんが口を酸っぱくして早くから称えられていましたが、それまでは神社界もみんなどこ吹く風でした。神社界が動き出したのは、報道関係がよく環境問題を取りあげ国家でもやっと動き出したという頃になってからでした。動かないよりましです。神社界では森と神社は密接な関係があるとしきりにいう割には腰が上がりませんでした。根底には説明なしの習慣だからと言う雰囲気があったので現代人を説得し得なかったのでしょう。現代では科学的に様々な証明がされ説明ができることも沢山でてきました。昔の習慣、特に神道が連綿として先祖から受け継いできたアニミズムの文化は理に叶っているのです。それを私達は頑に踏襲するのではなく新しい文化発展のために利用しなければならないと思います。

そういった意味で最近はヨーロッパや米国の植物学者達が神宮へやって来て神域の森を眺め、神社の佇まいを見、哲学的な思想を研究しています。寧ろ私達は神社の森は空気のような存在だと皆んな思っているものですからその大切さが理解できなかったのかも知れませんが再研究することが必要です。

例えば伊勢湾台風前後の神社の森や樹木について具体的に考えてみましょうか。森林の極盛相です。今の神宮の森では極盛相は見られません。その極盛相は尊厳保持に一致するものと私は考えています。

老樹が自然に倒れ、半ば朽ち果て幹とも土とも判断できないような状況の上に上空から僅かな光を求めてスギやヒノキの小さな苗木がびっしり生え揃っている状況。親を犠牲にして次の世代への遷り変わりの甦る力の不思議さ。あるいは倒木で根が地面から離れ一部分が地面と接している大樹は全体が生きているので枝が全部一列に並び同じような大きさの木が根元の方は大きく先端部ほど小さくなって元気よく生育している樹々…。これを見てもやはり生命の甦りを感ぜずにはおられません。

梅雨時の森林の中は霧に覆われ、何一つ聞こえないシーンとした幽玄そのものです。そんな雰囲気の中で突然大音響が森の方からおこります。大木が自然の生命はこれで終ったというようにです。神楽殿は地響きと共に地震のように建物が揺らぎます。自然現象として私は体験し驚きました、と言うより背筋がぞっとする思いでした。

強風で倒れれば風のせいかと驚くことはありません。その後幾日も経過し地響きの奥で倒木を発見し、朽木から稚樹が根を張り大きくなっている状況を見ます。根元が幾重にも重なって芸術的なオブジェを作り苔むした自然が仕組んだ芸術だと感じればそれまでですが、その複雑な状態で持ちこたえていたと思ったとき私は森の中には不思議な力のあることを肌で感じ「神」の存在を考えてしまいます。

そこに私達の先祖は小さな祠（ほこら）を造り神の存在を考えて森の中には偉大な力のあることを覚え木一本にも神霊のあることを感じ神楽殿の建物の庇が邪魔であれば庇を切り捨て樹に譲り廊下の真中に大木が

あったのです。今は不思議な哲学が忘れ去られ形式だけにこだわっている傾向にあります。悲しいことだと私は思っています。自然保護の原理は神道の古くから考えを求めようとしているのです。それを伝えて行くのは子育てをされる女性だと思います。男性はそのような伝承には役立ちません。家庭で育児に専念される女性の特権かも知れません。大人になってからの情緒豊かな人は胎児から三才までに出来上がった脳の働き如何だといわれています。そういった意味でご家庭に帰られたら私の話を思い出して少しでも地球を住みよい環境に育てて行くことに共感して戴けたら幸せだと感じます。御清聴有難うございました。

森

平成三年八月三〇日

伊勢中央ロータリークラブ

皆様お早うございます。雨の降る中を内宮に早朝より参拝され大へんお疲れ様でした。宇治橋を渡り御本殿までを往復されると神宮の森のごく一部を散歩されたことになります。それぞれ皆様森と対話をされその雰囲気についていろいろな感想を持たれたのではないかと私は想像致します。

森を構成しているのはなんでしょうか。目につくものは大木になったクスノキ、スギ、ヒノキ、ムクノキ、カシ類といった樹々です。その中には足元を見ると土の上を這うように埋める林床植物（コケの仲間、発芽したばかりの植物の芽、落葉、枯枝等）さらにこれを食べる、あるいは分解して栄養補給をしている動物、顕微鏡的視覚の生物達、私達の背丈ほどある背の低い樹木、十数年前後中層を構成する樹木達で森はいうなれば生物の遺伝子が温存されている倉庫のようなものです。

このような貴重な森ではどんな業がくり広げられているでしょうか。皆様がよくご存知のように樹木は太陽エネルギーを受け光合成を行っています。空中の二酸化炭素を吸収し酸素を出し、私達動物がその酸素のお陰で生きていられることはすでに小学校（今では幼稚園児でも知っている）で教えられ、日本人であれば誰でも知っていることです。

光合成を行った植物は呼吸すると同時に個々の副産物まで体外に放出します。私達の体臭というものと同じだと思って下さって結構です。

例えばクスノキにしてみましょう。クスノキの葉、枝、樹皮、枯枝、根、実、花、いたるところにカンフルといわれる香りがあります。機会があればためしてみて下さい。また、この香りはクスノキが生育している場所毎に強弱があり、他の影響も受け様々なカンフルの香りを私達は感じます。そしてそれは受け止めた人によって強烈な刺激になったり、よい心地になって精神的な安らぎとなり、ときには病いが治癒したりします。スギノキであればスギの香りがし、お寺の御堂を連想したり、飲んべいでしたら居酒屋のスギ球を、また、スギ皮葺(ふき)の屋根、天井板や細工物、仏像などを連想されるでしょう。サクラを見れば桜餅の香り、細工物、ヒノキでしたら法隆寺の五重の塔や神宮の御本殿、桧皮葺の屋根の香り、マツノキでしたらマツ独特の香りが森の中に存在していることに気づかれたのではないでしょうか。

湿気の多い日は特に感じます。世間で話題となっている森林浴の香り、難しく言えば「フィトンチッド」です。ロシア語なんですが「森の殺し屋」という意味です。前にも述べましたが植物は光合成を行って主に酸素を放出すると同時に細菌類をやっつける消毒薬類を合成して体外に放出します。従って森の中では無菌室の中にいるようなものです。多種多様な植物が相互に働き合い複合作用が起って健康的には最適な環境なのです。

神宮の森を構成している樹木は約三〇〇種、それ以外の植物は八〇〇余種あります。植物が豊富なこともあって主に小型の動物の昆虫類が多いのですが、四つ足の哺乳動物、鳥類など併せると約三〇〇〇種が森の中に生活しています。そしてお互いに干渉し合って森の雰囲気を作り出していますので各人様々な感じ方のあることは当り前のことなのです。

最近世界的に話題を呼んでいる環境問題で熱帯林の破壊があります。テレビ等で私達は知るしかありませんが、南米アマゾンの熱帯雨林の破壊は大規模で、あまりにも人間エゴの典型が集中していて目を背けたくなります。これを憂いた米国の学者が中心となって、世界の各専門家が集まり、森林の規模を様々に変化させるとどんな影響が出るか五～六年前から研究を始めました。

　例えば森林を一〇〇㌶以上の大きさの区域、一〇〇㌶、一〇㌶、一㌶等の各々の規模になるよう自然林の周辺部を伐り開き、孤立化させたのです。すると真っ先に影響が出たのは鳥類で種類や個体数が減少したのです。一〇〇㌶以上の森林はアマゾン本来の森林環境で温存されている広さのところ、一〇〇㌶で少し人間の影響があると感じられる区域、一〇㌶は人間がかなり影響を与え熱帯林としての存在がみられない、一㌶は人間が開発を行い、その後何かの理由で開発しなかった、つまり森林としてその存在を認められないような孤立してしまった状態を作り、熱帯雨林としての集団となるためにはどれだけの塊りとなることが必要なのかという基礎的な資料を知るために大規模な実験をしたのです。すると鳥類の種類は森林が一〇〇㌶以上集っていた区域では三六二種、一〇〇㌶では一八〇種、一〇㌶では九〇種、一㌶では三二種しか生存しなかったという結果が出たそうです。勿論、この場合個体数の比較をしてみると驚くほど減少しています。

　では、何故、種類がこんなに減少するのか、それは森の中しか生活できない「モリアリ」の仲間が生存できなくなるからだと言われています。熱帯雨林の生態系の中には森林に依存して生活する多数の昆虫類がいます。森林の中には落葉、落枝、枯損木、あるいは動物の亡骸等多数存在していますが、それらがそのままですと熱帯雨林はまたたく間に死体の山となって足を踏み入れることさえ不可能となってしまいます。ところが自然界はうまくしたもので、モリアリのように森林内の死体を食べる生き物がいるのです。森林内で異状発生し個体が増えたものを調整して、安定した環境が保たれているのです。

　アマゾンの森林ではちょっと理由があって、モリアリの集団におそわれると、その通路に当たる区域はどんな動物でもまたたくまに白骨化してしまうくらいだとして恐れられ、力あるものは一斉に逃げ出します。すると待ち構えていた鳥類が、逃げ出した昆虫を捕食する。適当に自分にあった食糧として有難くいただく。自然界の食べる食べられるという生態系の食物連鎖が出来上がるので鳥類の種類も個体数も森林が大きいほど温存されやすくなるわけです。モリアリは大森林が存在しなければ生存が不可能なのです。それは森林が大きいほど樹木間の相互補助が働き合って森林は存在するからです。

例えば林縁木（りんえんぼく）は風に強く乾燥に強くなければ生存できません。それが急に破壊されると次々に森林内に影響を及ぼし森林は枯れてしまい森林全体は枯死します。ちょうどリンゴを包丁で傷つけ放置すればその部分から腐ってしまうようなものです。いうなれば鳥類の存在はモリアリが追い出してくれた昆虫類を食べることができたお陰でだったのです。

それに鳥類は生物界のうちでも「飛ぶ」という目的をもって、地球の引力に逆らって空中を活動するわけですから、できるだけ軽くしなければなりません。計算上ではハクチョウ以上の大きさになると飛べなくなるそうです。体重を軽くするためには自分の体を犠牲にしなければならないのです。例えば太くて重い骨は中を空洞にして力は変らないパイプにするとか、歯をなくし消化器を縮小したり、排泄器官を節約したりそれは涙ぐましい努力をして現在の体つきになったのです。従って、環境のちょっとした変化に対し非常に敏感に反応します。環境変化に影響を受け易いわけですから、先刻ご紹介した実験に対してまたたく間に反応したわけです。人間の知ることができる範囲は食物と営巣です。鳥類も他の動物もみな同じですが、いくら食物があっても繁殖できる環境にいないと種類や個体数は減少してしまいます。「県鳥」になったシロチドリはそのよい例です。

さて、世界を代表する森林の例をご紹介しましたが、今度は身近な日本の森林を代表する「神宮の森」

についてご紹介しましょう。その前に神宮の森の山というか森林はどのような形で施業して行くのかということを説明しておくことが必要です。

皆様もご存知のように「二〇年に一度、神宮の御社殿は古い御殿を造り替えて新しいものにし、神移しをしなさい」と言うのがご遷宮で、これは奈良朝に出来上がった延儀式の儀式帳に記されてから途中一時中断したこともありますが復活し、一三〇〇年来延々と続いている祭行事です。伝統を維持するという努力は大へんなものです。

人生でいうなれば生きる目標です。どうしたら存続できるかを考えることはいつまでも若々しくできることで、大へん意義のあることだと思います。大きな生きる目標を持っていた日本人だからこそ、戦後の経済復興に対しても素晴しいものがあったわけですし、ヨーロッパ、米国等の先進国も驚いたわけです。

話を元に戻しますが、昔は御遷宮用材の桧材は現在の神宮の山から伐出していました。それが欠乏し室町時代の頃より木曾山に移り、大正時代の終りになると昔の御杣山(みそまやま)に復旧するために森林の施業方針(山の経営方法の憲法、経営という言葉は経済優先ですから私は使いたくありません)を決定し現在も踏襲しています。

神宮の森は全面積が約五六〇〇㌶ほどありますが、その内、内宮神域が約一〇〇㌶、第一宮域林が約一一〇〇㌶、第二宮域林が残りの四三〇〇㌶ほど、その内三五〇〇㌶は桧の造林地にして御遷宮用材を供給しようとしていますが、残り部分の八〇〇㌶は特別施業地や防火樹帯があって天然林のままにしてあります。

そして、現在ではスギやヒノキの造林地は約三〇〇〇㌶となってあとわずかばかりの天然林を造林地に植林したらよいことになるのですが、ここで問題が発生します。先刻述べましたように天然林と人工林は集団的に区分して管理しています。そこに生息する鳥類の種類や個体数を長年に亘って調べていると、一年間で記録されるのは天然林で一〇〇種程度、人工林で最も少ないのは一～五種、多いところで三〇～四〇種（これは森林の樹令、調査地の環境で違う）と、大体天然林の方が二倍以上種類が多くなるのです。これは当然のことです。樹種（植物）が多いことは、そこに生息する動物（主として昆虫）の種類が多いためなのです。その方が森林内も防災上は安定しているのですが、この詳細は時間の都合で省略します。

大正十四年に森林施業の憲法ができたとき、材積で針葉樹〇・五、広葉樹〇・五の割合で森林を構成しなさい、と言っています。現在の神宮では人工林は〇・九が針葉樹、〇・一が広葉樹となっています。比較的造林地内に広葉樹が多いなと見えるところでも針葉樹が〇・八、広葉樹が〇・二ぐらいの割合です。第一宮域林の天然林で構成されている区域でも針葉樹が〇・五三、広葉樹が〇・四七の割合です。材積を五分五分にしようとするならば針葉樹を〇・四、広葉樹を〇・六ほどに人工林を調整しないといけないのです。神宮と言えど経済優先は免れません。最近は間伐材の単価は低迷し予算が立てられないからです。その甘えは結果として森林災害に対し弱くなる理由の一つです。

皆さん漢字は象形文字で習性をよく表現していることはご存知の通りです。私の名字の「杉」は山全体に広葉樹が存在し、谷筋のところに黒々とした筆を立てた穂先のような形をした樹がペランペランとしていることを現わしている字です。屋久島に生育する自然林の様子はどこの照葉樹林の山へ行っても同じ形態をとっています。これが人工林では全面的にスギ、スギ、と整然と縦に並んだ姿となり一般に美林だといって褒めます。こうしてみると神宮の御本殿界隈は伊勢湾台風後はすっかり変ってしまったことになります。

信仰の対象となる神宮の森自身も、本来の精神的なよりどころではなく経営方針により目に見えないように変化させてきています。為政者の判断に負うことは自然との共存が恐ろしいものに変化してしまうことになりかねません。

森とは杜という字を書き、杜は神様がおわします森林であり、その森林は川で隔てられ、一般の里山近くに神が存在するのだと私達の先祖の縄文人は考えていたのです。私達は明治以降は西洋文明の影響を受けアニミズムの文化を忘れ去ろうとしていますが、神道は縄文時代前から日本人の宗教だと私は考えています。そして、それは「森の信仰」であると考えています。さらに信仰は「心向」とも表現できますね。

さあ、そこで縄文時代の人になり切って想像してみましょう。日本の地形は大陸に較べると遥かに急であり、雨が多いです。森の木を広く伐り倒し森林破壊をしてしまうと洪水に見舞われ、せっかくの畑の収穫は一夜にして駄目になってしまうことを私達はよく知っています。しかし、そこには肥沃な土壌が残され翌年は豊作になることも知っていました。だから山の木を伐ることを大へん恐れていました。また、山の頂上附近は畑耕作をしてもいけないこともよく知っていました。耕作は水の便利さが必要です。森林を伐採してヨーロッパのように牧草地にならないかと考えても無理です。ヨーロッパより遥かに多い降水があります。神宮の古殿地に生育するマツの幼樹を見てもわかるように、日本の裸地に一〇年手を加えなければ立派な森林の卵に生育してしまうからです。土の中に産霊（ムスイ）が存在すると考えたのです。今の時代だからこそ種子と適温と適湿があれば植物の新しい息吹きがあり、それが成長し結実すれば私達に活力の元を与えてくれると知っています。昔は山の中には不思議な魔力があり恐ろしいぞ、きっと人間業ではない大きな力が存在するのだと感じ、それは「神」以外のなにものでもないと考えたのでしょう。一方、山中は湿気が多く害虫（蚊や蜱）に自分が脅かされ、ときには蝮に出合って命を取られた仲間もいた。不気味なところであると当時の人は思ったに違いありません。さらに、人は必ず死を迎えます。死ぬのはいやだ。気持ちが悪いものだと考えた縄文人は人が死ぬと必ずその霊は町に近い西の山（端山）に帰るものだと考えたのでしょう。

一方、神道では「神」はこの天上界に八百万といらっしゃって私達が必要とあって呼べばいつでもこの地上にやってこられ私達が願望すればそれを聞き届けて下さる。仏様やキリストのように姿を現わすことはないが、山の頂にある岩座や大きな大樹の先端などに寄り移られる。天と地の中間点が山であり死者が行きつくのが西の山であり、丁度里山は神あるいは仏様のおられる中継地点にあるのだと、後の弥生人も考えたのです。それが鎮守の森でもあったわけです。そして鎮守の森の木を伐ることは木(気)の命を奪うことであり、私達の先祖はそれをとても嫌ったわけです。

都市内の道路の中央に大きな大木が立っていてそれを迂回し再び巾の広い道路が出来上がっている（名古屋市役所近くの清水口西）ことをよく経験します。木の祟りがあるというのです。この考え方は日本だけではありません。独では日本とよく似た考え方をしているために植物学者（主に生態学者）は戦後に日本の活力となったものは何かということで神宮へ勉強にやって来たということです。また、文化人類学を研究している人達によると世界の人類が考えることは総て一緒であるというのです。端的に言えば人類の文化は「木の柱」の文化だといってます。その代表に言われるのが神宮の「心の御柱」です。

神宮では心の御柱のお祭は極秘のお祭として特殊な行事となっています。

仄聞すると、ヒノキの径三〇センチ、長さ二メートルほどの丸太を土の中へ埋め立てる行事ですが、恐れ多いというので目隠しをして行うそうです。それは現在の御本殿の中心に当たる位置に安置され、周辺は瓦笥(かわらけ)を山と積み榊の枝を周辺に差し、立て垣をするのです。世間では内宮の御神体は「八咫(やた)の鏡」と言ってますが「心の御柱」も御神体だそうです。御神体は二体存在することになるわけですがアニミズムの御神体も進化発展したとみるべきでしょう。現在でも神宮の三節祭では両方を祭るそうです。本来は神の依り代として「ヒノキの柱」を弥生人は使っていたのでしょう。そして天皇を中心に国家統一されると自然界の岩座や大木など神の依り代であったものが、自然そのものではあまり尊厳さも感じられなくなります。誰でも近くまでやって来られて、象徴的で明確なものにしておかなければ意義がないということで、神の依り代に変わるべきものとして平地林の鎮守の森の中の一角を平たくし、そこに心の御柱を立て神の依り代としたのです。日本の神道を代表する神宮はそういった意味で世界的に注目されて来ました。

それと同じように、東洋の宗教を代表するものに仏教があります。発生地の印度では、死者が出るとその亡骸を地に埋め、目印にするために土饅頭を作り、頂に木の枝を立てて置いたのです。それが、中国―日本へと渡来してくる間に進化発展して日本で集大成し、法隆寺の五重の塔のようになったのです。

さらにヨーロッパを中心にして全世界に存在するキリスト教についてみると、やはり仏教と同様に亡骸を埋め目印に木の枝を立てた。そして自然のものと区別できるように枝を結び十字の印にしたものが十字架です。

アメリカインディアンやオーストラリア原住民、北方民族の原住民達についても同様です。大きな丸太を持って来て自分達が崇拝する神となるものをイメージして柱に彫刻し、神の象徴としました。そうしてみると人間はこの地球上のどこに生きていようと、考えることはみな同じではないか。それであるのに環境が違うというだけで、湾岸戦争などのように、なぜ相対立する二つの考え方による行動というものが起こったのか、と残念に思います。人間の文化をもっと充分研究すれば、どこかに共通したものを発見し、発展させていけるのではないでしょうか。

そうみると、寛容的な考え方、これは科学的にはなかなか解析することはできませんが、日本人が古来から独自文化の他に、外から入ってきた新しい文化や考え方を上手に取り入れて、独自のものとして進化発展させてきた生き方は、とても重要なものだと思うのです。この生き方により、日本人は戦後も大きく飛躍することができ、世界の人は目を見張るばかりです。ここに新しい活路があるのではなかろうかと言われて来ています。

以上のことから考えますと日本の神道哲学といいますか非常に貴重なものがあると思います。

さて、哲学と言うと堅苦しく難しいように思いがちですが、私達が地球上で少しでも生き長らえるようにする鍵は基本的には現代の私達の考え方にあるのではないでしょうか。そこで私達は地球の誕生から再確認してみると面白いと思います。

地球が太陽系から誕生し独立の天体の一つとなったのは今から四六億年前だと言われています。いい換えれば四六億年間の歴史があるということです。この年月を太陽の周りを地球が廻り、一年間即ち三六五日に割り当て表現したのがコスミックカレンダーと言われ、それに当てはめると人類がこの地球上に出現したのは十二月三〇日頃、さらに人類独特の文化を持つようになったのは十二月三一日の夜中、新しい年を迎え除夜の鐘が鳴る二〜三秒前の出来事であると言われています。人類の文化はそれほど新しいものです。その文化を発展させ近日に至ったのは一体なんでしょうか。それは「科学」と「技術」で途中から「経済」が第三の文化として参加し、あまりにも突進し過ぎたので混沌たる世界に突入し二一世紀の展望がわからなくなってしまったのだと考えられます。それは「心」が疎外されてしまい「心」が現代科学の発展に追いつかないからだとさえ言われています。それでは大切な「心」とは一体なんだろうか、各人が勝手に違った考え方をしていては解決しません。私は「心」と言うものは頭の中の脳細胞の働きによって発生するものだと考えます。

脳の機能は科学の発達や技術が向上したお陰で急速に発展しました。神経細胞のニューロンや、ニューロンとニューロンの接合部はシナプスによる伝達の働きによって人類は無限に近い創造性を造り上げ、それはまるで宇宙の謎に近いほどの絡繰（からくり）となって第二の頭脳（ブレーン）に発達したといわれています。新しい事実が発見されどのようになって行くかは専門家へ譲るとして脳の発達段階は大きく三区分されると言われます。第一は原始的な脳です。これは生命体を維持する上で欠くことができない分野です。（多少違うがわかり易く言えば）地球上の動物で昆虫類等による脳です。その脳を覆うように脳が大きく発達し活動している脊椎動物以上のものです。大脳辺縁系という分野でこれはワニ以下の動物が持つところの感情処理ができるところです。そして類人猿人類等の高等動物になると、その大脳辺縁系の上にさらにもう一つ大きな脳神経が集まり大脳新皮質が形成され、人間のように感情を持ち思考力を沢山備えることができます。進化論から考えるとこれ以上の脳の発達は不可能で、もっと発展するならばこの大脳皮質内だけの変化に止まるとさえいわれるくらいに脳細胞が発達したわけです。

地球上の歴史の中では、始まりは一つの単細胞で、そこに詰まっている生きるための情報（ＤＮＡ）は、動植物を問わず一緒です。多細胞生物が次々と形を変えて姿を現すのも、すべてその情報の働きで、生物は非常に無駄な情報をいっぱい持っていて、ごく一部がこの世に出現し活躍しているのです。つまり、地球上の生物は、単細胞が発達し現在の人類で止まっていて、すべてが先祖はまったく同じ一つの仲間であり、それが新参者によって支配される型となっているのです。同じ仲間であれば、私達は、仲間の犠牲によって自分達の明日への命があるのだという考え方にはならないでしょうか。

私達は残念ながら五感によって感じないものは科学的に立証することが不可能です。この差は過去一〇年前と現在ではかなり変っていますが、科学でも解析できないものは宗教なり哲学というもので第六感を働かせ、よりよい文化発展に貢献しなければなりません。そういった意味において新しい模索が必要となってくるのであり、それは信仰なしには過すわけにはいかないと思います。信仰は心向です。どうか新しい哲学を私達の手で、お互い考えて行こうではありませんか。

伊勢の自然

――鳥から見た神宮の森――

平成三年十二月三日

南勢地区高等学校教育振興会

於　宇治山田高等学校

はじめに

今日は、地元で教鞭をとっていらっしゃる科学専門の先生方にお話をするわけですから、どうも話しづらく感じています。私が間違ったことを話しましたらどうぞ忌憚なくご指摘下さい。

ところで、私は先程ご紹介戴いた様に野鳥研究の方は趣味で、専門は米国式に言えばフォレスターです。最近は職場の変更でまったく私の専門外の分野に配置替をされ、現地へ行く機会はほとんどありませんが、神宮の営林部に在職していたときは、大体一日または二日に一回は山の中を歩き森林の管理をする傍ら自然との対話をしていました。今は、若年時代よりいくらか自然との対話が少しばかりできるようになったかなと思う程度の者です。

さて、「伊勢の自然」と題名をいただいたわけですが、私のフィールドは先刻申しあげたように非常に狭く、また「自然」というものを語ろうとしますと、極端なことを言うならば今の自然と明日の自然とはかなり違ってしまいます。そこで、野鳥から見た神宮の森の変化について、三〇余年にわたって得た結果を今日はご紹介をすることにしたいと思います。

さて、伊勢市の面積は約一万七八〇〇㌶ほどあり、一方神宮の森というのは、今日の話に出る神宮の境内（内宮の神域九三㌶）とそれに続くヒノキ造営用材を育成する宮域林（五四六五㌶）を併せ約五六〇〇㌶弱の森で、これは伊勢市の約三分の一に当たります（図1）。

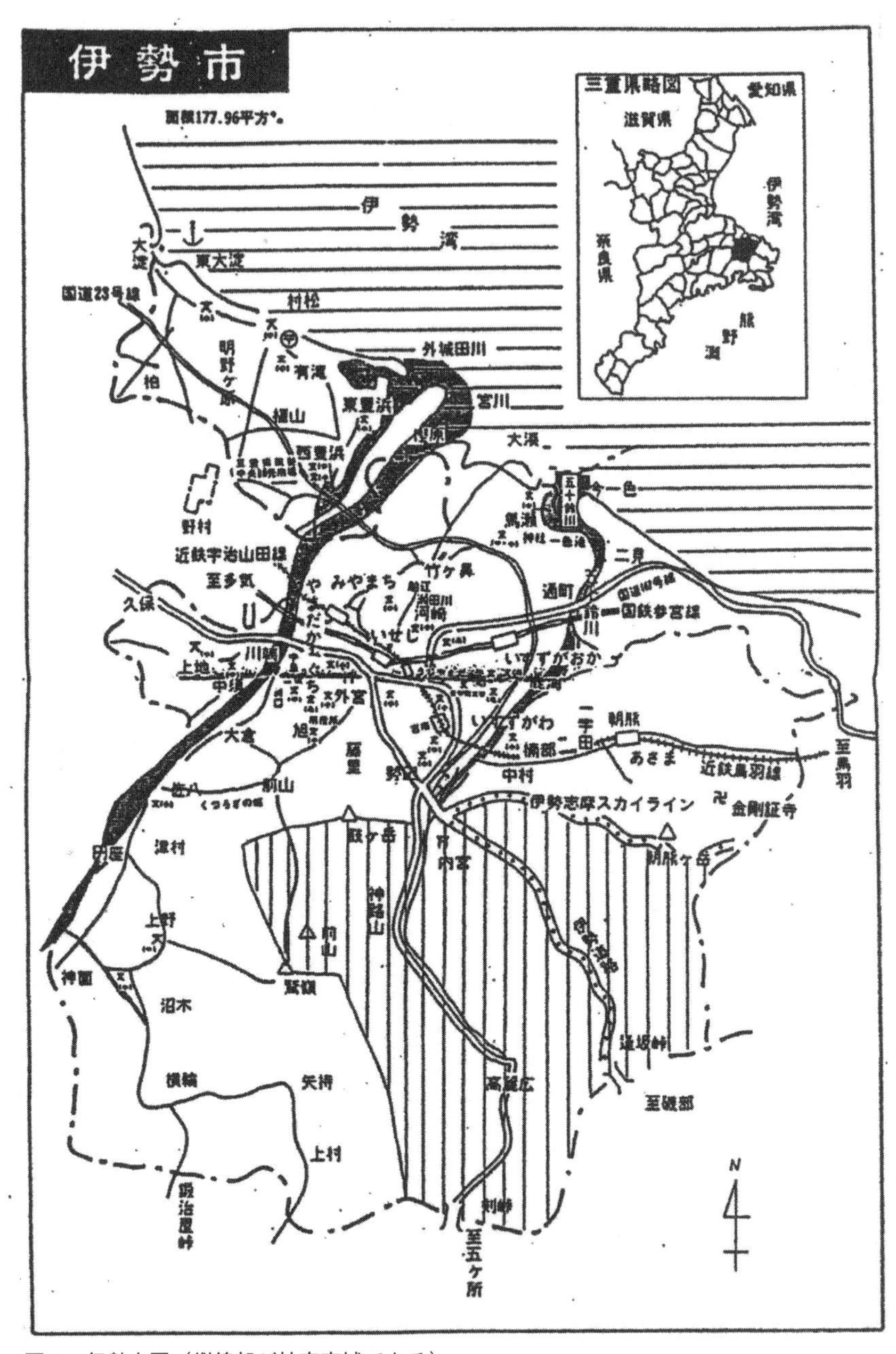

図１　伊勢市図（縦線部が神宮宮域である）

この神宮林の森は日本列島や三重県の位置でみると共にほぼ中央部に当たります。従ってそこに生育あるいは生息する動植物は北方系の分布域を持つものは南限に当たり、南方系の分布域を持つ生物はその北限に当たるという極めて興味深い現象が沢山みられます。例えば、野鳥をとってみると、シコクコゲラ、モミヤマフクロウ、ウスアカヤマドリ等は北限に当たり、クマタカ等は南限に当たります。昆虫では寒地性のものにオツネントンボ、アサマキシタバ、暖地性のものにキスジゴキブリ、カヤヒバリ、サツマニシキ等がいます。植物でいえば北限のものに、オガタマノキ、スジヒトツバ等、南限のものはカツラノキ等があります。

次いで神宮の森を構成する地質は（図2）、北寄りに大きく中央構造線に沿った大断層が東西に走り、その北側は火山性地質、南側は水成岩性の地質となり、森林の生育には好都合な土壌となっています。これは岩石が生きているからです。この言葉は庭師さんや寺の住職さん達がよく使う言葉です。それは火成岩の新しい石、例えば御影石のような岩は風化していないのでまったく植物が生育できる余地はありませんが、岩が風化し細かい土壌となっているものは、水分を適当に保有し植物に必要な養分や空気を土壌の間に保ち植物の根にとっては最適の条件を持っているからです。一方北側の地質は橄欖岩（かんらんがん）やそれが風化した蛇紋岩という火成岩で構成され、表土は森林褐色土で乾燥し土壌は少なくむらがあり植物の生育にはかなり斑があります。さらに歴史的には主として鎌倉時代から続く金剛証寺への参詣客による不慮の出火で何回となく山火事を起し、それが原因の一つとなって集中豪雨で山林に必要な土壌を下流部へ流してしまったことによって成林しなくなってしまったのです。今はアカマツさえ生育せず、辛うじてヤマモモが生育するかなと思われるほどの地質です。ヤマモモは根粒菌が付着するので瘠地にでも生育するためです。ところが、ヤマモモを栽培して植栽すると今は盆栽用に盗難にあってしまうこと

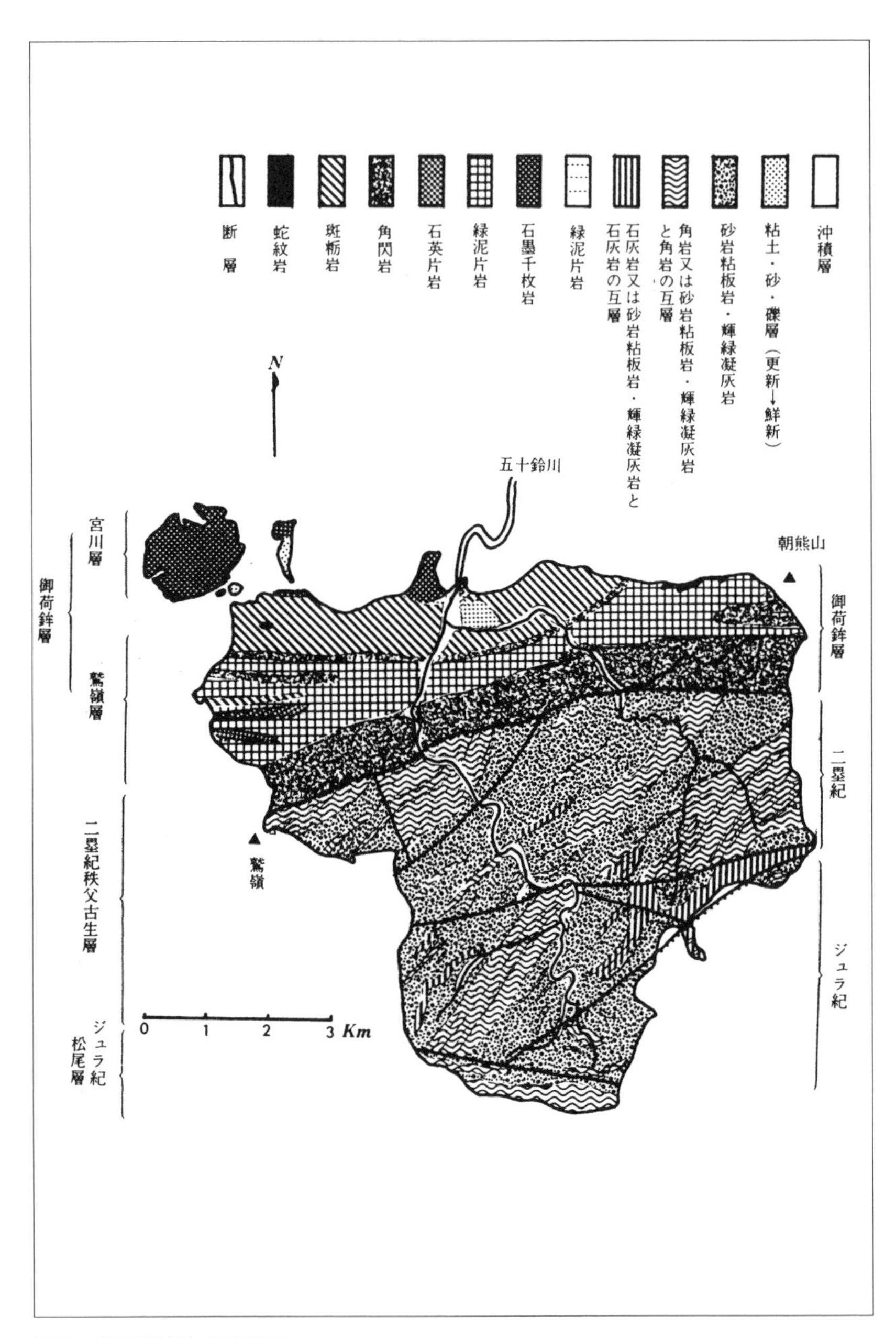

図２　神宮宮域林の地質図

がしばしばです。

脱線したので話を元に戻します。図3は一九二〇年頃と一九七五年の植生図ですがちょっと注目して戴きたいことがあります。

全体として不規則模様が極端に少なくなっていることです。古来の森林に復元すると神宮では豪語しています（私もその頃は営林部にいましたが……）。古来の森林とは一体どんな森林だったのかという疑問です。『魏志倭人伝』に出て来る森林は常緑広葉樹（クスノキ、タブノキ、カシ、シイ等）林で覆われ、海岸の波打際まで鬱蒼とした森林であったと云われています。そんな中にスギやヒノキの大木が点々と生育していたようでした。因みに私の杉という字は常緑樹林中に彡の形はペランペランと谷筋に生育していた木であることを表現している象形文字だといわれています。現在では古来の森林のような環境に会えるのは屋久島のごく一部だけで、植物生態学的にみてまったくその通りです。『日本書紀』の神話伝説記録として朝廷に伝わったものに素戔嗚尊（スサノオ）が天叢雲剣を天照皇大神に受け新羅に渡って船材の樹木を持ち帰り植林の道を教えた。それは、眉毛を抜いてプッと吹いたら尾根筋にクスノキが生育した。口髭を抜いてプッと吹いたらスギが生育した。胸毛を抜いて同様に吹いたらヒノキの森となった。尻の毛を抜いて吹いたらコウヤマキの林となった。というのです。これは当時すでに日本列島では生態学的にみて理に叶った造林技術をすでに身につけていたと同時に経験的にヒノキは建築用材として世界的にみて右に出る木はないということを知っていたのではないかと思います。

世界植物図鑑によりますと、日本列島は、六万年から二万年前までは氷河に覆われ、一万年前には海水面は現在より約一〇〇メートル下っていた関係でアリューシャン列島、アラスカ、北米とは陸続きとなりモンゴル人は北米、南米に到達し南極を除いて人類は地球全体に生息するようになったと言われています。

六五〇〇年前になるとクリ林を主としエノキが生育する暖帯林となりました。そこにはケヤキ、エノキ、ムクノキを主とする湖畔林が発達し、環境が安定するに従って温帯林では常緑広葉樹林、冷温帯では極盛相のブナ科の落葉広葉樹が侵入して来るといった具合で植物相が裸地から草原、低木、高木と遷移し最終的には高木の極盛相（極相林）を形成し、この神宮の森はカシ、シイ、クスノキ類を主とした暖温帯の常緑広葉樹林となったのです。

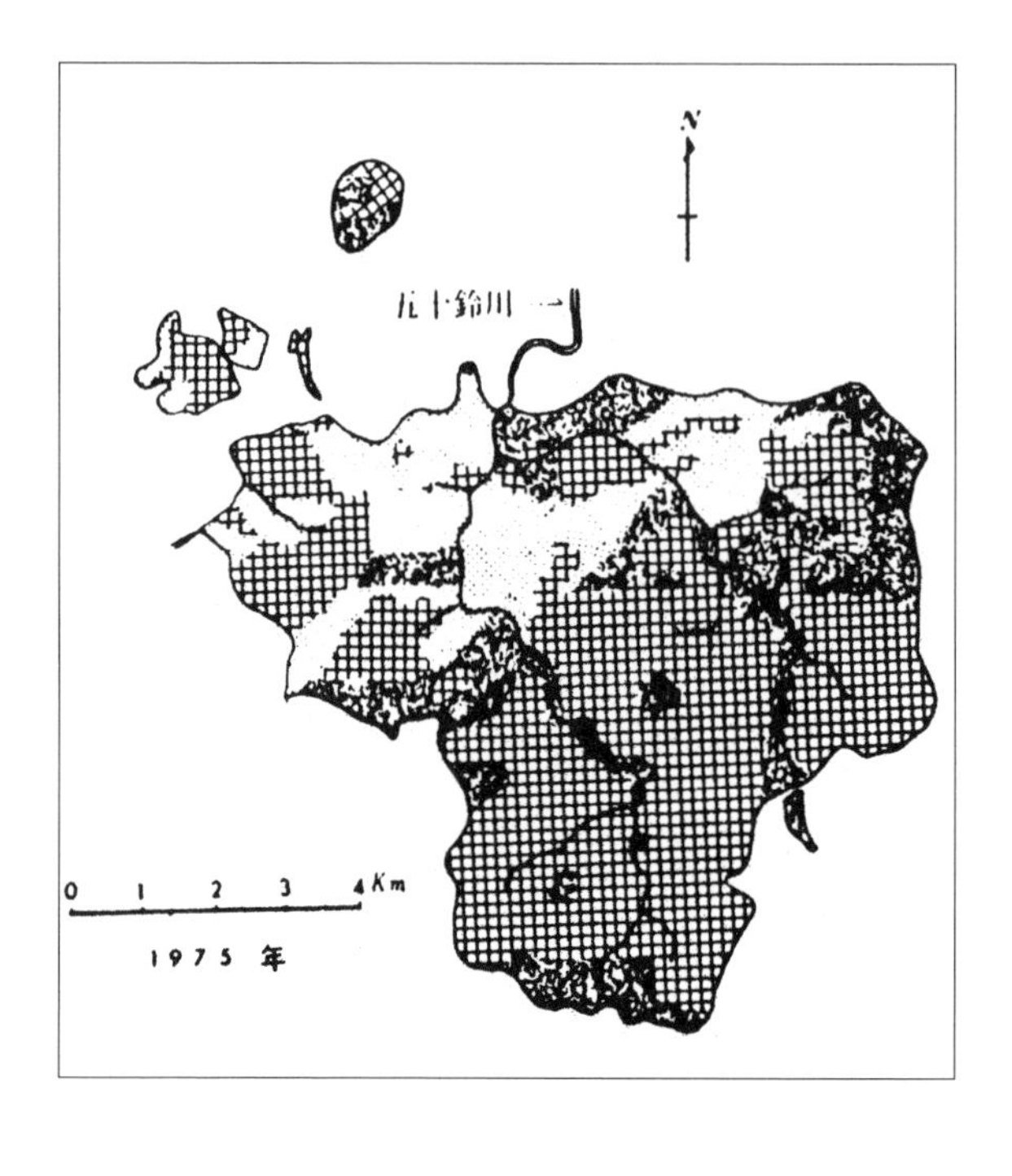

因みにヒノキは現在の木曾地方を中心として本州の中央部にごく限られた範囲で生育していて古代人は建築用材として経験的に最高であることを知っていたのです。近年、法隆寺の五重塔の解体によって科学的に調査された結果、ヒノキは伐採時より七〜八〇〇年後の方が最高の強度を持つ建築材であり一三〇〇年後になって伐採した時と同じ強度を持つ不思議な性質を持っているということがはじめてわかりました。それで今まで倒れることなく地震や台風等の天災にも耐えてきたのであります。

ところで、皇學館大学の岡田登先生によると「五十鈴川上流域の遺跡と遺物」によると、

図３　神宮宮域林の植生の変遷（1920 年と 1975 年の比較）

大床谷では一万数千年前の先土器時代に人々が住んでいたことが明らかにされ、縄文時代には全域に亘ってその痕跡がみつかっているといわれます。それ以降は室町後期以降のものしか出土せず、これがどういう理由なのか疑問の残るところです。これは大和朝廷が東征し天照皇大神を崇拝した山ということで締め出されたとみるべきでしょうか（西暦五九六年鎮座）。そして、二〇年毎の用材を伐り出す以外は神聖な場所だったから五十鈴川上流には人が住まないようにしたとみた方がよいと思います。神宮々域林は御杣山（みそまやま）として遷宮用材が伐り出された記録は鎌倉時代の中期までで、それ以降は用材の欠乏で大台ヶ原山系、鈴鹿山系へと御杣山は変遷して行きます。時代は過ぎ戦国時代少し前あたりから地元の代官に袖の下をやって地元民は御杣山に入り薪炭材を伐り出すようになり、戦国時代に突入すると二〇年毎のご遷宮は約一〇〇年間途絶えてしまい当然のことながら御杣山の森林は乱伐され五十鈴川は洪水も度々出ました。森林の伐採はずっと続き徳川時代になると御蔭参りのブームが三度起り四度目は慶応年間に起ったのですが明治の年号となって消滅しました。これは幕府がお蔭参りを奨励したこともあって年に三〇〇万人余の人が大移動したと言われています。当然この移動によって薪炭資材の必要から御杣山は禿山同然の状態となって明治まで続いたのです。徳川時代が終り藩籍奉還が行われ諸大名の土地は総て明治政府に帰属することとなり、山林は総て明治政府の山林局に属することとなりました。明治十八年に三重大林区署の管轄となり更に明治二三年には宮内省御料局が世伝御料地として管理し明治三四年にはじめて近代式の山林経営を実行しています。経済林としての経営方法に関して大正の初めから五十鈴川の水源涵養と神宮の風紋に係わる問題が生じて帝室林野管理局は伐採面積の縮小、施業制限地の増加や砂防工事等に係わる改善を行いました。従ってこの頃から二次性天然林が残るようになりました。図の黒点部分がそれに当たります。凡そ三分の一の広さになります。ここはアカマツを上木として下層にカシ、シイ、ヒサカキ、ソヨゴ等、下草にはコシダ、ウラジロ等が生育している森林です。現在は残りがヒノキの人工林となっていますがこれが問題なのです。

普通ヒノキの故郷は木曾地方が中心ですがここではヒノキの大木は疎らに生育し、その下に他の広葉樹等に交ってヒノキの稚樹が生育し、二段あるいは三段になったヒノキの複層林となっています。当然林内には太陽光線が入り地表上には土が顔を見せていないのです。何かの都合で神宮の山へ入られる時そんな状況になっているかどうか観察してみて下さい。林内は大部分が手入れ不足で表土が露出し肥沃な土が集中豪雨のある度に下流に流されて行きます。過去の集中豪雨で五十鈴川が氾濫したのは近代では一九一八年（大正七）九月の台風でした。その後一九五三年（昭和二八）九月の一三号、一九五九年（昭和三四）九月の伊勢湾台風、一九七四年（昭和四九）七月の七夕豪雨、今年（一九九一）九月一九日の一九号台風における集中豪雨とまさに異常気象で洪水ばやりです。どれをみても最近では降雨後一～二時間で洪水のピークが宇治橋附近にやって来ます。先輩方は、昭和三〇年代では洪水のピークは三～四時間で、大正時代の後半から昭和の初期では五～六時間を経ないとやって来なかったと異口同音に言っていました。洪水になると特にこの頃は濁流となって大量の土砂交じりの赤味を帯びた流れになりますが、それとともに、山中にあった大量の枯木や根刮ぎにされた立木や枝や地表を覆っていた低木やシダ等の塊り等が、轟音を立てながら下流部へ流れ去るのです。このときこそ宇治橋の橋脚保護のために設けられた木除けが役立っていることをみて、なるほどと、先人達の経験から来た智恵には驚かされます。

土壌は降水や旱魃で風化します。ところが樹木の生育に必要な土は森林というか広く植物が自ら作りあげ自助努力をして肥沃にするものです。その主な働きをするのが落葉であり適度の水分であり、土壌生物といわれるトビムシとか菌糸類の仲間達です。これらの生き物の相互の助け合いによって立派な森林が出来あがるわけですが、神宮や宮域林を見て来た経験から行きますと、古来に近い森になるのは早くて四～五〇〇年が必要となるようです。荒地で植物が生育していない場所でみてみると三〇～五〇年でコケの草（普通の山地ですと二〇年で高さ一メートルほど直径一〇センチほどのアカマツが生育する）が生育し、次第に植物遷移が行われ大木が生える（伐採した山腹などは直径一〇センチほどのブッシュ状になるには二〇～三〇年）ようになって一応薪炭林となるには最低五〇年は必要な時間となっています。そして、一〇〇年でやっと二次性天然林となることができるようです。さらにこれが常緑広葉樹林だけになろうとすると三〇〇～五〇〇年、内宮の参道に伊勢湾台風の名残りを止めているような森になるには八〇〇年前後の期間はどうしても必要であるし、本当の「天然林」というのは、極盛相といってもよいのではないかと私は思っています。

かなり前置きが長くなりましたが宮域林の森林の遷移がこのように推移することを念頭に入れ、最近の森林破壊の現況を連想しながら今度は上に示した野鳥が分布する変遷の図をみて下さい。わずか三〇年ほどの間に急激に変化してしまったのです。

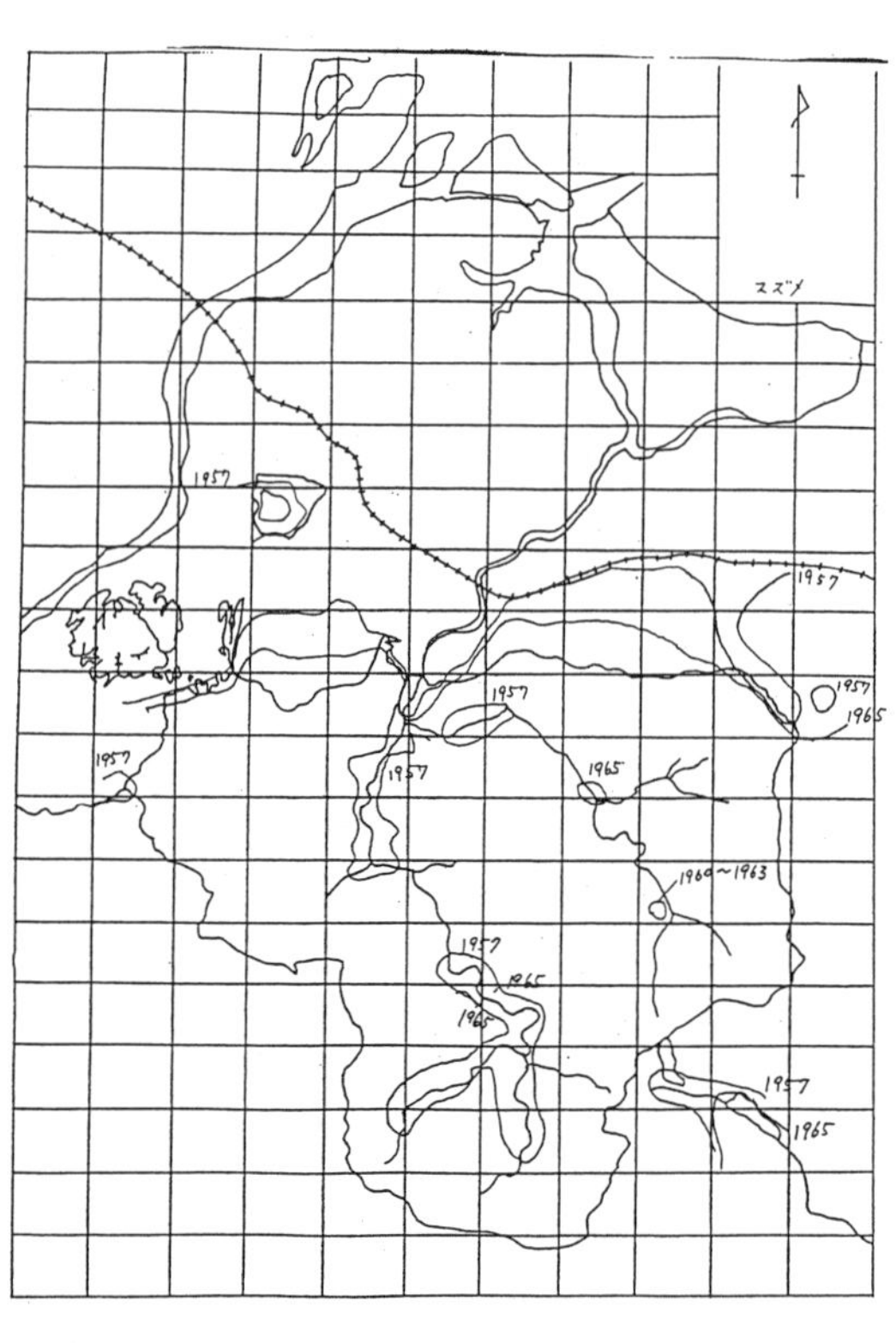

スズメ

まず、スズメについて見てみましょう。年代が入っているのは侵入した後確認されなくなったことを示すものですが、ちょっと小さくてはっきりしませんね。これは人間の生活と密接になっていて人が生活していないところではスズメは生活しにくいからいやだよ。というのです。彼等は弥生時代以前はどうしていたのか私は知りませんが、水田耕作と共に人間の生活圏に入り込んできて一緒に生活しているなかなかの強か（したた）さですが、最近ではこのスズメすら追い出されようとしている人間の文明社会となっていることに注意する必要があるということです。

ムクドリは群となって冬季によく見かけますが繁殖期は番（つがい）で過します。人家の屋根裏で繁殖するので喘息になると言って嫌われている野鳥ですが、いつも冬になると外宮の森にやって来ます。この鳥は伊勢湾台風以来内宮の森にも三〇〇羽ほど飛来しますが、せいぜい法度口の飛石附近まで来てそれより奥には移動しないのです。この鳥は森林内の生活ができず里山に生息する鳥だからです。一時は内宮の森のどの辺まで奥へ侵入するか興味を持たれた野鳥です。昆虫類とか木の実を主食としますが森林内の木に生息する昆虫の捕食は苦手ですが畑地の昆虫は得意のようで食性は密接に野鳥の分布にかかわっています。

因みにこの鳥は里山の森を造ることができる鳥であり、またゴミ投棄場の虫退治に役立つことを紹介しておきましょう（昭和初期、東京都の塵投棄場にハエが大発生、薬剤散布したが効果はなく困っていたところへ、ムクドリの大群がやって来てハエの大発生が治まったという有名な話）。

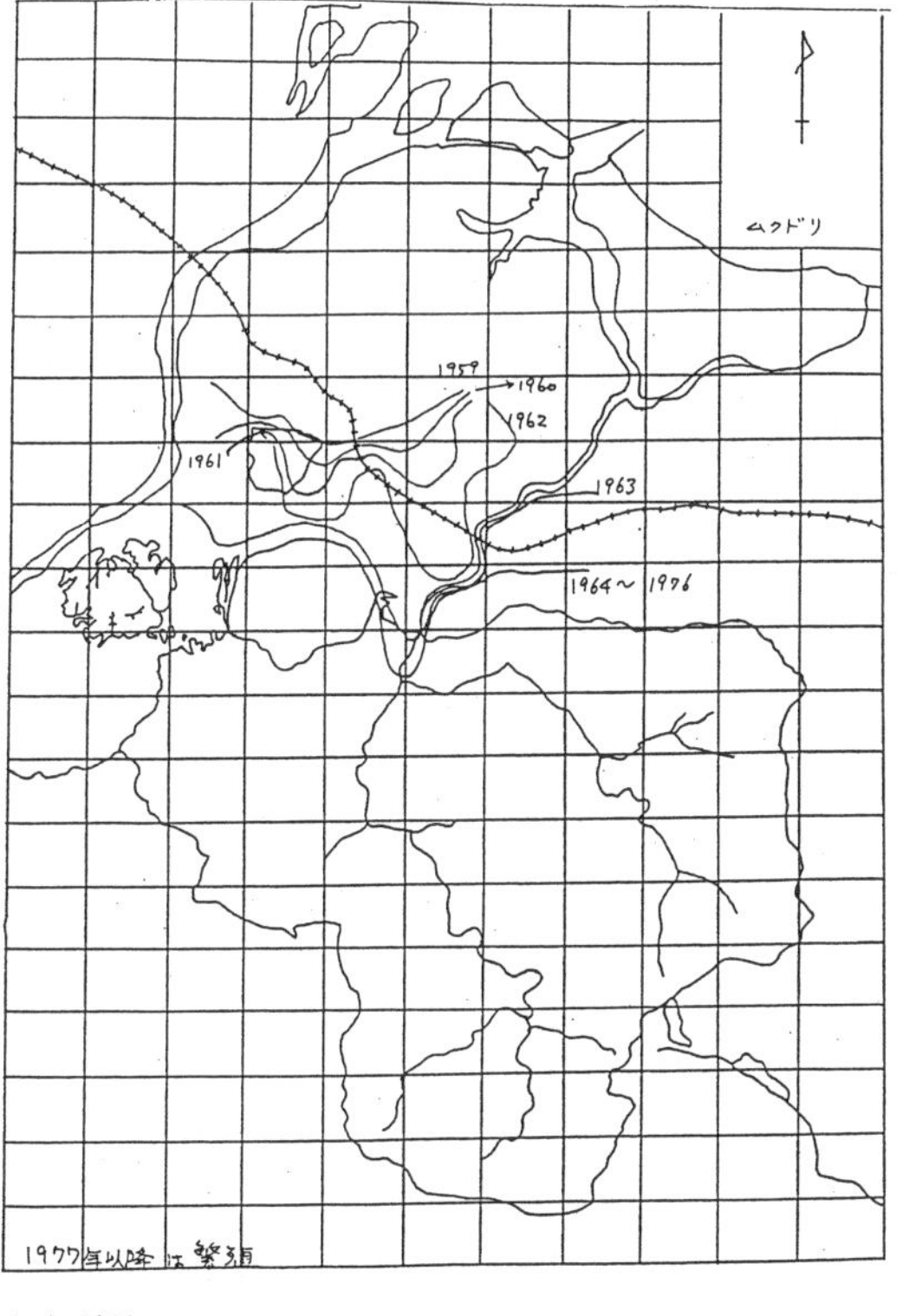

ムクドリ

次にキジです。これは宮域林には生息しなかったのですが伊勢湾台風後に侵入し現在では再び生息場所が小さくなっている種類です。キジは国鳥であり、昔から日本人に親しまれてきた鳥ですが、里山の明るい林縁と人の文化の影響のある田畠に出没する鳥です。従って鬱蒼と茂っている森に生息することはできません。過去に内宮神苑にキジを放鳥したいと献納をよく申し出られた人がありました。神宮は断わることができないのでこの献納を受けたのです。受ける前に上司から私にこの相談を受けたのですが私はその時、キジの習性上生息できる環境ではな

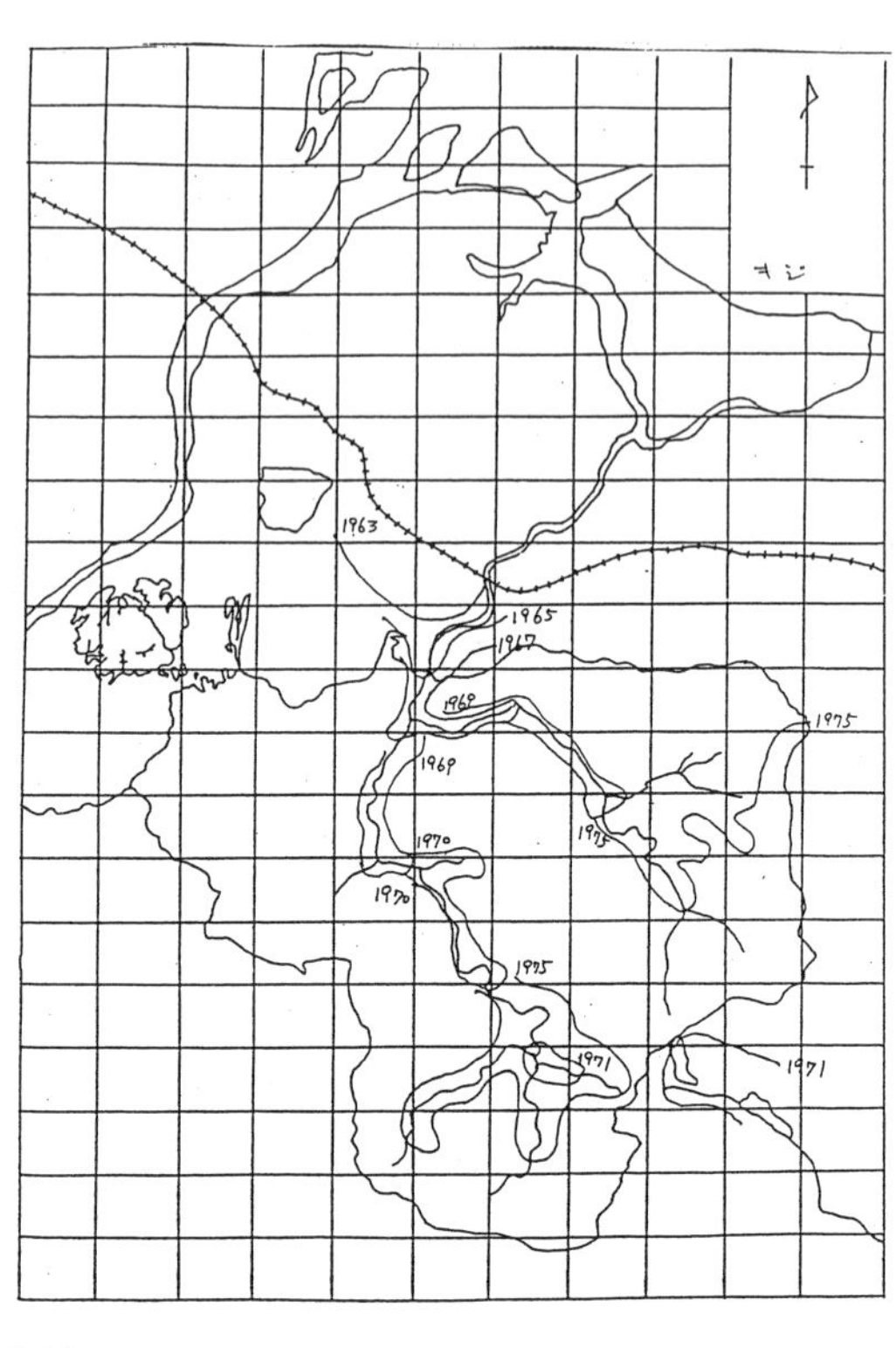

キジ

いから断わるべきであると伝えたのです。それにもかかわらず二〇羽ほどを放鳥したのです。さあ結果はどうでしょう。一日で姿を消してしまったのです。飼育小屋から馴れない環境の世界へ放り出され餌場や外敵から逃れる場所も分らない所へ出たのでたまりません。夜にはキツネやタヌキが他の地域より沢山生息しています。きっと犠牲になってしまったのでしょう。少なくとも一ヶ月ほどは居付いてくれると思ったのですが人間の無知から来た結果でした。神苑の南と東に当たる法度口や魚乗りの地域もすでに伊勢湾台風後に住みついた個体が生存していたのでその縄張り内に入ることもできず、さらにキジは一夫多妻ですから成功するはずがないのです。神苑の片端に餌場、水飲場、砂浴場を設けてあっても屋根付きで一ヶ所に纏（まと）めていたのではキジの習性をまったく無視した人間主導型ですから困ったものです。

続いてコジュケイについて見てみましょう。コジュケイは伊勢湾台風前までは全然、鳴き声や姿を見なかった種ですが、災害で森林が明るくなり、ブッシュ状に広葉樹が生育しかけた頃になった八年後に神宮宮域林へ侵入し一九七五年（昭和五〇）には全域に生息するようになりました。わずか一六年の間でした。一時は沢山生息しましたがブッシュ状の森林が茂り林内をなんとかかき分け移動できる一九八〇年頃になると個体数がいくらか減少したのでしょうか。観察記録は少なくなりました。いずれにしても森林を構成する内容と密接にかかわっているようです。

キジ、コジュケイの増加に伴って従来から森林に生息していた日本の固有種とされるウスアカヤマドリの生息地が犯され、絶滅に瀕する種になりそうです。神宮宮域林では二次性天然林が区域指定されているいる関係で大丈夫だとは思うのですが野鳥の習性を熟知しないで放鳥すると自然が自然でなくなると同時に種の滅亡に繋がる恐れがあります。

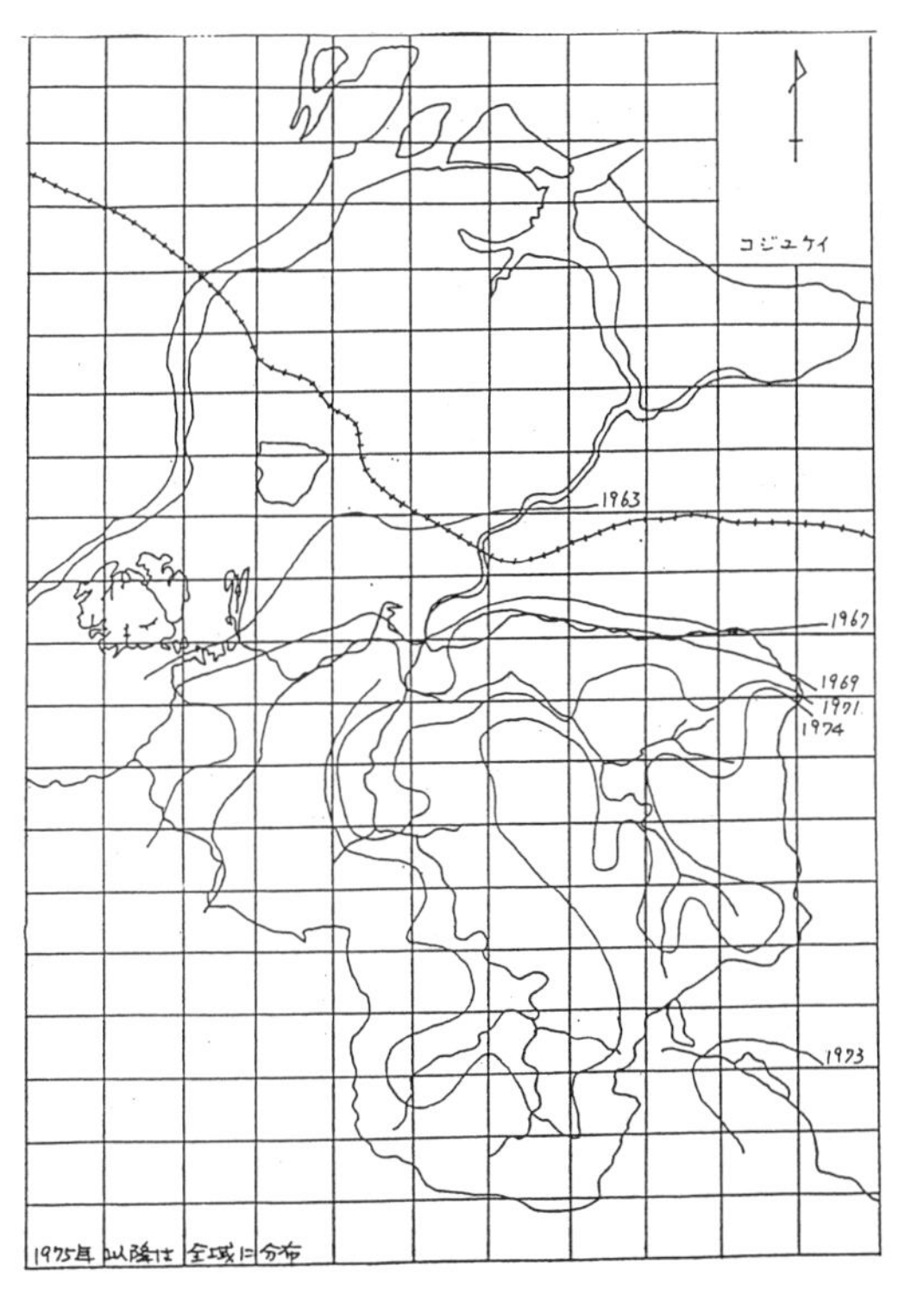

コジュケイ

次にイカルについて見てみましょう。イカルは落葉広葉樹林地に生息する野鳥ですが、どういうわけか最近は全国的に常緑広葉樹林地に定着するものが現われてきました。伊勢市周辺においてもその典型的な個体が現われたのです。神宮が管理する清野井庭神社（一〇九五㎡）の森に一九五六年、一九五七年に各々三〇

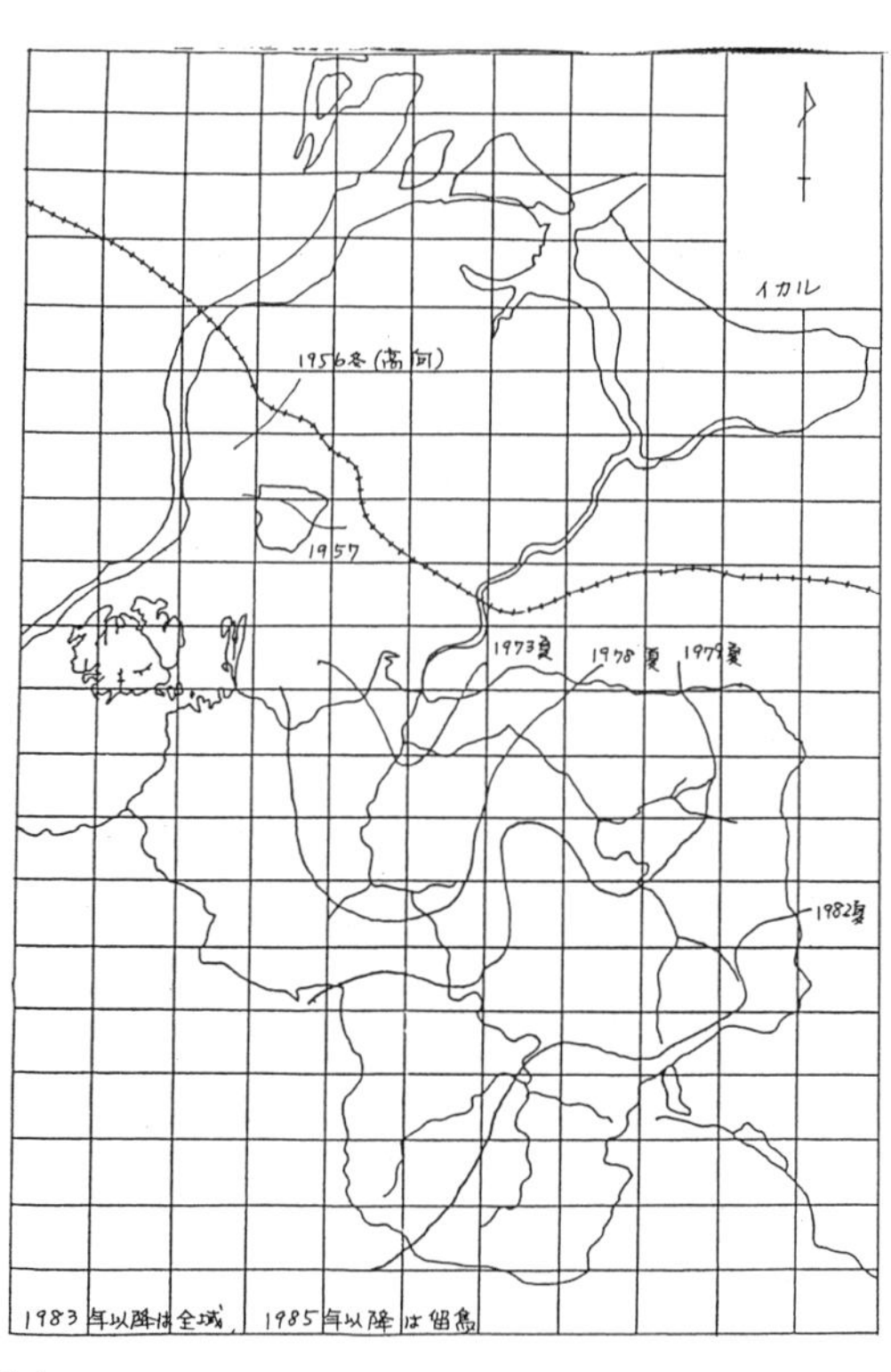

イカル

羽ほどのイカル群（一月〜三月）が珍しく観察されたのです。ところが、伊勢湾台風後の十二月から翌年四月頃にかけ越冬するイカル群（二〇〜五〇羽）がいくらか南下し外宮の森をはじめ徴古館、倭姫宮、月読宮、内宮神域の森の入口附近というように同じ群が移動しながら十二月から翌四月まで姿を見せていました。すると今度は一九七三年の夏になると突然三羽のイカルが越夏をはじめました。翼か体調が悪く落葉広葉樹林の生育する北あるいは高山地方へ帰れなくて越夏したものでしょうか、原因は分りません。あまり遠く長く飛ぶことができない一羽を両方に挟むようにして二羽が連れ添っている様子の行動でした。その後一九七四年の冬はこの三羽は越冬群の三〇〜四〇羽の群行動とはまったく別行動をとっていました。その状態が続き一九七八年の夏は越夏した群は六個体の群を構成し、冬は前年と同様に六個体群は他の大群とは別行動をとっていました。一九七九年の夏は八個体、一九八二年は一〇個体、一九八三年は一一個体が越夏し、宮域林全域で行動していることが確認できました。一九八五年には前山の藤里地区にもよく姿を現わし、さらに一九八四年の六月頃には幼鳥と判断できる個体を確認することができました。一九八五年以降は確実に一一個体は留鳥となり、越冬群とは違う鳴き声を持つようになったのも確実となりました。普通のイカルは、「月(ツキ)星日(ホシヒー)」と鳴きますが、留鳥となったイカルは「伊勢いいとこね」または「今日いい天気」と誰にも聞かれています。越冬群と混群になっていないところは興味ある行動です。

最後は五十鈴川の支流である島路川におけるカワガラスの個体変動について話を進めて行きます。

私が神宮の山を知るようになった一九五五年頃の島路川は他の渓流河川と比較するとカワガラスの生息は極めて濃密でした。

五十鈴川は延長約二五キロでその内一五キロほどが神路川、一〇キロほどが島路川となっており普通の小河川で宇治橋上流の神路川、島路川は渓流となっています。

カワガラスはムクドリより小さな鳥でカラスと名がついていますがチョコレート色だからといってカラスとはまったく縁はありません。ミソサザイの仲間で鳴き声は美しく体格の割には大声を出します。趾(あし)は蹼(みずかき)がないけれど急流も平気で、水中でも翼をうまく利用して走り廻ります。餌は主にカゲロウ、カワゲラの幼虫、小魚を捕食し、巣は滝の裏側にサッカーボールより少し大きい巣をコケで造ります。それ以外は渓流の転石利用です。石が消滅したところでは、詰って水流のない暗渠とか、床版橋の裏側の空間、あるいは大胆な者は風日祈宮橋の橋脚の端の人目につきやすい場所に造る場合もあります。営巣は比較的順応性があり、餌量の問題が生息個体数に影響を与えるのではないかと思われます。島路川沿線に分布する個体数を一九五七年から一九五九年にかけて調査した結果、春には一五個体が生息していました。縄張りはかなり小さかったのです。餌となる小動物が多かったようです。営巣個体数も四個体確認されました。渓流には大小の転石が幾段にも構成され滝になった部分が沢山ありました。その後、島路川沿線では伊勢道路工事が始まり、転石のほとんどはその工事に利用され、渓流は水路状態となってしまいました。渓流が切替えられ谷が道路となり谷は山を削り水路となりました。水路となった部分が二ヶ所（延長三〇〇㍍ほど）完成したのです。困ったのはカワガラスでした。カゲロウやカワゲラの幼虫は勿論、小魚（ウグイ、シマドジョウ等）が絶滅し、その上営巣することが不可能となったのです。急激な生息環境の変化に対し、カワガラスは順応し切れなくなってしまったのです。

人間の利便性を追求した土木工事は、その後の景観を見ると、安定した自然に近い状態で復元されたように見えます。修復したと言われる五十鈴川の護岸工事は、人間の満足感を満たしただけではないでしょうか。そこに根付いていた目に見えない小動物の生態系や、私が関心を持っている野鳥を通した目で、よく注意して神宮の環境を見直してみると、営巣どころか、採餌すらできないほど、環境が変化してしまったのです。

現代社会は便利になり、考え方や生き方が基本的に変化したから、昔の信仰の対象としての場所に手間隙かける必要性はない、という安易な考え方に基づく土木工事が、いかに大規模な環境破壊を生み出しているのか、気付いていないのでしょうか。生物多様性の安定した豊かな自然は、長い年月をかけて信仰の対象であったからこそ、今の今まで残されてきたのです。その反省のないことについて、私は考え直してほしいものだと思っています。

因みに、五十鈴川に生息する野鳥で最近よく見かけるようになった個体の行動変化について述べてみましょう。これらの変化は多少広域的に見る必要があります。

勢田川の河川改修に伴い今まで宇治橋上流部へやって来なかったユリカモメがちらほら姿を冬季（一九八六年）にみせたこと、海岸線の改修工事によってイソヒヨドリが宇治橋下流に飛来（一九九一年）、南島町で繁殖地を構えていたアオサギが頻繁に宇治橋の上下流部に姿をみせ、愛知県知多半島のカワウ繁殖地が約一万羽以上になりました。三重県の沿岸部に飛来し出した一部が渓流の破壊によって小河川となってしまった五十鈴川の上流部に当たる神路川と島路川の合流地附近によく姿をみせるようになったこと、本来、五十鈴川の川面上は、シイ、ムクノキ、ヤナギ類が天蓋として覆っていましたが護岸工事でなくなり明るくなってしまったことによるものであり、南島町の繁殖地から時々ミサゴまでが姿を現わすようになりました。さらに五十鈴川の御手洗場の対岸の深みや砂利層のある場所には繁殖期になるとカイツブリ、イカルチドリ、イソシギ等が飛来します。これは五十鈴川の下流部で「ふる里川づくり」と銘打って遊園地化され、河口部附近は勢田川改修と同時に海岸干潟の大規模な改修が行われたためです。脱線ついでに伊勢湾台風以来生息しなくなった種としては、コノハズク、キクイタダキがあり、一時みなくなったヤイロチョウは、剣峠の山裾、神路川源流部は従来からの自然の森（一部破壊された場所もあったが極めて軽微であった）が残っていたので繁殖が確認されました。その他、サンコウチョウ、アカショウビン、クロツグミ、オオタカ、クマタカがあります。まだ回復していない種ではカケス、サシバがあり、シジュウカラは今まで冬季の記録はありましたが個体数の多くが繁殖するようになったものもあります。この種は全国的に公園等でその傾向を強めているのでその一部の現象ともみられます。

さて、このように観察例をみてくると野鳥の生息そして繁殖は絶えず変化していることに気づきます。はっきりと立証することは困難であっても植生の変化と同時に食物連鎖による採餌量の変化に伴って毎年少しずつ変動していることが理解していただければ幸いに存じます。

小さな神宮の森の変化を取り上げただけでも大へん恐ろしいほど自然は変化をしています。現在、世界の科学者が叫んでいるように「科学的宗教」が求められる時代だといわれています。最も大切なことは当事者自身が本当の自然の絡繰を知ることです。見せかけだけによる世間体を気にした自然との対話では自然が外方を向き竹篦返しに合うということがおわかりいただけたことと存じます。ご清聴有難うございました。

遷宮と木

平成五年五月二二日

西日本工業高等学校建築連盟建築科教職員

普通神宮は伊勢に存在するので「伊勢神宮」と言われていますが宗教法人「神宮」というのが国に登録された名称です。

神宮は皇大神宮（約九三㌶）と豊受大神宮（約九〇㌶）、いゆわる内宮と外宮、さらに外宮を主としてこの伊勢の地に一二五社の別宮、摂社、末社、所管社、その他諸施設（頒布法制所、神田、御園、農業館、美術館、文庫、幼稚園、研修所、宿泊施設等）を含め約六〇〇〇㌶余、九州に伊勢湾台風被害によって処理した資金で約三〇〇㌶余を最近購入。例年約一三五億円余（一般会計五〇%、遷宮会計三八%、特別会計六%）で運営されています。他の施設の主なものは遷宮用地約二五〇㌶でいわゆる八百万の神々がおいでになっています。

これを三重県の町村で比較しますと、神宮の面積と同程度の員弁郡藤原町が約六三〇〇㌶で、この予算は三七億。多気郡大台町五五〇〇㌶は、御造営用材を育成する内宮神域の奥に存在する神宮宮域林の山林と同程度の面積であります。

神宮の一年間の事業は一月一日の元始祭（明治以降に出来た祭）に始まり年間約一八〇〇回以上、歳旦祭、紀元祭、月次祭（夜の祭で縄文期の旧石器から新石器にかけてできた由緒ある祭）神嘗祭も同じで、これは弥生時代にできた祭典だといわれています。これらは五節祭といわれ夜間、厳かに行われます。先刻、約一八〇〇回と申したのは一日に朝夕二回、御饌という祭が外宮で行われ、これに加えて時には臨時の祭典が入るため一八〇〇回以上という表現になってしまうのです。

雄略天皇の頃になると大建築が始まり鋸の発達があります。

例えば世界的に見ても、エジプトではピラミッド建造のため、ナイル川上流のアスワン地方から石材が切り出され、鑿（のみ）が出土しています。

イタリアでは石器

中国では殷時代　①銅ノコ

日本では古墳時代　②框（カマチ）ノコ　規模は小さい

③柄ノコ

④タテ引キノコ

①仏教伝来五五二年（文字が入る）

②法隆寺六〇七年（五重塔）

③大化の改新六四五年（王位継承）

大嘗祭

大化の改新で王位継承が六四五年に行われ、その後行われた大嘗祭は天皇が即位後に初めて行われる新嘗祭のことで天照皇大神及び天神地祇を祀る一代一度の大祭で米の文化を持つ民族の祭りといってもよいでしょう。

日本書紀によると、天照皇大神は、御鎮座する土地を求めて、倭姫命をして諸国を巡り歩き、ついに伊勢国で、

「この神風の伊勢国は常世の浪の重波（シキナミ）帰（ヨ）する国なり。傍国（カタクニ）の可怜（ウマ）し国なり。この国に居らんと欲う」

と言われたということです。神宮年表では、紀元六五七年皇大神宮御鎮座となっています。

傍国とは堅固な国、可怜しとは美（う）ましという意味、重波とは黒潮のことで、古代神話の中で紀伊半島の東方に常世の理想郷があると信じられていました。その後、天照皇大神の食事を司る神様、すなわち止由気宮（トヨケグウ）が等由気に変り、豊受に変って、御饌都神（ミケツガミ）（食物神）として現在の地にお鎮りになられたというのです。

当時は、交通の主要地には必ず神社があり（住吉、熱田）、伊勢は主要地ではなかったようです。伊勢は、現在の神島に残されている一月一日の「ゲーター祭」にみられるように、海人の信仰と重なり、太陽信仰として融合していったのだと言われています。

さて遷宮は、約一三〇〇年継続されていますが、天武天皇が発意されて第一回は六九〇年に実施され延喜式儀式帳に「伊勢神宮は二十年に一度遷宮をしなさい」と明記されました。初めて「再生」の文化が確立したのです。

遷宮の規模（建物）はほとんど現在と変化は無いと言われていますが、一四六二年に御敷地に砂や石をいれ、板塀は鎌倉時代（南北朝時代後）から姿を現わしました。戦国時代の約一〇〇年間は遷宮は中断していたのでこれを慶光院尼が全国を行脚し政治を利用して復活させました。ここで「継承」の文化というものが確立したわけです。因みに、正殿の建築様式は、唯一神明造です。高床式倉庫（米倉）から発展したと言われています。

内宮正殿の木材は五四四石（一五一立方メートル）広さ一八・五三坪、（五・六平方メートル）約三〇石／坪（八・三立方メートル）使用されています。例えば普通の私達の生活している建売住宅をみると一〜一・五石、田舎建築は三石の用材を使用しているから驚きです（営繕部の説明による）。そして内宮の御本殿のタルキは四寸角、二一尺二寸七分（六・五メートル）、八八本、板厚二・五分、一尺五分巾、八尺八寸七分、マツ（長さ）一一尺　ユキ　柱元、二尺二寸、上部二尺、の経、二四尺七寸七分（根入四尺）、屋根板二・五分、桁尺二寸角、四九尺（一四・七メートル）、梁外一尺二寸×一尺、長一八尺八寸、中一尺七寸三分×一尺二寸長一八尺八寸、廻廊下板五尺七寸、厚一寸八分、扉　巾三尺五寸二分、厚二寸三分、長八尺八寸、瑞垣一三万二九一一石、内玉垣一六万五八五六石、外玉垣二六万一八石、板垣五五万八〇一八石、銅板一〇トン、本宮と別宮、棟持柱元二・四尺（七六センチ）、末二・二尺（六六センチ）、長さ三四尺（一〇・二メートル）、全体で一万一〇〇〇本、一万立方メートルが一回の遷宮で必要な材木となります。

世界の代表的な遺跡を見ると、古墳から発見された木の利用は、弓（イチイガシ、カシ、トネリコ、ヤチダモ、サカキ、クワ）、農具（アカガシ）、櫛（ツゲ）、石斧の柄（ユズリハ、サカキ、ヤチダモ、トネリコ）、椀類（トチノキ、ケヤキ）、水桶（コウヤマキ）などとなっています。

エジプトのピラミッドに使用するために切り出された石材を運ぶ船は、レバノン杉で造られました。ソロモン王が建設したエルサレム神殿には、レバノン杉やサイプレスが使用されていました。これらは中近東地方に広く自生していたと考えられますが、フェニキア人の航海術を利用し、船（ガレー船）により運ばれてきたと考えられています。また、その良質な材質ゆえに長年大規模に伐採されたことと、日本より気候が悪いために、土地は荒廃してしまいました。

日本では「魏志倭人伝」によると卑弥呼の時代には倭の地は温暖であり冬夏生菜を食すとあってクス

ノキ、トチノキ、ボケ、クヌギ、ヤマグワ、スギ、ヤダケ、ショウガ、タチバナ、サンショウ、ミョウガ等が記されています。また秦の始皇帝につかえていた徐福は、不老不死の霊薬をさがし求めて江蘇省から山東省（青島）を経て紀伊半島の先端地方まで約三〇〇〇人を連れて来ました。途中で農耕、漁法、捕鯨、紙漉等を教えたといわれています。現在も和歌山県あたりではそれが残っているといわれ紀伊半島の南部に自生し中風等の薬として利用されているテンダイウヤクという樹は元は中国中部原産のクスノキの仲間です。日本書紀によると素戔嗚命が、日本は島国だから舟がなくては困るだろう。そこでスギ、ヒノキ、マキ、クスを生んでヒノキは宮殿に、スギ、クスノキは舟、マキは棺に使えといって髭を抜いてスギ、胸毛を抜いてヒノキ、かくれ（尻）の毛を抜いてコウヤマキ、眉の毛はクスノキになったという話があり、また古事記の中に八岐大蛇の背中にはマツ、柏（ヒバ、カシワ）がはえ、胴にはスギ、ヒノキがはえていた、と記されているそうです。

ヒノキ属は世界に六種類あります。そのうち日本には二種、ヒノキ（ホンピ、サクラヒ、ナンゴウヒの三品種）とサワラで暖温帯に分布しています。台湾には一種、タイワンヒノキ（ベニヒ）、北米には三種、ローソンヒノキ（米桧、オレゴン桧、高さ五〇メートル）、マヒノキ（北米、沼地、高さ二五メートル）、アラスカヒノキ（高さ二五～四〇メートル）。

材質は強靭、緻密、木目は通直、色沢高雅、耐久力があり芳香は馥郁（ふくいく）、古名は真木（美術館倉庫、天竜寺、古殿舎に利用されている）。日本人の美意識はヒノキの木胴です。

美しいという表現は奈良朝より、クワシ（細）、キヨウ（清）、ウツクシ（細心）、キレイ（清潔）、と変化し、外国の金銀の美しさとは異なります。美の習慣（探求）が、木製の箸や食器の出土からわかるように使い捨て（再生の文化）を産むこととなります。ヨーロッパでは銀製食器等を子孫に伝えて行く文化です。

西行法師は、平安末―鎌倉初期に伊勢にきて、

なにごとのおはしますをばしらねどもかたじけなさに涙こぼるる　『西行法師家集』

と詠んでいます。当時は、出家した坊さんは、直接御本殿の前で参拝することは禁じられていたので、島路川の対岸から遠くを仰ぎ見て詠んだと伝えられています。遠くから垣間見ただけでも、御本殿の美しさや、そこから醸し出される空気に畏敬の念を感じたということです。また、ブルーノタウトはドイツの建築家で、表現主義建築の先導者の一人で、著書『日本美の再発見』（昭和一〇年頃）で、御本殿の素晴らしさを世界に紹介しています。

科学的にわかっているヒノキの材質は、幹の旋回三三％（右三三％、左四九％、二六〇本中という結果）があります。辺材は年令が大きいほど小さい。病害虫の被害は小さい。他に凍裂、あて、多心材、もめ（風もめ、入皮）、年輪密度が大きいほど比重、強度は大きい、繊維飽和点（木材が強度及収縮に変化を起す限界の水分含有率）二四・五六％（約三〇％内外）で乾燥し易い。吸湿量は一七日間は速度が大きい（一二・九二％）一五〇日を過ぎると飽和状態（二五・三三％）となり蒸煮状態でもほとんど同じである。

ヒノキの辺材はイチョウタケ、ツガノサルノコシカケ、ワタグサレタケ、マツオフジの腐朽菌に弱い。ヒバより弱くスギより強い。ヒノキは七〜八年腐らない。

古材の耐久性　色の変化は古くなると赤味を帯び明度は低める。経過年数と吸光度は直線的である。伸縮性の変化は絶乾、飽湿を繰り返すと縮小して戻らなくなる（少しずつ小さくなる）。

膨張率	板目	柾目	吸湿率（%）
ヒノキ	6.5	3.6	25.33
キ　リ	6.7	2.6	33.05
ケヤキ	8.1	4.3	26.57
センノキ	9.5	4.3	28.64
ニセアカシア	11.1	6.2	27.50

新、古材の変化はない、強度変化は古くなると硬く強い。割れ易くなるなどの特徴があります。

もともと日本の神社は、大きな樹木が立つ場所に造られました。それを依り代として神が降り立たれる、そんな場所として人々が崇拝してきたのです。神は自然神であり、樹木神であったのです。

このように、日本独特の文化となったのは、自然の環境によると考えられます。

歴史を振り返ってみると、日本列島は凡そ一万五〇〇〇～一万三〇〇〇年前は海面が八〇～一四〇㍍下り大陸棚が姿を現わしマンモスが南下し植物はブナ、ミズナラ、コナラ等の落葉広葉樹が生育し、北海道は草原、朝鮮は広葉樹林帯。

一万三九〇〇～一万三〇〇〇年は寒冷で五葉マツ、トウヒ、モミ、ツガ、等の亜寒帯針葉樹林帯。

一万三〇〇〇～一万二四〇〇年は温暖でカバノキ、ブナ、コナラ、トチノキ、シデノキ等で南の長崎ではコナラ、クリ等が生育し暖温帯や落葉広葉樹、大型哺乳動物は減少し木の実を入れる器等が古墳から出土。

一万二四〇〇～一万一八〇〇年は寒冷化。

一万一八〇〇～一万一〇〇〇年は温和な時代。

一万一〇〇〇～一万二〇〇〇年は再び寒冷化し最古の土器が出土し、ナラの落葉広葉樹林。

六五〇〇～縄文前期になると西日本はアカガシ、タブノキ、コナラ、クリノキ、アラカシ、イチイガシ等の照葉樹林。

二五〇〇～三〇〇〇年前は暖温帯の極相林（縄文後期）となってツブラジイ、スダジイ、マテバシイ等が生育。

六〇〇〇年前は現在より気温は高く東日本では落葉広葉樹のミズナラ、コナラ、カシワ、クヌギ、ブナ、トチノキ、クルミ、クリ等が豊富に生育し海、山、森、の幸が沢山あり縄文文化は、七七〇〇年ほど続いたといわれます。

このように、その豊かな森の中の大きな樹木に祠ができ、伊勢神宮の森も変化を来たし現在の唯一神明造りの立派な社となって来たのです。特に明治初期の近代化によって大きく変化したのが現在行われている遷宮となります。時間も経過しましたので私の話はこれで終ります。

ダムと鳥——タカ類を中心とした生態系——

平成十二年八月三日

三重県環境保全事業団での研修会

こんにちは!! 先程ご紹介戴いた杉浦です。今日のテーマは問題が大きく短時間ではとても皆様方に私の考えていることがお伝えできないので端折ってお話しますので、ご理解できないところがあると存じます。その時は改めて何かの形で示したいと存じます。

私の学生時代（今から半世紀前）の頃は資源不足と第二次世界大戦後のショックでエネルギー資源はダムによる水力発電が主で、国をあげて大型の多目的ダム建設が発生、その代表が黒部ダムでした。書店にはダムに関係した書籍がずらり（今ほど豊富ではないが……）と並んでいました。道路、公共下水道関連が主で社会情勢が一体何を望んでいるのかその時に私は知ったのでした。

私は本来の専門は森林生態の方で鳥類の方は趣味でしたが、今はアセス調査等に係わる仕事で鳥類の生態系に関する相談を受けることが多く、鳥類の環境（森林や昆虫等生物の広い分野を含めた）について勉強中です。そんなことで野外に出る機会が多くなっています。そこで気づくことは、手入不足の造林地が多いことや生態系を無視した（海抜高が合わない、土壌が適さない）植林地が目立ち、林地を一層荒廃させていることです。

日本は地球上で大へん気候（温度、湿度）が良好で世界的にも恵まれた位置にあります（北緯二〇～五〇度の間は大陸続きの地帯は地球上で乾燥地帯に当たり、砂漠地帯が多い。南緯にも広大な砂漠地帯はある)。その中で私達が「運を天にまかせよう」といった感覚があまりにも自然をみることに無関心だということです。

この三重県を中心とした近畿、中部地方は特に「緑」については恵まれています。裏を返せばこの緑のお陰で現在までの日本的な文化が築かれてきました。それでも緑は絶えないで里山が各地でみられます。

この緑について皆様はお感じになったことはあると思いますが「みどり」といっても様々で白緑、緑みどり、青みどり、黄緑、赤緑、紅緑、黒緑と本当に表現に困る緑が天然林ではみられます。今年は寒波が遅くにやって来てこの緑の変化は短期間で完了(普通は二ヶ月ほどかかりますが二週間ほどで完了)しました。そのせいか三重県では山に虫が大発生し、比較的鳥類の繁殖もよさそうです。昨年は逆でした。

こんなことで鳥類の繁殖も思わぬところで巣をみつけたり、思わぬ鳥が繁殖しているのに気づくのです。よーく見るとほんの少し山の奥で営巣すれば人にみつからないのに……ということが多いのです。私達が考えているよりもどの鳥も、また鳥に限らず他の動物達は意外なほど私達の生活と深い係わりを持ちながら私達とうまく共存しているのに驚きます。有名な東北地方の温帯林で代表されるブナを主体とした白神山を連想してみて下さい。森林性の鳥類は豊富です。彼等は集団生活を好み活動するコースも決まっていますから比較的目につきやすいのですが、全体的にみて判断できるのは、それよりも空地内とかその辺り、あるいは林内の縁に鳥類の種類や個体数が多いということです。私も実際に体験したのは神宮林の天然林だったのです。一九五六年(昭三一)五月下旬頃でした。当時はまだ伊勢湾台風前(昭三四)ですから内宮神域といわれる区域は鬱蒼と茂ったシイを主体とする約三〇〇年以上経過した天然林で、宇治橋を渡ってすぐの広場は若いアカマツ(一〇〇年以上)他の樹木が点在し、地上部はヤマトシバの明るい庭園木が点在していました。そこにはヤマガラ、ウグイス、メジロ、ホオジロ、キセキレイ等で賑っていましたが姿はあまりみられませんでした。森の中へ入ると林内は薄暗くあまり下草は生えずわずか谷筋の明るくなったところ、あるいは巨大な倒木が横たわり、空間が透け空が顔を出しているところで、メジロ、ときどきアオゲラやアカショウビンが啼く程度でほとんどヒメハルゼミの大合唱だけで期待外れであったことを今でもはっきり記憶しています。後日、中西悟堂先生の紀行文中に森林が繁って極盛相に近いせいか神宮の神域は他の森林帯に較べると野鳥種や個体数が極めて小さいのに驚いた。理由は分らない。という内容のものがありました。中西先生は日本ではじめて「野鳥」という言葉を作られたり、現在の「日本野鳥の会」の前進である「野鳥の会」を創設された有名な人です。皆様方の中には様々な研修会に参加されすでにご承知の方もおありと思いますが、常緑広葉樹林、あるいは落葉広葉樹林等の天然林、または針葉樹林、針広混交林等一般に日本の森林帯を構成している森林の茂り具合というか樹冠が茂る森の各層の区分は大きく上層、中層、下層、林床の四層に区分され、極盛相（極相）と言って森林の遷移（発達）が進むに従ってこの四層がくずれ、上層中層だけとなって、下層、林床は太陽光が射さないところから大へん空間地が増えてしまうのです。そんなときは、森林の生物の生産性は成年期の遷移がめまぐるしく変化する時代に較べると減退しています。生物の多様性は貧弱になっています。当然そこは鳥類の生息は多種個体数が望める状況の環境ではなかったということです。

好例の資料が日本には極めて少なく皆様にご紹介しづらいのですが、本州（奥多摩）の落葉広葉樹林の鳥類センサス及び生物量など（浦本昌紀一九六一）をみると上層は二八・六％、中層は八・二％、下層は四・三％、林床は五五・一％、空中は三・九％ですから林冠の梢にしか鳥類が確認されず、個体数も種類もこれで分布がはっきりしたのではないでしょうか。

さらに、ブナの原生林の空地と鳥の出現場所との関係（繁殖期）をみても、空地の縁とか林の縁の方が同じ場所の内部の林より遥かに個体数も種数も多いのです。こうしてみて行くと、今度は日本の森林帯と鳥類の種類や個体数、あるいは面積との関係はどうなるでしょうか、現場を歩いて観察を続けると次々に疑問が出てきます。よく似た事例が他にないかと「鵜の目鷹の目」になって物色するのですがあまりありません。

さて、ちょっと端折りますが自然の生態系を考えるとき、さけて通り過ぎることができないのは生物の食物連鎖です。一般に生態系のピラミッドは左図のようですが、生産者の下に分解者（小動物・カビ・バクテリヤ・高等菌類等）が置き去りにされます。アセス調査には必ずといっていいくらい除外されていることが多いのですが、該当地区の森林生産量はこの分解者によって変化するので本来この分解者こそが最も重要なところなのです。土壌動物全体はほとんど解明されていませんが、地上部の有機物現存量に匹敵するほど土壌中に存在するといわれています。（地上部一立方メートルの乾物重量（AO層、ハッパ）は一・三キログラムで深さ〇・七〜一・〇メートルの中に現存量総量二〇〇〜三〇〇トン／ヘクタールあり土層一立方メートル中に四〇〜五〇キログラムの有機物が詰め込まれ、これを土壌動物が利用している。＝ミミズ類、ヤスデ、クモ、ムカデ、トビムシ、ダニ、甲虫、その他で総重量五・四グラム／立方メートル＝、大台ヶ原ブナ林八月三・五グラム／平方メートル、十月二・四グラム／平方メートル、十一月）（概数、ツキノワグマ（白山）一・三〜一・六頭／平方キロ＝一〇万ヘクタール）、カモシカ（白山）六頭、シカ二八〜四六頭（丹沢）（普通一〇頭以下）、サル五頭＝下北半島〜五〇頭＝屋久島、ウサギ、十日町、三〇頭、野鳥一〇〇〇〜一五〇〇頭、現存量三〇〜四〇キログラム）

食物連鎖で脱線しかけましたが、私が今日皆様方に伝えたいと思っていることに話を進めます。まず食物連鎖からみるとタカ類はその頂点に立ちます。よく私達に馴染み深いオオタカの餌の対象となる動

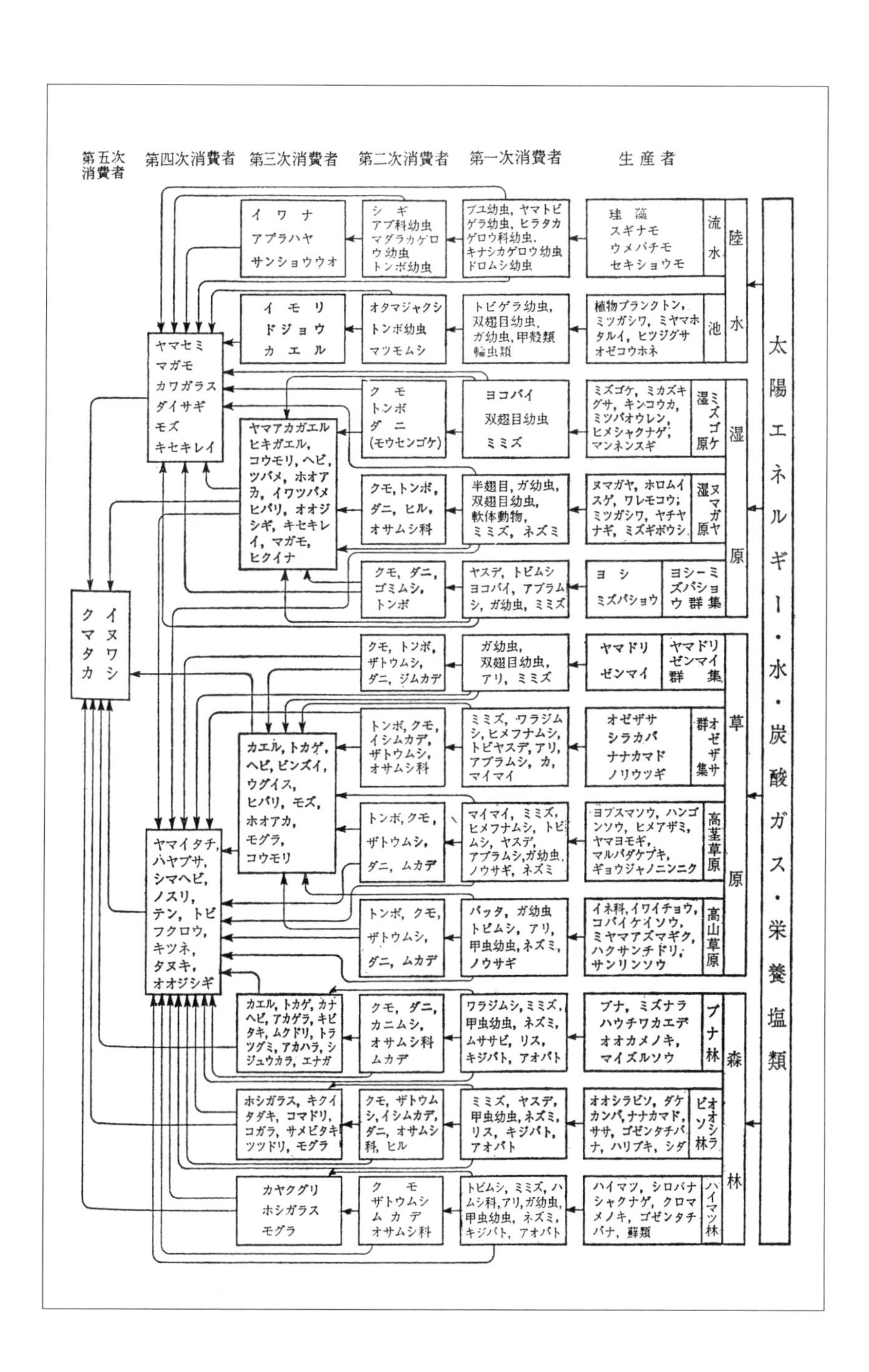
第五次消費者
第四次消費者
第三次消費者
第二次消費者
第一次消費者
生産者
太陽エネルギー・水・炭酸ガス・栄養塩類
陸水
流水
珪藻 スギナモ ウメバチモ セキショウモ
ブユ幼虫, ヤマトビゲラ幼虫, ヒラタカゲロウ科幼虫, キナシカゲロウ幼虫 ドロムシ幼虫
シギ アブ科幼虫 マダラカゲロウ幼虫 トンボ幼虫
イワナ アブラハヤ サンショウウオ
池
植物プランクトン, ミツガシワ, ミヤマホタルイ, ヒツジグサ オゼコウホネ
トビゲラ幼虫, 双翅目幼虫, ガ幼虫, 甲殻類 輪虫類
オタマジャクシ トンボ幼虫 マツモムシ
イモリ ドジョウ カエル
ヤマセミ マガモ カワガラス ダイサギ モズ キセキレイ
湿原
湿ミズゴケ原
ミズゴケ, ミカズキグサ, キンコウカ, ミツバオウレン, ヒメシャクナゲ, マンネンスギ
ヨコバイ 双翅目幼虫 ミミズ
クモ トンボ ダニ (モウセンゴケ)
ヤマアカガエル ヒキガエル, コウモリ, ヘビ, ツバメ, ホオアカ, イワツバメ ヒバリ, オオジシギ, キセキレイ, マガモ, ヒクイナ
湿ヌマガヤ原
ヌマガヤ, ホロムイスゲ, ワレモコウ; ミツガシワ, ヤチヤナギ, ミズギボウシ
半翅目, ガ幼虫, 双翅目幼虫, 軟体動物, ミミズ, ネズミ
クモ, トンボ, ダニ, ヒル, オサムシ科
ヨシ－ミズバショウ群集
ヨシ ミズバショウ
ヤスデ, トビムシ ヨコバイ, アブラムシ, ガ幼虫, ミミズ
クモ, ダニ, ゴミムシ, トンボ
クマタカ イヌワシ
草原
ヤマドリゼンマイ群集
ヤマドリ ゼンマイ
ガ幼虫, 双翅目幼虫, アリ, ミミズ
クモ, トンボ, ザトウムシ, ダニ, ジムカデ
オゼザサ群集
オゼザサ シラカバ ナナカマド ノリウツギ
ミミズ, ワラジムシ, ヒメフナムシ, トビヤスデ, アリ, アブラムシ, カ, マイマイ
トンボ, クモ, イシムカデ, ザトウムシ, オサムシ科
カエル, トカゲ, ヘビ, ビンズイ, ウグイス, ヒバリ, モズ, ホオアカ, モグラ, コウモリ
高茎草原
ヨブスマソウ, ハンゴンソウ, ヒメアザミ, ヤマヨモギ, マルバダケブキ, ギョウジャノニンニク
マイマイ, ミミズ, ヒメフナムシ, トビムシ, ヤスデ, アブラムシ, ガ幼虫, ノウサギ, ネズミ
トンボ, クモ, ザトウムシ, ダニ, ムカデ
ヤマイタチ, ハヤブサ, シマヘビ, ノスリ, テン, トビ フクロウ, キツネ, タヌキ, オオジシギ
高山草原
イネ科, イワイチョウ, コバイケイソウ, ミヤマアズマギク, ハクサンチドリ, サンリンソウ
バッタ, ガ幼虫 トビムシ, アリ, 甲虫幼虫, ネズミ, ノウサギ
トンボ, クモ, ザトウムシ, ダニ, ムカデ
森林
ブナ林
ブナ, ミズナラ ハウチワカエデ オオカメノキ, マイズルソウ
ワラジムシ, ミミズ, 甲虫幼虫, ネズミ, ムササビ, リス, キジバト, アオバト
クモ, ダニ, カニムシ, オサムシ科 ムカデ
カエル, トカゲ, カナヘビ, アカゲラ, キビタキ, ムクドリ, トラツグミ, アカハラ, シジュウカラ, エナガ
オオシラビソ林
オオシラビソ, ダケカンバ, ナナカマド, ササ, ゴゼンタチバナ, ハリブキ, シダ
ミミズ, ヤスデ, 甲虫幼虫, ネズミ, リス, キジバト, アオバト
クモ, ザトウムシ, イシムカデ, ダニ, オサムシ科, ヒル
ホシガラス, キクイタダキ, コマドリ, コガラ, サメビタキ ツツドリ, モグラ
ハイマツ林
ハイマツ, シロバナシャクナゲ, クロマメノキ, ゴゼンタチバナ, 蘚類
トビムシ, ミミズ, ハムシ科, アリ, ガ幼虫, 甲虫幼虫, ネズミ, キジバト, アオバト
クモ ザトウムシ ムカデ オサムシ科
カヤクグリ ホシガラス モグラ

物はキジ、ヤマドリ、コジュケイ、カモ類、バン、カイツブリ類、ハト類、カケス、カラス（逆の場合もある）、ヒヨドリ、ムクドリ、ツグミ類、イカル、スズメ等で小鳥〜中型の鳥が六五%、リス、ウサギ、キツネ、イヌ、ネコ、ネズミ類三三%、爬虫類（その他）二%ほどです。

イヌワシ、クマタカ、オオタカ、ハイタカ、ハヤブサ……サシバ、ツミ等順に小型になるに従って餌は変化します。四足動物→小鳥→昆虫と、ミサゴ、オオワシ、オジロワシは主に魚類、トビは腐肉が多くなり異例です。

もう一つアセス調査では他の小鳥類の種類個体数と植生との係り等を調査します。そこでこれらの資料を検討して欲しいのです。

カリフォルニア大学のナギイ氏は繁殖期を中心とした野鳥の一日に必要なカロリー量を対象とする鳥の体重の相関式を導いた。（鳥が摂食する食物エネルギー変換量を昆虫1グラム当たり4・30カロリー、魚3・87カロリー、蜜4・92カロリー、その他3・34カロリーとして［乾重グラム］を求める）

一日必要量F［乾重グラム］、鳥の体重W［生重グラム］とおき

または

F＝一日に必要な餌量（乾燥重量g）

W＝鳥の体重（生重g）　とおき

スズメ目の鳥　F＝0.398W0.850

スズメ目以外の鳥　F＝0.301W0.751　とした。

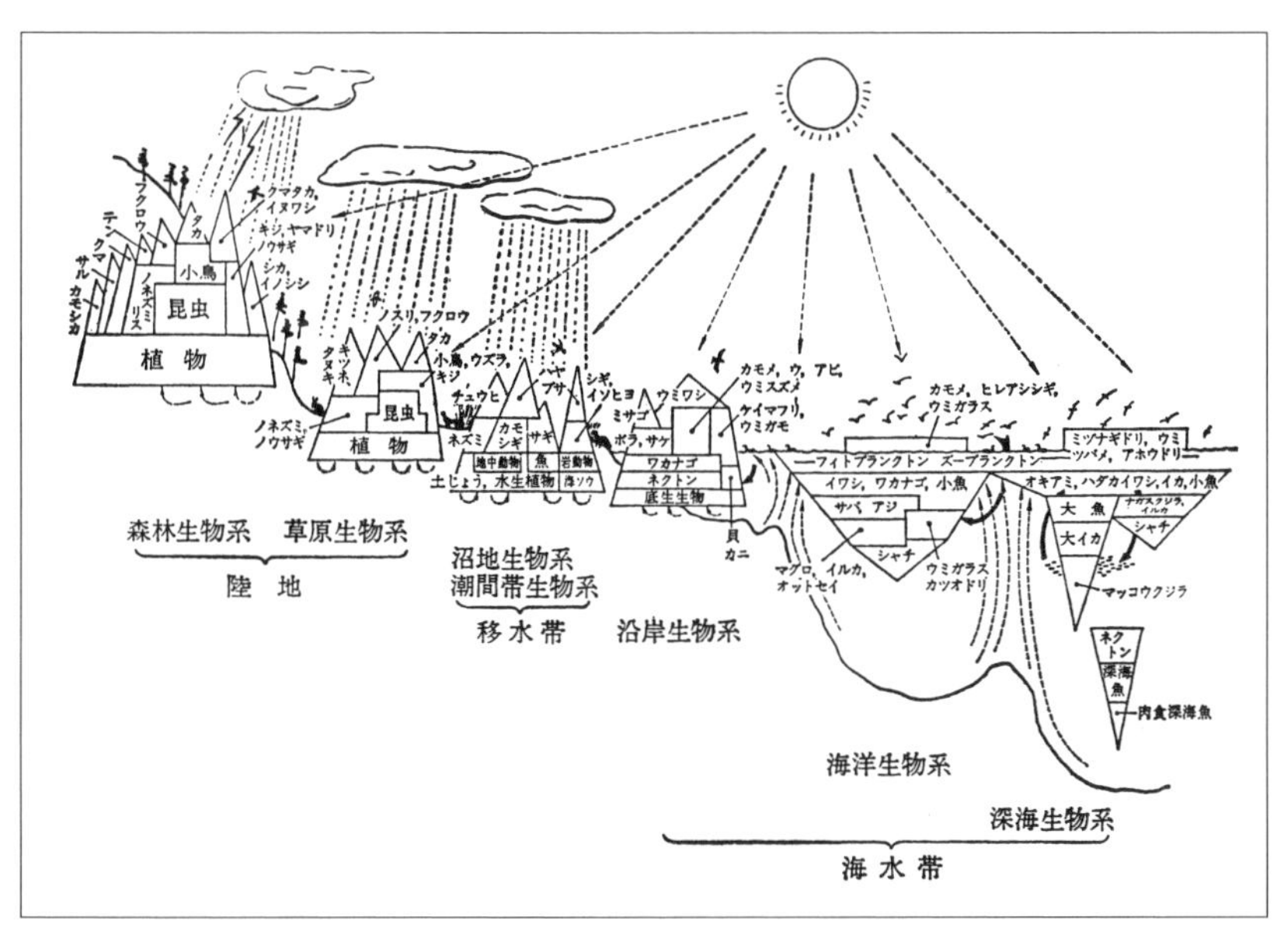

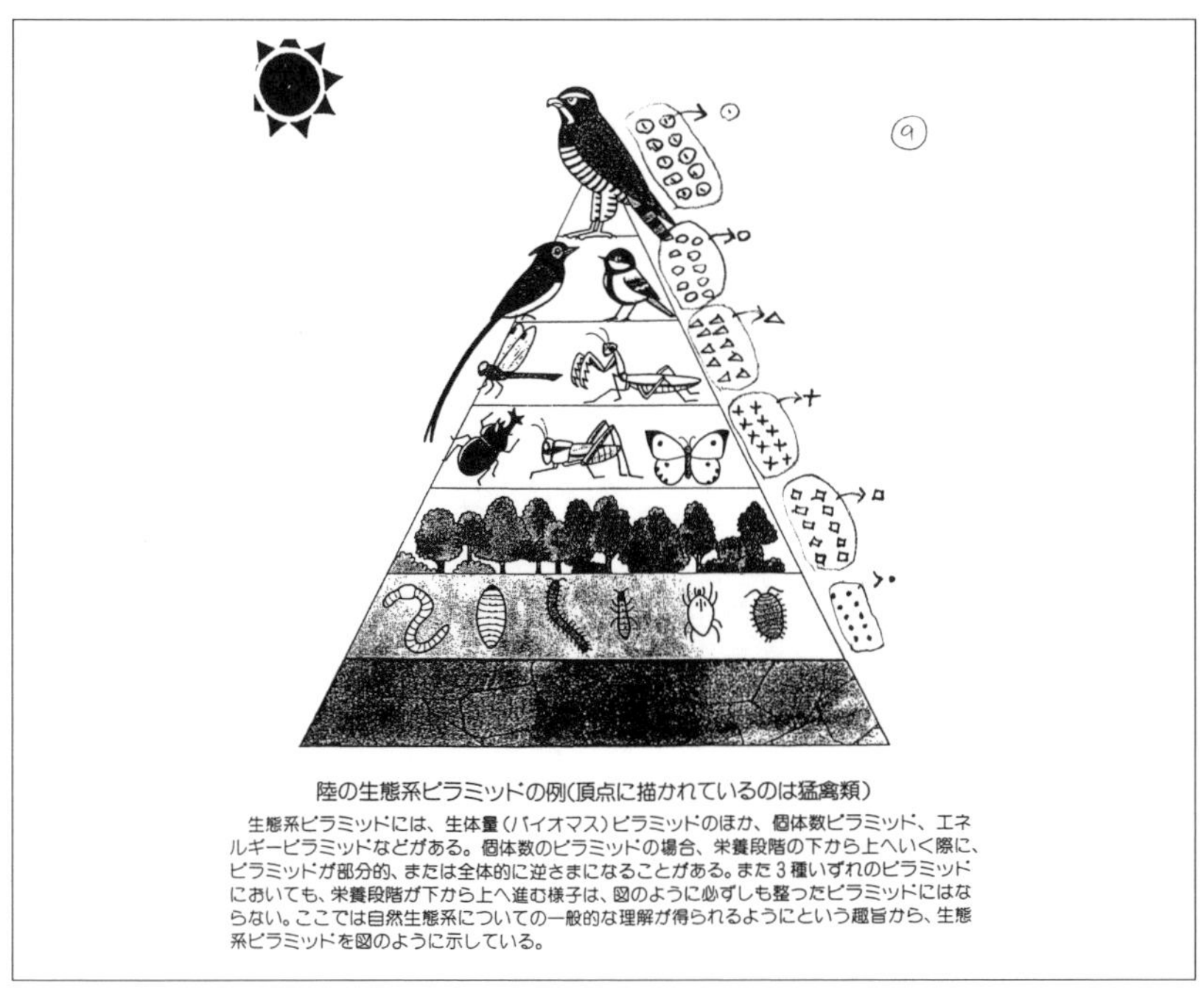

陸の生態系ピラミッドの例（頂点に描かれているのは猛禽類）

生態系ピラミッドには、生体量（バイオマス）ピラミッドのほか、個体数ピラミッド、エネルギーピラミッドなどがある。個体数のピラミッドの場合、栄養段階の下から上へいく際に、ピラミッドが部分的、または全体的に逆さまになることがある。また３種いずれのピラミッドにおいても、栄養段階が下から上へ進む様子は、図のように必ずしも整ったピラミッドにはならない。ここでは自然生態系についての一般的な理解が得られるようにという趣旨から、生態系ピラミッドを図のように示している。

これをワルスバーグ氏は、諸文献から1グラム当たり平均同化エネルギー4.85カロリーで変換して当て
はめた方が妥当だとし、

スズメ以外の鳥（動物食）F＝0.694W0.608

スズメ以外の鳥（植物食）F＝0.673W0.608　　とした。

また、アメリカのアームストロング氏が猛禽類を一部含む鳥の行動圏データから

行動圏面積　R＝ha　　体重W＝gとして

R＝0.0335W1.23　　という式を出している。

例えば生体1000グラム（オオタカ）で計算してみると

R＝0.0335×1000 1.23＝1.64ha　――①となるが、

由井正敏氏によると日本のイヌワシとサシバの例で統計処理するとRとWの関係は

R＝0.0831W0.863　　となり

R＝0.0831×1000 0.863＝322ha　――②となる。

①と②の違いは、餌の種類で行動圏が違うことを示唆している。

ノウサギ、ノネズミ――広い

昆虫・果実――集中して狭い

アマツバメ・イワツバメ――ワシタカなみに広い

岩手県盛岡市の東の郊外でイヌワシの行動圏は二万ヘクタール、日本の通常は五〇〇〇ヘクタールである。

続いて野鳥の一般的な習性についてみてみます。

1）野鳥の一日の仕事

①ほとんど採餌に追われている八〇％（休息とその他は二〇％）。休息の中に羽繕い（半分）

②縄張りソング（日の出前一時間三〇分前、一時間は盛ん。日没前の一時間）と採餌活動

③野鳥の目立ちやすさは①②に同じ

2）猛禽類の繁殖は二～三月頃から産卵を行う。小鳥類は昆虫、果実と関係がある（三月下～四月中旬）（五月～八月初まで繁殖）

3）営巣樹種

①広葉樹（洞）、低木、②モミ、③アカマツ、④ススキ、草木、地上（以上富士山麓）、大体一〇メートル以下、ワシ、タカは一〇メートル以上。発見された巣は林縁から六メートルまでが八六％、六メートル以遠は一四％

4）縄張りと行動圏

鳥種	成鳥の体重（g）	1巣の雛数	1巣当りの総摂食量（g）	1雛当りの総摂食量（g）	餌に占める蛾類重量比		
					幼虫（%）	成虫（%）	桑桜の実（%）
イカル	63	3	43.71	14.53	94.41	0.13	
ヒヨドリ	67	3	81.57	27.19	1.10	11.50	○24.8
シジュウカラ	16	8△	90.00△	11.25△	63.70	16.32	○0.1
アオジ	21	5	58.08	11.62	66.01	4.77	
アカハラ	66	4	177.91	44.48	38.23	4.37	○4.9
クロツグミ	61	4	227.33	56.83	16.22	0.57	○13.0
ヒガラ	9	9	84.47	9.43	60.71	1.10	
キビタキ	15	4	57.70	14.42	28.76	13.25	○4.3
サンコウチョウ	22	3	32.04	10.68	1.03	13.64	

注：△印1966年の蠟山朋雄氏による以外は由井正敏氏の1988年による。
　　○印は桑の実、桜の実を一部食す。

A型（採餌、営巣、交尾等総ての生活を縄張り内で行う）
　モズ、ミソサザイ
B型（採餌以外の活動を縄張り内で、採餌は内外で行う）
　シジュウカラ、ホオジロ、アカハラ
C型（営巣場所を中心とするごく狭い範囲を縄張りとする）ムクドリ
D型（コジュリン低密度個体群―A型、高密度個体群―B型）体が大きいほど行動圏は大きい（オオタカ三〇〇ヘクタール、六〇〇ヘクタール　柳沢）

5）生息密度
①植生による違い
②季節による違い
③昆虫類や植物の果実の豊凶による違い

例　イヌワシの食性ではノウサギ四三％、ヤマドリ一三・七％、ヘビ三三・三％、その他一〇・〇％（ノネズミ、リス、キジ、テン……）
F＝0.694W0.608（F＝0.763W0.608 植物食）
イヌワシ平均体重四キログラム、一日で一〇七・五乾重グラム、一年三九キログラム、ノウサギのみとすると平均体重一・五キログラム、含水率七五%、骨、毛、一部の肉部分を1/3とするとノウサギ一頭の可食部重量は二五〇乾重グラムとなって、イヌワシは一年に一五六頭のノウサギを食べる潜在能力がある。

一つの縄張り中につがい、若鳥一羽とすると四六八頭/年となる（山形林業試験場［大津氏］〇・五頭/ヘクタール以上で若造林地は被害が発生。〇・二五頭/ヘクタールにすると被害は出ないとすると一八七二ヘクタールの地域のノウサギが対象となる）。イヌワシは平均五〇〇〇ヘクタールの行動圏をもつ（由井）。

（バイオマス＝現存量＝ある時刻に一定の地域あるいは空間内に存在する特定の生物群を重量で表したもの、普通、地域の単位面積（体積）当たりの乾重量で表す（湿重、エネルギー量、生物体の構成元素（C、N）量で出すこともある。重量を求められないときの動物、微生物の地域当たりの個体数や細胞数を表示してバイオマスと呼ぶこともある）。

④野鳥の好む種子（森林の形成に関係する）

（イ）良く食べる色＝褐、赤、黄、普通＝黒、青、白、嫌う＝紫、緑

（ロ）下記表参照

6）森林の鳥類群集と生息の実態

棲み分け森林の構造

①水平的　例　キツツキ（本土と島、離れるに従いアオゲラ、オオアカゲラが消えコゲラが遠い島にいる）

色種　暖帯区分	暖温帯%	冷温帯%	亜寒帯%
黒色	47	44.9	24.1
赤色	35	46.1	58.6
青色	8	3.4	3.4
橙色	6	2.2	6.9
白色	2	-	6.9
紫色	1	1.1	-
その他色	1	2.2	-
2色	12	21.3	3.4

（1996年 中西）

ヤマセミ（尾鷲では山地から急に海に出るので渓流に生息するヤマセミは採餌困難となると海洋へ出て採餌するようになり、冬期は海洋性鳥類と間違えることがある）

②垂直的（標高と樹高の二種がある）

例　富士山麓（ハシブトガラス、キクイタダキ、カワクグリ　イワヒバリ
　　ウグイス、キセキレイ、ヒガラ）

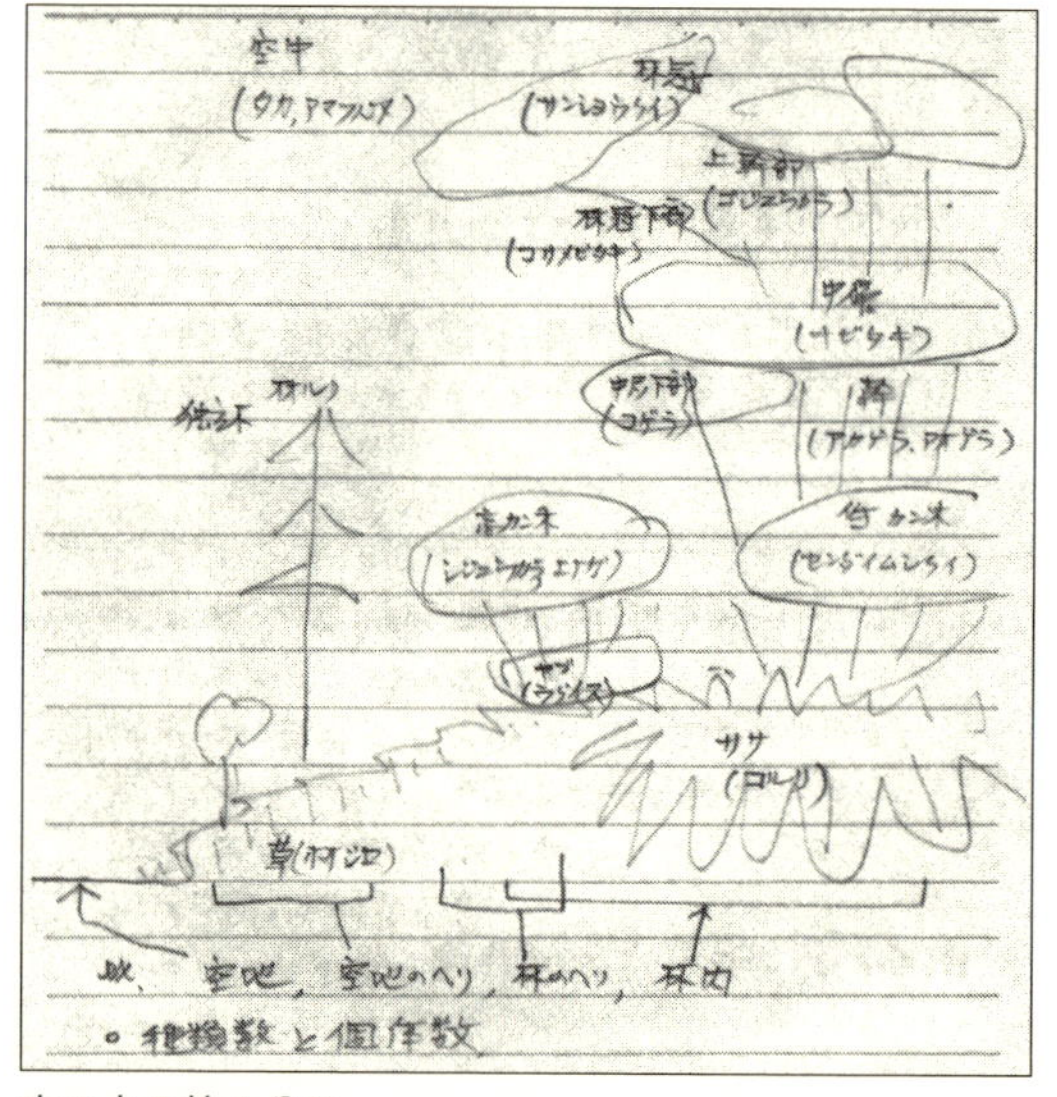

森の中の棲み分け

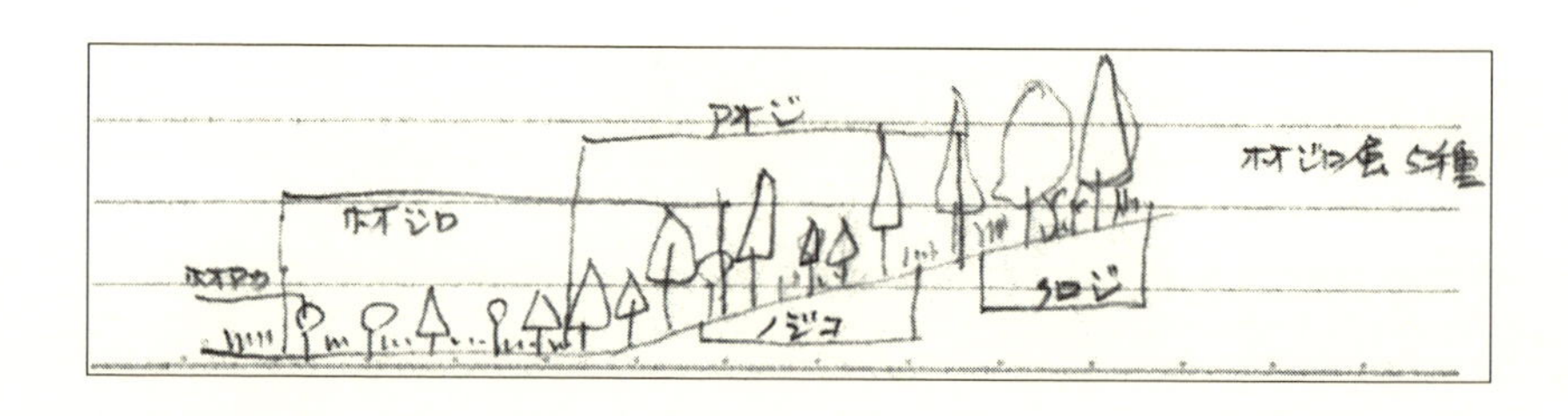

タカ類の保護管理に必要なこと

モニタリング

1）モニタリングの項目はできるだけ数多く、細かく設定する。
（経費、調査員数で制約がでる）

①繁殖状況のモニタリング（優先項目）

a-1　繁殖状況

a-2　行動の変化

a-3　土地利用の変化

a-4　繁殖が失敗↓どの段階で失敗したか、その原因を正確に推定する

②生息環境のモニタリング

b-1　航空写真（ランドサット）による森林の変化（現在　過去一〇年）

b-2　森林の植物相の変化

b-3　餌の種類と量

b-4　タカの生息に影響を与えると考えられる事項

③モニタリングの方法

モデル地区と比較ができるように統一的なマニュアルに基づいて実施（対象区域外マニュアルに制限されない区域、例　二〇〇～五〇〇メートル）

保護管理に必要なこと

1）生息条件

中小動物が豊富で、多様性に富む森林

a‐1　食性　（♀大型、♂小型の餌が一般）

動物　一般的＝小型（タヌキ、アナグマ、ニホンザル等）

鈴鹿山系＝ノウサギ一三＝アナグマ二＝ムササビ二＝タヌキ一＝テン一

イタチ一＝リス一＝　七種二一　（一九八七～九一　五年）

鳥　一般的＝（ヤマドリ、カケス等）

鈴鹿山系＝ヤマドリ（一部キジ）二七＝ハト六＝カケス四＝カモ一＝水鳥一＝　六種三九（一九八九～九一　五年）

その他　一般的＝ヘビ

鈴鹿山系＝ヘビ（不明）

a‐1′繁殖

イワヌシ　二卵産む

クマタカ　一卵産む

オオタカ　二～三卵産む

a‐2′　環境

自然草地、灌木が広がるオープンエリア

森林帯

人工草地、低山森林帯

a‐3′捕獲方法

♀「止まり待型」　ノウサギ、ヘビ等大型

♂「止まり待型」と「林内飛行型」併用　繁期小型　非繁期大型

b‐1鳥が一日に食べる餌の推定

カリフォルニア大学のナギイ氏

摂取した食物を吸入酸素と化合させ、炭酸ガス量を測定する。

一日野鳥の必要カロリー量と体重の相関式を導き食物のエネルギー変換量を昆虫一グラム当たり四・三カロリー、魚類三・八七カロリー、蜜四・九二カロリー、その他三・三四カロリーとしてF（一日必要量［乾重グラム］）、鳥の体重W（生重グラム）との関係式を算出した。

スズメ目の鳥　　F＝0.398W0.850——①

スズメ目の鳥以外の鳥　F＝0.301W0.751——②

②は資料不足（ウズラと海鳥）

そこでワルスバーグ氏の一般式を諸文献より一グラム当たり平均同化エネルギー四・八カロリーで変換し

スズメ目以外の鳥（動物食）　F＝0.694W0.608——③

スズメ目以外の鳥（植物食）　F＝0.673W0.608——④

を使用、気温が低い繁殖期は平均、温帯地域では二～三割多く必要とする。

例　シジュウカラ　体重一六グラム

一日の摂食量　0.398×16　0.85＝4.2グラム乾

一年の摂食量　4.2×365＝1533グラム
体長二センチ、体巾三ミリの幼虫　1∅2＝80＝18ミリグラム
一年の幼虫摂食頭数　1,533グラム÷18ミリグラム＝85,167頭

2）行動圏
①成鳥
a－1　基準型は営巣場所の水系沿いに水系を挟むように内側が主要範囲となる
a－2　隣接ペアの行動圏は主要な尾根によって区分される
a－3　一日の行動圏は平均1.4平方キロメートル＝1,400ヘクタール
a－4　繁殖期以外は単独で行動する
a－5　十二月以降は営巣地を中心として一・五キロ以内が行動圏
a－6　遠出行動は♀の方が多い。♂の方が執着心が強い
②幼鳥
a－1　孵化後七〇～八〇日で巣立
a－2　半月～一ヶ月で営巣木から初飛行
a－3　餌の供給は巣内で行われる、ピーピーと甘えた声でねだる
翌年の二月頃まで続く。営巣木から半径一キロ以内にいる。↓ときには大きくなる、好天時
a－4　親離れはあいまい
③日周

a-1　夜明けとともに始まる（ねぐらは森林内）
a-2　森林内の小移動はハンティングを目的とすることもある
a-3　一〇時頃から上昇気流が発生し谷風が吹きはじめると旋回上昇し高度をあげる（別の場所へハンティングをしに行くのが目的）。
a-4　午後は比較的高度の高いところに移動する傾向がある（監視行動も同時に行う）。
a-5　天候が悪いときはじっとしてあまり動かない
a-6　♂の方が♀より頻繁に移動し、一日の行動圏範囲を何回も移動する（二〜四月は特に多い）
a-7　ねぐらの場所は決まっていない。ねぐらは翌日の朝のハンティング場所として使われることが多い。使いなれた場所がある

④年周

a-1　行動圏内に留鳥としてペアで生息する
a-2　繁殖は毎年行われるとは限らない
a-3　十一月頃、営巣地周辺で♀の誇示止り（ＥＰ）がはじまる（白っぽい）
　　♂は監視止りで白っぽくない
　　　↓
　　一日平均一五〇分、十一〜三月まで続く
a-4　ディスプレイ行動は十二〜一月頃に多く行われる。二〜三月は悪天候で頻繁に行われる
a-5　産卵は三月中から四月初に行われる
a-6　抱卵は主に♀が受持つ。♂は主にハンティングを受持つ

a-7　孵化は産卵から約一ヶ月半後（四月下～五月上）
a-8　巣立は七月下～八月上　♀は巣立前頃から巣に執着しない。非繁殖期と同じ単独生活に戻る
a-9　巣立後の幼鳥への獲物の供給は♂が担う、翌年の二月まで続く。繁殖に成功すると♂は一年の大半を幼鳥の養育に携わる
a-10　単独生活に戻った♀は八～十二月に時々遠出行動を行う
a-11　非繁殖期は♂は林内滞在が多く、林の中を小移動（↓ハンティング）したり、林内の上をあまり上昇せず斜面上を滑空移動する。♀は林内滞在が少なく、樹頂や枝先に止り、伐採跡地、草地、オープンエリアの林縁に止まることが多い
a-12　追い出し行動は♀♂共に非繁殖期でも行う
a-13　主要な狩り場のコアエリアはペアの繁殖活動を行うのに大切な場所である
⑤ハンティング
a-1　待ち伏せ型
イ　林縁部、鉄塔、枯れ立木
ロ　成熟森林、手入されたスギ植林地、林内空間があるところ（少しずつ移動）
ハ　比較的小型の哺乳類や野鳥が対象となる
ニ　林縁部、林道、沢沿いでは、ヤマドリ、ヘビ、ウサギ等比較的大型の動物が対象
ホ　伐採跡地等のオープンエリアではヘビを探している（二〇〇㍍以上離れた獲物を狙う）頭を盛んに動かし焦点を合せる
b-1　飛行型

イ　飛行率（飛行時間／日中時間）五％未満
　ハンティングは待ち伏せ型が多い
ロ　上昇気流を利用して移動することが多い。飛行中は頭を盛んに動かし林内を探索する
ハ　オープンエリア、植林幼令林ではホバリングや翼をバタつかせ獲物を追い出す
ニ　ハンティングの成功率は小さい
ホ　♂は営巣場所近くでハンティングをするが、♀は隣接個体の行動圏を越えて遠方まで行く
ヘ　♂は小型、♀は大型の餌を獲る（繁殖期の習性の関係か）↓（半日以上止まっていることもある）
ト　悪天候の場合は留まることが多いが、林内の小移動を行いながら待ち伏せすることがある
⑥繁殖成功率
イ　鈴鹿山系　一九八七〜一九九八年　一二年間　四〇回中一五回で三七・五％
ロ　最良好なペアで隔年
ハ　一九九一（五ペア）、一九九五（二ペア）、一九九七（一ペア）、一九八七（五ペア）、一九八八（一ペア）、一九八九（二ペア）、一九九一（三ペア）、一九九五（二ペア）、一九九六（一ペア）、一九九七（一ペア）、一九九八（〇）
ニ　営巣木の枯損、巣の落下、五例
　人為的要因（妨害、迫害）三〇例
ホ　一過性（木材搬出等）数年以内に再開
　長期（営巣木の伐採、斜面の広範な伐採）

へ　環境汚染物質　ＰＣＢ六四・六 ppm（一九九〇、♂片眼、保護二日後）。

３）営巣環境

①飛行可能な空間をもつ成熟した林層構造があること↑高木の伐採ないこと

②周辺植生のキャノピー（天ガイ）よりも上に架巣可能な枝の構造をもつ高木が多数存在する↑森林構造が単純にならない

例　鈴鹿山系

標高二三・八メートル＝胸径六二センチ＝地上より巣高一七・五メートル＝巣長径一三一センチ、巣短径一〇一センチ＝厚さ四四センチ

③営巣可能な植生環境が「最低―最高標高」の間の中腹以下の急斜面に存在する↑ダムで水没しないこと

④隣接ペアとの間に一定の巣間距離があること

巣間距離平均四キロ（一・五〜五・六キロ）（鈴鹿）

同じ谷の同じ標高のことが多い。隣接のペアの影響がある

⑤幼鳥の行動圏に生物の豊かな森林が保全されていること

以上

この資料は三重県環境保全事業団内で実施された、研修会に於いて使用した内容の資料である。

＊

私が調査しながら感じることは、よく調査報告書に見られる、ある場所、ある時間、

○○鳥　○○羽
△△鳥　△△羽

だけの調査では、本当に見るべきものが見えてこない、ということです。

人は衣食住足りて……という言葉がありますが、鳥類にとっても食住が生息の重要ポイントです。そして採餌できることと、繁殖できることが種の保存につながります。

調査対象となっているワシタカ類は、太陽エネルギーを利用するすべての生産者と、それを利用する一次消費者（普段目につかない土壌生物）から五次消費者が、単なる一直線ではなく、複雑に絡み合いながら一つのシステムをつくりあげている環境――つまり生態系の中での食物連鎖――の頂点に立っています。そして、今ある環境の中でそれぞれがお互いに折り合いをつけながら、その存在を維持しているのです。

右記に列挙した、鳥の習性を考慮したタカ類の保護管理に必要なことを踏まえた上で調査をすすめ、生態系の中でのそれぞれの関わり合いを加味しながら解析を進めていくことで、本当の姿が見えてくるのではないでしょうか。

「タカダカ鷹ぐらい！」と言わないで

平成十四年三月二一日

「三泗自然に親しむ会」平成十三年度総会

こんにちは。「三泗自然に親しむ会」の平成十三年度総会の席にお招き戴き、皆様の前でお話しできることは私にとっては誠に光栄なことであると感謝しております。

「三泗自然に親しむ会」は自然の多様な顔と同じようにそれぞれご専門を深く研究されたり、趣味をお持ちの方々の集いであり、私ごとき者が皆様の前でお話しできる資格はないと思いますが、あえて鳥類を通して冒険を試みることにしました。

最近、報道で珍しい鳥が紹介されると、その数は増えたのか、あるいはどれほど珍しいか、という質問をよく受けます。そこで話を聞くと人によって対象とする鳥の増減の中でも基準となる物指が様々で困ってしまいます。

まず生態系からみた環境の変化を私なりに紹介してみたいと思います。その理由は、若い人達と話していると時代感覚がいつも違っていることに気づくからです。基本が違えばいくら議論しても絶えず平行線となって接点がみつからないからです。

私が高校時代まで住んでいた愛知県西春日井郡新川町は、庄内川と新川が下流部で接する場所で、当時は日本の三大青物市場として有名な地域です。庄内川の河川敷は広く右岸には広大な竹藪と畑が広がっていました。昭和十六年、日本が世界を相手にして戦争を始めた頃です。秋から冬、そして春にかけてはツグミ、ムクドリ、カラスといった大群が凡そ五〇〇～一〇〇〇羽が一群となって早朝にはそれが六～七波状になって上流部の採餌場へと向います。竹藪はねぐらになっていたのです。夕方日没頃になると早朝時の逆でねぐらに戻ってくるのです。一瞬空は大群で覆われ暗くなります。この様な光景は今はまったくみられません。

戦後、経済の復興が起り昭和二二～二三年（一九四七～一九四八）頃には名古屋城を建設するのに活躍した堀川は、以前は流水の澄んだ美しい川であったのに突如として赤潮が発生しました。昭和二四年頃の三重県の阿下喜地方では、ホオジロやヒバリ、ケリがあちこちで繁殖しており驚いたものでした。近鉄の湯の山の山の家附近ではハコネサンショウオが沢山生息。昭和二八年七月下旬には津市江戸橋附近の志登茂川では、初めて赤潮が発生し、以後、毎年それが続きました。

もっと遡れば明治四一年（一九〇八）の名古屋駅は夏目漱石の「三四郎」に出て来ますが、現在の笹島、後、国鉄機関車操作場となり、明治の頃にはプラットホームの後ろに大池がありました。これは『日本地理風俗大系』という写真集にはっきりと出ています。

伊勢地方についてみますと、昭和二九年（一九五四）頃から四日市公害の悪臭が風の方向によって時々現われました。外宮の森の奥池の周辺や高倉山周辺は白鷺の仲間や鳶のねぐらに、そして繁殖地となりました。サギ類は参道上空を通過するので糞の落下が多くなり神宮ではその対策に悩まされていました。幸い、昭和三四年（一九五九）の伊勢湾台風で森林が大被害を受けこれは一件落着。昭和三六年は第二室戸台風が襲い森林はさらに被害を受けました。昭和三八年（一九六三）には水田に農薬散布が急に広まり、ニップ薬害で水田に生息する生物はことごとく死滅し異臭が広く漂うようになりました。昭和三九年（一九六四）に伊勢志摩スカイラインが開通し朝熊山の金剛証寺という寺まで楽々と参拝できるようになり、昭和四〇年には神宮の島路山の中を通過して志摩方面に抜ける有料自動車道が開通しました。当時の田中覚県知事が中南勢開発を掲げ伊勢湾岸一帯の四日市から鳥羽までを工業地帯にすると豪語していたため、神宮の徳川大宮司の意向で少宮司が知事に面会し中南勢開発を中止するよう直訴しました。その時に私は森林の荒廃につながるというので説明役として随行致しました。昭和五五年（一九八〇）になると三重県の南部地方から北の方にかけ集団的なマツ枯れ現象が大発生。当時は原因が不明でしたが、しばらくしてからマツノザイセンチュウという虫の大発生だとわかりました。平成二年（一九九〇）には集中豪雨があり五十鈴川は氾濫し大騒ぎとなりました。この前後では梅雨期は比較的男性的に降雨があり真夏には乾燥が激しく五十鈴川が干上がることも度々あり、特に冬は水流が途絶えることが多く、五十鈴川に生息していた魚類（ウグイ、コイ、フナ等）が全滅し、平成八年（一九九六）には第一宮域林といわれ神域と同等の取扱施業をしていた約一〇〇〇㌶余のアカマツ二次性天然林（約二〇〇～三〇〇年）が一年余で枯死し全滅しました。この地域は下層植生（サカキ、ヒサカキ等）の発達があって荒廃地にはならなかったのが幸いでした。

さて、私の過去の環境変化を聞かれた今、どのように考えていらっしゃるでしょうか。

昭和五五年（一九八〇）頃、米国ではハクトウワシ（米国の国鳥）の卵殻が薄くなり、抱卵途中で殻が破損し幼鳥の成鳥が激減したという論文発表があり驚きました。理由は農薬汚染です。日本ではこのような研究はありませんでした。

こうしてみると三重県下で環境が大きく変化しはじめた（日本中大体同じ頃）のは、伊勢湾台風や第二室戸台風被害後の約一〇年の間であったと記憶しています。従って、私は自然環境の復元は一九六〇～一九六五年ぐらいを目標にすべきではないかと考えています。

過去を振り返ってみますと、北勢地方で特に気になるのは、トビの減少です。二〇年ほど前だったか、北勢地方で探鳥会をした時、野良仕事をしていた婦人からトビを見かけなくなった理由を聞かれたことがあります。その時、私は農薬の影響ではないかと答えたのでしたが、四〇年ほど前にお邪魔したときはこの地方の扇状地の高い所では森林が発達し、アカマツやクスノキ等の大木が点々と生育していたことはまだ記憶に新しく蘇って来ます。しかし質問を受けた頃にはその森林帯はなく耕作地が新興住宅地に変化している地域になっていました。

私は営巣木になる大木の減少も拍車をかけていると思いました。動物達が繁栄する条件として、私達と同じように「衣食住」が満たされることが必要となります。「食」は生きるために当然必要で、食べることで「衣」も充実します。そのため必死になって縄張りを守ります。「住」はトビの場合直径一～一・五㍍ほどの巣を架けるのでそれに耐えるだけの太枝または二～三又の幹になった大木が必要になります。そう考えると営巣木がない事に気づくわけです。

環境庁発行のレッドデータブックに記載されているタカ類は三重県下では一八種ほどあります。これはタカ類の秋の渡りをするルートが北勢地方と南勢地方にあるためだと私は考えています。理由は、伊勢湾という広い大きな湾を避け、気候が急変しても陸地の方が安全で得策であることを彼等は経験上（学習等による）知っているからです。

北勢地方の木曽岬干拓地には全国的にも極めて珍しいチュウヒの繁殖という貴重なデータを残し現在

も続いています。いずれ開発が進み消滅するでしょうが、人間が作った干拓地は一時的に自然が回復する環境になることは、全国的に知られていることです。また、鈴鹿山系ではイヌワシが生息。まだ繁殖の有無は、はっきりしていません。隣接する滋賀県側では繁殖が確認されており、これが増殖すれば三重県側に縄張りを求めてくることになります。冬期になると南下の傾向があり、時には飼育されているニワトリが被害を受けたという事を聞いています。因みに一九八六～一九八九年の調査ではクマタカが最低三一ペア、幼鳥が一一羽、七三個体が生息していました（約一〇〇〇㌶に一個体）。面積は七万七五〇〇㌶の区域で海抜三〇〇㍍以上の鈴鹿山系です。

さて、この頃は二〇㌶以上の開発は環境アセスメントの結果を公表するために一般公開をします。二〇㌶以下の開発でも世間の眼をそらすため、また、企業は自然と共生するためにこんなことまでしっかりやっていますよ。と云わんばかりにＰＲ用に環境アセスメントに準じて調査し公表します。しかし要心して下さい。泣き脅しと同じことで妥協すべきではありません。

環境アセスメントに出て来る一例をお話ししましょう。

いわゆるマニュアル通り調査は実施されます。調査した結果、タカが出ました。再調査は環境庁が出版した『猛禽類保護の進め方』（一九九七年）の指針に従って実施されます。これが確実に行われておれば問題はありません。

ちょっと覗いてみましょう。

1）過去の文献　これは参考に見るのはよいが、過去と現在では大きく違った部分が出てきます。環境の変化のためです。
2）営巣地確認の調査　これは是非必要なことです。
3）行動圏調査　個体識別と共に縄張り関係をみるのに欠かせません。
4）行動圏の内部構造調査　これは営巣中心域か高利用域になっているかの区別です。
5）生態調査　これは一般的なその地域における傾向を把握するためです。
この2）～5）の結果を解析するのです。これが問題になるところです。
特に生態調査の中では環境に従って植生、昆虫、魚類、哺乳類、主に対象となる鳥類、鳥では定点調査、ルートセンサス調査、マップ法任意調査、標識調査、ラジオテレメトリーによる調査、営巣木を中心とした自動カメラによる資料収集等様々な調査が必要です。その理由は猛禽類は食物連鎖による頂点にあるため生物の多様性を考えねばならぬからです。これらの資料によってはじめて保護対策の検討ができるからです。
6）そして最後には周辺に定住されている個人で感心を持っておられる人達の多くのモニタリング資料の収集です。
容易なことではありません。

それから、調査するときの基本的な考え方について検討してみましょう。
開発計画がほぼ決定していることが多いときは、
1）個体の所在地の頻度の解析よりも行動内容の解析の方が重要です。どんな行動か？（例えば、縄

張りか、採餌か、繁殖か）
２）特に産卵前後、孵化前後の行動には要注意です。
３）猛禽類に興味を持つ人が増え、調査地における営巣場所の発見に労力をつぎ込むことが多いから要注意です。

いつも開発したとき公表される資料には、「軽微」または「影響は小さいと思われる」または「判断される」等と結論づけられることが多いのです。そして影響があると表現されることはほとんどありません。そうかなあ？　みんな半信半疑に終ってしまいます。なぜそのような結論になるのかその理由、または根拠はなにかと問いつめる必要があります。

問題はせっかく苦労して得た生態調査の資料です。まず植物の植生環境が行動圏の中でどの程度の影響があるかということです。例えば森林施業で皆伐したときです。その区域に巣が一つ、あるいは二〜三個所あるとします。巣はどのように利用されているのか判断しなければなりません。普通は定住巣以外に予備巣あるいは中途で中止した巣がよく見つかります。それは何故なのか考える必要があります。ルートセンサスや定点センサスの調査で確認された鳥類の種類と個体数、移動する傾向等は猛禽類にとって満足度の数になっているだろうか、満足度とは採餌によるエネルギー換算をして足るか不足するかです。これは哺乳類の調査資料も併せて考える必要がありますし、行動圏の広さにも係わってきます。特にクマタカは林内活動が多いので、森林帯の樹令によって行動圏の大きさに変化をみなければなりません。

次に営巣木の有無です。

樹種は主にマツ（アカマツ、クロマツ）、モミ、スギ、ヒノキ、

樹高は猛禽類の種によって異なりますが、低いものは五㍍、それ以上五〜二〇㍍ほど、胸高直径は四〇㌢以上、架巣形態は円形に近い椀形、巣の存在する地形は風が吹き上がる谷筋に多い。特にクマタカは傾斜角六〇度以上の崩地に多い。植生は常緑広葉樹林（五〇年以上）、あるいは植林地内で特に大木となったスギ、ヒノキの枝が多く巣から上部の枝までが六〇㌢以上離れた場所にあり、巣の設置枝は太く三又以上あり集中して枝が延びている樹形であること。または、大木が疎林帯となっている、針葉樹と広葉樹の混交林でマツ等が点点と生育している地域が必要です。

行動については、行動の種類、例えば採餌をねらい待ちする止まり場所、縄張りを守るための止り木、採餌場所、これらはほぼ一定しております。さらに行動圏の面積、行動圏外の刺激はなんであろうか。内部の行動はどのようになっているのか、等を知ることが必要です。

鈴鹿山系の一三巣中の残骸調査（クマタカ）については、巣の周辺に必ず採餌後の消化できない骨等が残っています。これによって何を主として食していたのか解析します。調査によりわかっていることは、哺乳類七種二一個体、鳥類六種三九個体、ヘビ類（爬虫類）種不明で複数個体。哺乳類はタヌキ、アナグマ、ニホンザル等三〇種で比較的大型です。特にタヌキ、アナグマは春期は眼に脂肪がつき早朝とか夕暮時に巣から出てふらふらと歩くことが多いといわれているから捕獲しやすいのでしょう。鳥類は大型の鳥からホオジロのような小鳥までおそわれます。全国的には哺乳類は前に述べた他ノウサギ、鳥類はヤマドリ、他に爬虫類ではヘビ類が多いのです。早朝は気温が低く爬虫類達は行動上敏捷性に弱

いからでしょう（日本の森林帯に多く生息していて捕食されやすい）。

雌のクマタカは雄より大きく、止まり待ち型で大きな獲物を捕獲しやすく、雄は止まり待ち型と林内飛行型の二種で獲物を追います。

イヌワシは自然の草地や灌木の広がるオープンエリアで繁殖します。従ってジリスやウサギが主として捕獲されます。また、餌動物の生息数の変化が大きいため、環境に適応した産卵数で二卵または一卵のことが多いです。

クマタカは一卵で生息環境は森林帯です。中小動物も多種にわたり、総量が毎年安定していることから一羽を確実に育てます。繁殖期の天候不順の年は採餌機会が少なく餓死することも度々あります。

鈴鹿山系の一例では、ノウサギ一三、アナグマ二、ムササビ二、タヌキ一、テン一、イタチ一、リス一、ヤマドリ二七、キジ一、ハト六、カケス四、カモ一、水鳥一、ヘビ（個体不明）という資料があります。

行動面積については雄は八〇〇〜一〇〇〇ヘクタール、雌は一二〇〇ヘクタール、十二月以降は雄雌共営巣地を中心にして一・五キロ以内の行動圏をとり複雑化します。

以上、主にクマタカ、イヌワシについてどのような習性を持っているのか一般的なことを申しあげました。参考になればこれを土台として観察してみて下さい。

鳥類はよく馬鹿であると昔から言われていますが、最近の研究では決して馬鹿ではありません。知能指数は犬よりも遥かに高く、人間と同等に近いといわれています。進化発展の過程からみますと、鳥類の脳神経の上に人類の脳は発達したのですから人間の考え方あるいは行動等はほとんど変りません。唯、感情表現が発声器の関係で人のように表現できないから人には通じないだけ、むしろ音とか眼の視力は特に外紫外線まで感ずるので人より遥かに優秀です。脳の神経細胞の並び方が人は平面上で皺々ですが鳥類は縦に並んで人よりも多いとまでいわれています。じっくり観察していると新しい発見があり感動します。それでは、感動したところで、小鳥の美しい鳴き声を聞いてみましょうか。皆様のよく知ってらっしゃる種です。

ウグイス、オオルリ、ホオジロ、スズメ、ツバメ、ホトトギス、カッコウ、ツツドリ、フクロウ、アオバズク、アオゲラ、コゲラ、アカゲラ、コノハズク、……時間が来ましたのでこれくらいにします。鳥の鳴き声の聞きなし方は面白いですよ。

ふるさとの自然と鳥たち

平成十四年三月二一日
三泗自然に親しむ会
於　四日市々民文化会館

前講演と同一日になっていますが、確認するすべがなく原稿記載のままに致しました。

こんにちは。今日は三泗自然に親しむ会の総会で、私が皆様にお話できる機会を与えて下さったことに対し、この高い席からお礼申しあげ心から感謝致しております。

今日は、「ふるさとの自然と鳥たち」という大へん大きな題名を頂戴致しましたが、私に使いこなせるか心配です。しばらくご清聴いただければ幸いです。

まず、言葉というものは人それぞれに受け止める感覚が違っていますので整理しておきます。私は「ふるさと」という言葉は、自分が生まれたところとか幼少の頃に育ったところであって、大へん懐かしく、何となく心引かれるものがあるところという感覚があります。そして私は、生物体の一員ですから自然の中で様々な係わりを持ちながら現在に至っているというような漠然とした感覚を持っています。

そう考えてみると、今、皆様のお手元に配布され、また、司会者の人からご紹介を戴いたように手配写真の右側に書かれている愛知県西春日井郡では、まったく自然の面影は消失してしまい、住宅や工場と化してしまって、ふるさとの感覚はありません。

想い出すと、旧名岐国道の街道筋の家並のすぐ裏は一段と下り、庄内川と新川の合流した上流部でしたから湿地であり、ヨシ原とかススキ原が連続し、その中に巾一～二メートルの小川が蛇行、水深は三〇センチほどで水は澄み、ヘラブナの体長二〇センチ以上のものが五～一〇匹ほどの群で泳いでいました。近所の子供達が釣り上げた話をするので、父親にせがみ、フナ釣りに連れて行ってもらいました。考えるとミミズで釣ればいくらでも釣れるし、タモでうまく追い込めばいくらでも捕獲できる状態の環境だったことが今でも脳裏に強く焼きついています。ところが、父は殺生は好かないといって昔から釣をしたことがなく、ましてやミミズを釣り針につけフナ釣りをしたことはないと言いながら渋ぶ渋ぶ私を連れて行ってくれた記憶があります。その結果は勿論釣れません。御飯粒を針につけ、釣るのですからフナが口で啄むと御飯粒は針からすぐ落ち、どうしても針ごと呑み込むことがなく逃げ出してしまいます。釣りをしながらその情景が手に取るように見えているのです。近所にいるガキ大将にそんな話をしたら、「お前は馬鹿だぞ。自分の姿をフナは見ているし、ミミズでなければ釣れるはずがないじゃあないか。ミミズはゴミ捨て場に行けばいくらでもいる。しかも青いミミズではなく、赤いミミズを探すのだ」と大声を出して笑われてしまったのです。そんな印象があって今でも私は釣が苦手です。夏になると家の中へヘイケボタルが舞い込み、年中、宵になると裏の茂った樹でフクロウが「ゴロスケ、ホッホー」と闇間をくぐってやけに声がこもって聞こえ、大へん怖かった想い出を持っています。

次々と自然環境を遡って想い出してみると私のふるさとは、今住んでいる伊勢なのかも知れません。皆様の「ふるさと」もきっと人それぞれに複雑な想いで持って改めて「ふるさと」を連想されることと思います。

それから「自然」とはなんだろうかということです。大へんに多彩であることは確かです。

そこで、今想い出したことです。私事で恐縮ですが、最近は孫に教えられ勉強中のところです。

昨年の夏のことです。上の娘の子が小学四年生で、兄と同様に夏の自由研究でバードウオッチングをしたいので是非家に来て教えて欲しい、と言うのです。いつも春、夏、冬休みには必ず伊勢に来て私の相手になって遊んでくれるのですが、気づかなかったのでしょう。私は極力、孫の目線のところで小さな姿勢で対応していました。てっきり私の頭の毛が薄くなっていることは知っていると思っていたのですが、狭い部屋で自分の机と私が坐っている低いテーブルの間を行ったり来たりしながら、私が喜ぶだろうと思って折紙でいろいろ鳥を折って見せ、私にその折り方を教えてくれていたのです。そうこうしている内に私の前で突然なにかに吸いつけられるように仁王立ちになって
「あーっ。おじいちゃんの頭がない！」

と大声を出したのです。私は、

「えー、頭がなければ　おばけだよ。西洋のおばけは、足音だけするとか。で、頭や体はないと言うよ」

と言いながらちょっとおどけながらびっくりした態度をしてやったのです。すると、孫は、

「ちがうよー。頭に毛がないんだよ」

と言って目を大きく見開きながら私の頭にそーっと触れに来たのでした。よほど驚いたのでしょう。孫としては、人間は誰でも頭に毛は生えているものだと言う固定観念があったのだと思います。

もう一つは、つい一週間ほど前のことです。次女がこの一月初め三男を出産し、用があって外出したいので帰って来るまで、家へ来て子供を見て欲しい、というので、家内の代わりにエナガのヘルパーのように手伝いに行ったときのことでした。上の二人の孫は、私と遊ぶことを楽しみにしていたようで、平素、母親が三男に手をかけている関係で、愛情に少し飢えていたのでしょう。ストレスが少し溜っていたと思います。私の膝や体に寄りかかり
「何かお話をしてよ、絵を書きながらお話すると面白いよ」

と言うのです。私はそんな器用なことは最近したことがないのですが、

「よし、よし。……そうだ。まだ寒くて姿が見えないかも知れないけれど山へ虫を探しに行こう」

と言ってらく書帳に折れた小さな茶色のクレヨンで線を書き出しました。

「ここが、真弘と高明の家です。家を出て公園です」

すると、

「僕の家の周りは虫がいないよ。おじいちゃんの家の方がいろいろ見つかって面白いよ」

「そうか。じゃあ、ここは、おじいちゃんの家。まず庭へ出ました……」

と言って、石の下の様子を絵に書き出したのです。

それまでに、三男の智義は泣き声を出しており、もう泣き声が止むかなと思って様子を伺っていましたが、だんだん大声を張り上げてきたのです。そこで、二人の孫に
「ちょっと待って。どうやら智義がお腹が空いた、おっぱいが欲しいよ、といって泣いてる声だ。一時話は止め。後でね」

と言って、話を中断したら、素直に
「うん。またね。後でね。待ってるよ」

と言いながら自分達で、ブロックで適当に遊びはじめました。それをみとどけた後、急いでミルクを調整し、智義に与えていた時でした。長男と次男が近くにやって来て、智義が懸命にミルクを飲んでいるのに頭の毛をさわり
「智義はフワフワの毛だ。縫いぐるみより感じがいい」

と言って二人で頭をいじり回しかけたのです。そこでこれを止めようと私は、

「おじいちゃんの頭の毛の方がフワフワだよ」
と言うと、今まで智義の頭の毛をなで、その感触を快さそうに受け止めていた手をパッと止め、私より少し離れて、頭を遠くから取りまくようにぐるぐると二回ほど回って、正面でぴたりと止まったのです。そして
「おじいちゃんの毛はないと思っていたが周囲（まわり）には沢山あるね。僕の頭の毛よりフワフワだ」
と言って、今度はそれを聞いていた次男と二人で、私の頭をさわり出したのです。はじめて、頭の毛には色々の毛があることを知って驚いたのでしょう。脱線してしまいましたが、生物の多様性というか、自然の多様性について身近なものによって証明してみました。

私達は、現在住んでいる地球圏からは脱出することはできません。そこで地球の歴史をみると、いま定説とされているのは四六億年前に太陽から分離し太陽系の一つとして誕生したのがこの地球ですからその生い立ちを見てみましょう。ガス状の塊りが固定され海と陸地に分離され、三八億年前に光合成のできる生物、藻の類といった方が解り易いでしょうか。単細胞生物が出現し、岩石の中に閉じ込められていた酸素が分離し大気圏に飛び出したのです。この現象がなければ現在の私達はなかったかも知れません。こうした最初の生物は現在のオーストラリア大陸の一部に生存しているといわれています。地球は様々な諸現象に耐え最後の四〇〇万年前にサルの仲間から進化発展し、アフリカの地溝帯といって、大陸の東側で地殻がどんどん割れて将来はこれが分離してしまうといわれているその地溝帯から人類は誕生し、そこから東西に分れて全地球に分布したといわれ、最後に南アメリカ大陸の最南端に分布が達したのがいまから約一万年前だと言われています。これは最後の氷河期に当たるといわれます。この頃

は、この日本列島も一面の氷に覆われ、わずかに屋久島附近だけが熱帯林の一部として森林に覆われていたと、地面に埋れていた植物の花粉分析によって証明されています。いうならば、見えない糸であやつられ、私達が現在ここに在るのは何者かの力によって「生かされている」まさに神のなせる業に支配されているといってもよいと思います。そのとても長い間に生物は多種多様化を繰り返し、現在も多様化し続けています。

ところで、私達は「自然（しぜん）」という言葉を唯漠然として取りあげ、日常の活動に使用しています。しかしながらこの「自然」という二文字は日本古来から使用していたわけではないのです。万葉の言葉にはなかった感覚だったと言われています。幕末から明治以降にイギリスやフランスから入って来た nature という訳語として使われた新造語なのです。現在乱造されている新造語と一緒です。

漢籍に老子が

「人ハ法リレ地ニ、地ハ法リレ天ニ、天ハ法リレ道ニ、道ハ法ル二自然ニ一。……」

人は地に法り、地は天に法り、天は道に法り、道は自然に法る。

『大漢和辞典』

と読まれています。このように「おのずから」という意味であり、伝来の意味ともほとんど共通の言葉として使われています。さらに大漢和辞典の①には「人為の加わらない義。天然。本来のまゝ。おのずから。」……などという意味のことが記されています。また、広辞苑によると、①伝来の日本語の意味として（ジネンとも）おのずからそうなっているさまと記述され、②翻訳語の意味として nature（イギリス、フランス）、人工・人為になったものとしての文化に対し、人力によって変更、形成、規整されることなく、おのずからなる生成・展開によって成りいでた状態……。また、精神に対し、外的経験の対象の総体。すなわち物体界とその諸現象である。云々などと解説されています。

仏教用語の「自然（じねん）」などは歴史的にも長く使われている日本語です。私達は日常、今でもなにくわぬ顔をして平気で使う言葉に「じねんじょ」があります。字で書けば「自然生」が後世に「自然薯」になって現在でもなお使われている言葉です。里山に行けば、「自然薯がある。これは消化もよく栄養満点、人にはどこにあるか教えられない」とよく地元の人は得意顔をして、聞く方は大へん口惜しい思いをすることがあります。

つまり、伝統的な意味と新しいnatureという翻訳語の意味とが共存しており、現在では伝統的な意味が覆いかくされていることを私達は気づかなければなりません。そしてまた、第三の意味ともいうべき翻訳語特有の効果を生み出していると「翻訳語成立事情」は説明しています。その第三の意味。私は、自然に対しての「畏敬の念」だと思います。人間は決して特別な存在ではなく森羅万象の一部だという本質を忘れてはならないのです。

そこで、私達は自然を楽しむことは大切なことでありますが、あるがままを謙虚に受けとめ、人の第六感をもっとよく働かせて「畏敬の念」を心に留めて楽しんではいかがでしょうか。

その感覚を早く身につけようと思うと、植物や昆虫や魚、小動物と様々ありますが、鳥類の観察をすることが一番の近道だと思います。

鳥類は、生物の進化という点で考えてみますと、この地球圏では一番進化発展した生物だと思います。約一億五千万年前に爬虫類から飛翔法を試みる内に現在の鳥類の形態に少しずつ進化発展してきたのです。

地球の重力に逆らって空中に高く飛び上がるため、体重をいかに軽減するかという点に、大きな犠牲を払ってきました。骨のカルシウム部分が重いので、骨格を空洞化させ、その中に飛翔という過激な運動を維持するために、肺胞を備えたりしました。体毛は浮力と保温の機能を持っています。そして、採餌し栄養を摂取するための道具であり、自己を外敵から守るのに必要な歯を排除してしまいました。その代わりに、軽く硬い蛋白質でできた嘴を食餌の種類によって様々な形に変えたのです。採餌によって重くなるのを防ぐため、消化器官を短くしたり、膀胱をなくしてしまったりと、できる限り省力化してきました。

これほどまでに省力化し、精巧な体になると、ちょっとした変化に対して寛容度が小さく、破壊から滅亡へとその変化は大へん足早やであります。

一億五〇〇〇万年前から一三〇〇～二〇〇〇万年前の長い期間に亘って育んだ進化し分化した鳥の種類は主に化石等から分析すると現在までには一六三万四〇〇〇種と推定されています。しかしこの地球上で現存する鳥の種類は、約八六〇〇種しかいないといわれ、最近の二〇世紀だけでも約八〇〇種は主に人の影響によって絶滅したといわれています。例えば、ビクトリアカンムリバト、ドド、リョコウバト、日本のトキ、コウノトリ、があります。

一九六九年には日本で確認されている鳥の種類は四二五種ですが、現在は大勢の人の目によって確認されたこともあり、二〇〇〇年の日本鳥類目録によると五四二種と種類は予想以上に多くなっています。この三泗地方でも約二八〇種ほどが記録されています。他の地方からみると種類については大へん多く羨ましい数にみえます。

ところが、はっきりとしたデータは分りませんが、というのは、過去に鳥に関心を寄せて、それなりに記録されているデータが極めて少なく、いくらか関心を持っている人の記憶から押してみると、どうやら伊勢湾台風（一九五九年九月）を境にして、個体数はどの種類を取り上げてみても少なくなったとしか言いようがないと思います。

その理由は環境の変化です。私は、一九五三年の秋以降、ちょっとした理由で名古屋から津まで近鉄電車を利用していました。いまの近鉄四日市駅はなく、街中をS字にうねった諏訪駅のあった頃の車窓ウオッチングによるといつもわずか五分ほどの通過区間ですがほとんど毎日、朝七・三〇頃、夕は三・三〇〜四・〇〇頃のことでトビが五〜六羽は上空を飛翔しているのが確認されていました。ところが、最近は、今日もそうですが、まったく記録できませんでした。駅から会場へ来るまでの二〇分ほどのバードウオッチングでも、スズメが二羽、ヒヨドリが一羽確認されただけです。最も時間帯としてはあまり良い時間ではないですが、少ないのです。過去には、スズメやムクドリはいつでも数多く、少ないときでもスズメは車窓から ±二〇羽、ムクドリは ±四〜二〇羽ほどは確認できたので、ありふれた普通種が少ないことは、環境の悪化が進んだといってもよいと思います。

さて、かなり脱線したかも知れませんが、鳥に興味を持つ人が少ないというのは、近づいてゆっくりと観察できないというところに原因があると私は思うのです。植物や昆虫は手に取って、自分が思うままゆっくり観察できますが、鳥は護身のために警戒心が強く、こちらでゆっくり観察をしたいと思って用心しながら近づくと、ある距離まで近づけば、御苦労様、ハイ！　それまで、さようならとでも言うように飛び去ってしまいます。いくら双眼鏡があるからといってもまず観察をさせてくれません。それに鳥を発見するまでに相手が先に逃げてしまいます。そんなことで人には敬遠されてしまうのです。鳥好きの私達のような者でもそうです。唯、皆様と少し違っているのは、鳥の鳴き声によって判断し、鳥の習性を知って、それなりに観察する、単にそれだけの違いなのです。鳴き声といっても様々で難しくて困る。なんておっしゃらないで下さい。私達は学生時代に歴史の重大な事件の年号や、化学、数学などの重要な公式の概数や順序等を覚えるのにゴロ合せをして覚えたものでした。それと同じように鳥の鳴き方にもゴロ合せがありますし、自分なりに作ると面白くなります。

例えば、この三泗地方では、イカルという声も姿も美しい鳥に出合うことが多くなったと思います。

この鳥は、本来は落葉広葉樹林帯で繁殖します。冬になると里や南の方の里山に越冬鳥として集団で確認されている鳥だったのですが、今から四〇年ほど前に三重県でも、この近くの野登山で繁殖が確認されました。それ以降、二〇年ほど前から伊勢地方の里山でも繁殖、ここは常緑広葉樹林帯です。全国的にその理由は、はっきりしていませんが、低山帯の里山で繁殖していることが確認されるようになった、面白い習性の持主です。

図鑑で確認して下されば幸いですが、ヒヨドリぐらいの鳥で嘴は大きな三角錐形の目立った美しい黄色で、頭上と翼、尾は光沢のある黒色、体の残り部分は灰色で脇が少し褐色、時々「キョッ、キョッ」と、するどい地鳴きをした後、口笛を吹くような声で「キョコキー」といって年中囀っています。嘴が大きいので、ムクノキの実やエノキ等の実を割ってよく食べますので昔から「マメマワシ」といっている地方もありますが、最近、伊勢で見ていますと、シイの実とかアラカシの実を食べている他に、蛾の蛹やアオマツムシ、セミ等を捕食することもあり、決して植物の実だけではないのです。特に繁殖期は動物性の食物もよく食べているようです。

この鳥は全国的に様々な声で鳴くので大へん面白いのです。この三泗地方での私の記録では、「四六（シロク）、二四（ニジユウシ）（四×六＝二四）」といって掛算のできる優秀な鳥です。他に「お菊二四（ニジユウシ）」と年令を言ってみたり、

「月(ツキ)、星(ホシ)、日(ヒ)」と天体を言ってみたり、昔は、この地方から岐阜の谷汲地方にかけては、「赤着物着(アカベーコキー)」「みの傘着い(キー)」「清子帰(キー)」と啼くと言われていました。東京のような都会では「トッポジージョ」と言うと知人から聞いていましたが、最近では伊勢地方でも「トッポジージョ」と啼くのが出てきました。伊勢では長い間、六羽〜一〇羽の小群団が同じ行動を取っていましたが、ここ三年ほど前からそれが五〇羽ほどになりました。繁殖群団が増え、越冬しに来る五〇〜一〇〇羽ほどの群と別々の行動を取っているようです。神宮林で繁殖している群は、志摩へ通じる高麗広地区に定着しています。そこに住む人達によると、女の人が歩いていると「チョット姉さん」、男の人が歩いていると「チョット兄さん」と呼ぶ鳥がいるというのですが、それがこのイカルです。

そして内宮の宇治橋附近では、好天や曇天の時に必ずと言っていいくらい「今日イイ天気」とか「伊勢イイトコネッ」と啼いています。

また私が学生の頃、五月の連休に京都の比叡山で行われた夜間探鳥会に参加した時のことです。京都大学教授で『鳥の歌の科学』という書籍を出された有名な動物生態学者の川村多実二先生のご指導がありました。真闇の中、杉の大木が林立し周りはさらに暗く、上空のわずかな樹冠の間から澄んだ夜空をさらに奥行きが感じられるように星が点々と眼に入ってくるが星座を読みとることはできなく、まさに深山幽谷の世界を唯々夜間に活動する鳥はいないかと総ての五感を働かせて足音も静かに山道を一団が歩いていたのです。すると遠くの方でかすかに、

「キョッ、キョ、キョキョキョキョ」

「ピッピピピピ」

と聞こえてきたのです。すると先生は、

「ほら、『本尊書けたか。』『天辺かけたか。』というように聞こえませんか。後に『ピッピピピピ』と鳴いたのは雌が雄の啼き声に反応した声です」

と静かにご説明されました。

私は、はじめての経験ですから、なるほどその通り、と心の中で興奮した感動を体験し今でもこれが昨日あったことのように記憶しています。すると、探鳥会に参加した人の中に新聞記者が一人いたのです。

彼は、先生の説明を受け、ホトトギスの啼き声をひとしきり聞いた後で、突然、口を開いたのです。

「先生、先ほど先生のご説明を聞き、しばらく一生懸命にホトトギスの啼き声を聞いているのですが、先生のお言葉を返すようですが、どうしても、『本尊書けたか。』とか『天辺かけたか。』というように聞こえてこないのです。私の職業柄でしょうか。『原稿書けたか。』としか聞こえないのです」

と、彼は自分の思っていることを一気に説明したのです。

先生は、すかさず

「うん。それは面白い。鳥の声を聞きなすということは、鳴き方を覚えやすくゴロ合せをするのだから、人によって感じ方はまちまちです。当然、同じ人でも、そのときに聞いた体調や精神的にどのような調子になっているのかによって受け止めた感覚は違っていますから、貴方がおっしゃったことは正解。大へん面白い。これから時々、ホトトギスの聞きなしの説明に使わせてもらいますよ」

とおっしゃったのです。

イカルはその点から考えると、とても聞きなしがうまくできる親しみのある啼き方をする鳥なのです。

他の鳥でもまだまだ沢山の聞きなしがありますが時間の都合もありますので次に話を進めたいと思い

ます。

二週間ほど前でしたか。私は偶然ラジオを聞いていました。その時の話をしましょう。大阪大学々長の西岡信雄先生が次のように話されたのです。全体は長いのですが私はその途中のさらに鳥に関することで印象に残った部分を紹介致します。

人は物真似をすることが大好きです。鳥からいろいろと学び、物真似をしているのです。物真似好きは日本人の特許ではありません。人類全体がそうなのです。その中には遊び心があると言われていましたがその遊び心も決して人間だけのものではありません。動物は空腹が満たされていれば、いろいろと周辺のものを利用して遊びます。鳥は脊椎動物の中でも魚類を除けば一番頭脳が小さいので思考力は劣っているといわれていますが、カラスやスズメ、カモメ類は、私達の一番目につく鳥である関係でもありましょうが、例えば小石を使って固い殻を割ったりします。

ちょうどいまの季節、サクラの木の下を歩いていると、上空から花の軸と共に五弁の花弁がそっくり付いたままくるくる回転しながら落下してくる光景に出合うことが多くなりました。それを拾い上げてみると、普通私達が花というとその全体をいっている形態のものが落ちていることに気づきます。そして、見上げるとスズメが「チエ、チュッ、チプチュ」と鳴きながら枝から枝へ移動し、時々花を太い嘴でもぎ取り蜜の入ったふくらんだ部分をくしゃくしゃと噛むような動作をして、ぽいと落すのです。これは、スズメが空腹が満たされた後、仲間同士で何か遊びながら甘いジュースでも飲んで、人間的に考えればティータイムのおしゃべりを楽しんでいる時間のようにみえます。先生が人は物真似を鳥からみて覚えたといわれた瞬間、私はいま脱線してお話をした情景を連想してしまったのです。こういった鳥の行動をじっと見つめるのを私達は鳥の学習能力を知るために観察しているのですが、全国的にこの行動はよく行われるようになりました。都会に住むスズメの適応といったものなのでしょうか。

さて、先生は歴史的にみるとクラシック音楽にも鳥の声がとり入れられている、とお話しになりました。ベートーベンの交響曲第6番第二楽章では、ナイチンゲールの声をクラリネット、カッコウがフルート、ヨーロッパウズラがオーボエで表現されています。その他にもこういった表現は沢山あります。

さらに、最近では、音楽の生物学というものを考えなければならないと思っています。それは、企業秘密としてなかなか現地をみせたり、教えたりはしてくれないのではっきり何がどれということはできませんが、酒造りには欠かせない糀の発酵は、モーツァルトの音楽を聞かせるとよく発酵して良いお酒を造ることができる、それとは反対に現代音楽を聞かせるとほとんど発酵が遅く良質の酒が造れないといわれています。牛の乳搾りのときクラシック音楽を聞かせると大量の乳を出しますが、現代音楽を聞かせると乳が出なくなるといわれています。また、ごく最近では、シメジやヒラタケにビバルディの四季や、モーツァルトの音楽を聞かせ、しきりに生長を増大させているということがわかっています。といわれていました。

これと同じように人間についても最近は、音楽が重要視されています。日本はバブル経済後国の財政事情を改善するためには政策の全面見直しをしなければ世界経済政策について行けない、ということで私達の健康問題に係わる医療費削減が決定されています。そうなれば病気になったとき簡単に医者にかかるわけにはいきません。自分自身で個人の健康管理を徹底させなければいけない、どうしたらよいのか、ということになります。最近では、アロマ何々といって、心の底から笑うことができるとか音楽を聞いて心を癒すことができれば病もどこかへ消え去ってしまうということです。

難しくなりますが、私達の頭の中には脳という、私達の考えや行動などを支配している器官がつまっています。そこから発生するα波という電子波が多く出ているときは必ず心がリラックスしているときであり、そのリラックスすることが最も早く長く続いて効果的だといわれているのが自然の風景の音だったり、景色、あるいはクラシック音楽だったりするというのです。このα波を多く出すという経験をするには、野鳥の声を聞くことが一番近道ではないかと私はずーっと思っており皆様に吹聴しているのです。

さて、私達は世界的にどの国でも私達の先祖に対する畏敬の念とか、その偉業をたたえ尊敬し様々な表現をして後世の人達に残してきました。それが現在では、国宝になったり世界遺産になったりしています。ところがどうでしょうか。現在の私達が行っていることは、子や孫さらに曽孫といった人類の未来を担う人達に対して何を残してやっているでしょうか。限られた地球の中で、自然の中で自然と共に協働して生きて行くための環境を安全にして行こうとする行動を真剣に考えたことがあるでしょうか。ありませんね。

幼児の体験が大人になってからも忘れないと学問的にもはっきりいわれております。日本の社会では育児の大部分は母親だといわれています。これは動物全般にいえることであります。人間もそれから脱却することはできません。そう考えて行くと特に昔は若かったお母様方や現在のお母様方さらにこれからお母様になられる候補のお母様方の力は一番大切な自然に係わる保全者だと思っております。男性陣はこれについては十分な力を発揮できません。本当は両方の力があるとよいのですが、まず職場的に無理があると思います。お前はフェミニズムだといわれるでしょうが、私は自然の中の動物の行動を観察しているとどうしても前述申しあげた傾向が強く出ていることがありますので、あえて皆様にお願いする次第です。

さて、あと残り時間もありませんので、どうぞ、持参したＣＤの一部を聞いて心をいやして下さい（ビバルディの四季の春）。

自然からみた〝ちどり〟

平成十八年六月十日

県民ギャラリー「香合」と人形展　ちどり　ちどり

於　三重県立美術館

（注＊時間の都合で割愛したものを追加整理）

皆様、こんにちは！

今日は第二回『香合』と人形展　ちどり　ちどり」の催しにお招き戴き心から感謝申しあげます。と同時に私は今大へん緊張しております。以前に、荒木めぐみ先生から「鳥のチドリ」の話をお願いしたいとのお電話を頂戴し承諾したものの、後日、先生から送られてきた案内の題名は、自然からみた〝ちどり〟でした。私達、自然科学を楽しんでいる者達にとっては片仮名で〝チドリ〟と表現します。私は、固定観念が強く一方的に決めつけてしまう癖があり、困ってしまうことが往々にしてにしてあります。簡単にお引き受けしたのは間違いだったと今は大いに反省しています。そんな緊張感の中でお話をするわけですから皆様方が想っていらっしゃるご意思とはまったく違って退屈するなと思われる方はどうぞ子守唄のつもりで昼寝をして下さい。

さて、私は伊勢の内宮の森の近くに住んでいますが理由があって今は名古屋市内の熱田神宮の森の近くで生活しています。従って、よく栄町の繁華街へ買物に出ます。すると「森の地下街」「森の地下鉄」という標示板が目に入り、スピーカーからは音楽の他に季節によって多少変化しますがキビタキ、クロツグミといった「三啼鳥」といわれる野鳥の鳴き声や、高山地帯へ行かなければ聞くことのできない、ルリビタキ、コルリ、ミソサザイ等の鳥の声や渓流のせせらぎの音が流れています。最初はそのことに気づかなかったので、急いで階段を昇り地上へ出てみました。地上では緑地帯にケヤキ、クスノキの大木の並木となって公園化されているところが幾つかあるからです。季節はちょうど五月初旬でした。夏鳥の飛来する頃だったからです。まんまと地下街の放送に振り回されてしまいました。ところが、これが幸か不幸か、地下街の放送のお陰で地上に出て少しばかり西へ行くと伏見町の白川公園（栄町繁華街の約一キロほど西）の名古屋市立美術館近くに来ます。朝九時頃で天候は快晴。初夏の眩しい光が燦々とケヤキの新緑に降り注いで、空気もフィトンチットがいっぱい。都会の中心で里山の雰囲気が一瞬感じられほっとしたときでした。「キョッ、キョッ、キョッ、キョッコ、キョッコ、キケエコ、キョッコーキョ……」とクロツグミの特徴的な美声が聞えてきたのでびっくりしたのです。周りは高層ビルマンションに囲まれており、公園内は五〇年生ほどのケヤキの大木の間に転々とクスノキの大木が生育して、下草は比較的耐陰性の強い植物の間にシャガの花が満開でした。歩道は浸透性のあるレンガが敷き詰められ、長椅子が点在し都市の雑踏の中にしては、ちょっとした森の中へ踏み込んだ静かな癒し系の公園でした。広さは約一ヘクタールほどもあったでしょうか。こんな環境でクロツグミに出合うはずがないと思ったのです。私が知っているクロツグミが繁殖している環境は、タブノキを主体とした常緑広葉樹林だったからです。

三重県では常緑広葉樹と落葉広葉樹が混交し、渓流のせせらぎがかすかに響き、海抜約三〇〇メートル前後の一〇〇年生以上経過した明るい森林内でないと出合う機会はないからです。

きっと、マンションのどこかで野鳥観察を楽しんでいる人が住んでいて、快晴で新緑の輝きに浮かれ、その雰囲気を楽しもうとして野鳥の声の入った録音テープでも流しながら、寛いでいらっしゃるのかな、まさか鳥籠で飼っているのではないでしょう……。そんなことを考えながら、ケヤキの若葉が茂りかけた樹冠の間を声を頼りに順次目線を移動させて行ったのです。すると立派なクロツグミの雄の一羽が比較的見通しのきく梢近くで大きな嘴を上向きかげんに開き啼いているではありませんか。私は最高の感動をしましたね。私は野鳥の声を耳にするとつい夢中になってしまうのです。

テレビドラマを見ていても雰囲気を表現するのに効果音としてバックに野鳥の声が入ることがあります。例えばフクロウ、ヨタカ、ホトトギス、ウグイス、チドリと様々です。しかし、その中には季節的に鳴き声の一致しない場合があります。本当の自然の雰囲気を知らないディレクターか監督の責任ですね。そんなドラマを見るとがっかりします。

話がかなり脱線してしまったので元に戻しましょう。

私は片仮名の「チドリ」か平仮名の「ちどり」かということで大へん迷ってしまいました。漢字にすれば「千鳥」と単独の固有名詞と同時に数多くあるチドリの仲間か、あるいは小さな小鳥の群を総称します。そこで独断と偏見で片仮名の「チドリ」の仲間で普通に出合うことのできる「千鳥」の方で話を進めて行きたいと思っています。

私事で恐縮しますが、学生時代は名古屋市内の学校でしたから友人の多くは名古屋に大勢います。特に中学、高校時代は、米軍によって強制的に学制度が六・三・三制となり旧制の六・五・二制度が改正され六・三制までが義務教育となりました。旧制は六年までが義務教育でしたから新制度ではその過渡期で旧でも新でも自由で旧制中学の私達は、旧制中学は新制高等学校となったために一年先輩はそのまま名称が中から高となったのですが、私達は〇〇高等学校併設中学校卒業となり、中学は内申書の審査だけで中学から高等学校へは全員が横滑りでした。因みに旧制中学の入学試験についても戦争が激しくなって都会の中学は学生が少ないからと言うので内申書の審査だけで勿論、入学試験はありませんでした。従って現代のような試験地獄という体験はまったくありません。唯一違っていたのは戦争下の爆撃の中を潜り抜け、お互いが友を思いやりながら助け合った仲だったということでした。そのせいか今でも意気投合した者が「生物クラブＯＢ会」(後にあびる会)と称して有志が寄り集り親しく交流しています。

その中には天国から「千の風」になって見ている仲間もいます。その中で私が一番印象に残っていることは、スズメの幼鳥の羽は何枚あるか、と言って一枚一枚根気よく数えていた者がいました（ニックネーム石仏地蔵、略してジゾー、学校近くで親は小児科医）。勉強家で初期の愛知県ガンセンターで将来を有望視されていた男でしたが、不幸にして自分がガンに犯され四十台半ばで天国へ行ってしまったのです。その彼が一万枚まで数え、もう少し頭の部分を数えれば完了だと喜んでいたその翌日のことでした。シャーレに入れて大切に保管し実験中と印をつけていたのに戸棚の奥にあった他の実験器具を取り出そうとした先輩の一人がひっくり返し、そのシャーレの蓋が開いてしまったのです。その途端です。今なら冷蔵庫の設備がどこでもあるからこのような事故は起らないでしょうけれど、当時は、実験器具も思うようになかったためお互いに活用しあっていたので、それは大へんでした。腐敗したたまらない異臭が小さな部屋に充満してしまったのです。その異臭と戦いながらスズメの羽を数えていたのにもう少しというところで先輩は迷惑だといって放ってしまったのです。従って、スズメの幼鳥の羽は何枚であったのか羽数の確認は失敗に終ってしまいました。非常に残念だったことを彼が、愚痴にも出さなかったことは今でも私の頭のどこかに鮮明に焼き付いています。

当時は書籍というものはほとんど戦災で焼けてしまい図書館へ行っても見られません。名古屋市では鶴舞図書館が唯一戦災を免れ残っていたのですが閉館されたままで書物に接することは皆無といっても過言ではありませんでした。教科書もほとんどなく、毎時間先生が黒板に書かれたものをノートに写し勉強の材料にしたのでした。ノートも配給制度で忠実(まめ)には買えませんでした。現在では想像もつかない時代でした。従って、当時の生物の先生はそれぞれ自由なテーマを持って各自に好きなことができるように雰囲気づくりをして下さったのです。参考書や図鑑等は自分の持前の図書を提供され、自由に使用させて下さったり、疑問に対してはそれとなくヒントを与えて下さったので生物部員達は楽しく自由に先輩後輩の差はなく退校時間までダベリングをしたのでした。私達のこの時代はまだ戦前教育の余波があり、他の部活動は先輩達の厳しい苛めがあったけれども生物部だけは苛めが先生に知れるとひどく叱られたものでした。

　このような雰囲気の中で育ったものですから私の一年後輩で頭の切れる面白い男がいて、相手の会話に対し間髪も置かず洒落や駄洒落を交え次々と会話の中をうまく潜り抜けよく喋る者がいたのです。水鳥が「ガァーガァー」鳴き騒ぐことから知らない間に「ガーチャン」というニックネームがつけられていました。

　卒業後、彼に何十年ぶりに会うことができ、生物ＯＢの有志が五～六人集って一パイ飲みながら現在ダベリングをするようになったのですが、この会を今ではアヒルのガアガアをもじって「あびる会」と称して毎月集まることになりました。

　ガーチャンは若い時とちっとも変らず博学多識で面白く語り出すので私達はつい引き込まれ自分が知らないことを自然体で教えてもらうのです。今でも年間三六五冊は読みこなすといって自慢し視野を広く持って判断していることには脱帽です。因みにこの会はそれぞれ得意な分野を語り情報交換をしていますが遅くても午後九時には切上げ決して人の噂や仕事の愚痴などを話さないことはとても魅力のある会だと自負しています。

解散して店を出ると公共機関の地下鉄へ向うのですがみんなストレスを解消して上機嫌で個々にまともには歩いていません。いわゆる「チドリ足」で他の歩行者はさぞ迷惑なことだと思います。片隅を歩くのですがお互いにチドリ足同士が並んで歩くから困りますよね。

さあ、やっと本論に入ってきました。

「チドリ足」は前後に揺れるかあるいは左右に揺れるか、皆様はどちらだと認識されているでしょうか（実演をする）。

しばらく清閑（反応はない）。

結論を申しますと、足運びは前後に揺れることがほとんどで、左右にはあまり揺れません。早足で前にトコトコと歩いたり、時々止まってゆっくり歩くという動作の繰り返しです。

因みに、岩波書店の国語辞典（小型）には次のように書かれています。

「千鳥足」は酒に酔った人が左右によろめいて歩くこと、またその歩き方。「千鳥掛け」は斜めに交差させること、特に糸を互いに斜めに交差させかがること。「千鳥格子」格子柄の名。いずれも模様の形が千鳥が群れ飛んでいるように見えるところから言う、と述べられています。

肝心の「千鳥」は、千鳥科の小鳥。水辺に群れとなって住み哀調を帯びた声で鳴く。背は暗褐色、腹、頬は白い。あしはゆびが三本で、左右に交差させ歩く、とあります。

また、他の書物には、（1）多くの鳥の総称。（2）数多く群れなして飛ぶ鳥、また、チーと鳴く鳴き声からともあります。

チドリ目チドリ科の鳥で小形小禽類の総称。嘴は短く、その先端にふくらみがあり、趾は三本後趾を欠く。河原などに群棲し、歩行力も飛翔力も強い。イカルチドリ、コチドリ、ムナグロなどいずれも美しい。世界に約六〇種、日本には一二種が分布、古来、詩歌では冬鳥とされる。なお、チドリ目はチドリ亜目、カモメ亜目、ウミスズメ亜目に分れ、チドリ亜目にはレンカク科、タマシギ科、チドリ科、シギ科、ヒレアシシギ科、ツバメチドリ科など一二科がある（季・冬）と記されています。

また、千鳥の名詞について関連した言葉には、千鳥足、千鳥からくり、千鳥掛け、千鳥鎌（鋒の三本ついている武器）、千鳥格子、千鳥草（テガタチドリ、ヒエンソウの別称）

チドリの名前のつくランには、ハクサンチドリ、ノビネチドリ、ニョホウチドリ、イワチドリ、オキナワチドリ、フジチドリ、ヒチドリ、アワチドリ、サツマチドリ等、いずれも花の形がチドリを思わせるところからの名称（野草・名前［夏］山と渓谷社から）。千鳥縫い、千鳥の曲（箏曲の一つ）。千鳥破風（屋根の斜面に取り付けた三角形の破風。主に装飾用。千鳥焼（蛤の田楽）（ソニーの電子辞書から）等となっています。

他にも、俳句や詩歌、文学だけでなく、多くの言葉の中にもチドリの名前が取り入れられていることからわかるように、日本人とチドリは古くから密接な関係にあったと言えます。

一九〇五年ごろ、東京芝浦などの磯部でチドリの鳴き声を楽しむ風習がありました（菊地貴一郎、絵本江戸風俗往来）。他にも、九州有明沿岸では晩秋の暗夜に河童が群れを成して「ヒョン、ヒョン」と鳴きながら海を渡ると言われるが、これはチドリの鳴き声である（内田清之助、鳥の歳時記）。また、ケリの肉の味は絶品、俗にツルの肉にも劣らないと言われ、味は八月から九月に捕獲するのがもっともよい（本朝食鑑、一六九七年）。沖縄では昭和の初期に幼い子供の餌鳥としてチドリ類は市場で売られていた（島袋全発、沖縄産謠集）。

現在では日本各地の浜辺での探鳥会でも親しまれており、三重県では「シロチドリ」は県鳥となって海洋汚染の指標鳥の一つとして活用されています。

チドリの仲間は、世界中のどの地方でも親しまれており、その多くはよちよち歩きが愛らしいとか、片足を翼と胴体の間から延ばし、頭に持っていき頭部の一部を掻く仕草とか、体と羽の間の愛らしいことが強調されています。また、宗教的伝説に組み込まれていることが多く、それほど世界の人々にとっても昔から身近な存在の一つだったといえるでしょう。

例えばインドのトサカゲリは、高い鳴き声を不意に発し、人間を驚かすところから、昔、この鳥は人間の女性だったが銀貨三十枚にのぼる全財産を義理の息子に奪われ、嘆いて自殺したために、鳥に生まれ変わった。そして今でも「銀貨を銀貨を、私の三十枚の銀貨を」と嘆いているのだと言われ、これはセイロンの鳥の歌として有名です。

イスラムの教典では、タゲリはソロモンの予言の鳥の一つで、キリストがソロモンのマネのオリーブの木陰に隠れている時、その居場所をローマ兵に告げ口をしたと言うので、ハンガリーではキリストを裏切ったために一般に嫌われるようになったと言われています。

さらに英国では、タイゼンの肉が食用として高く評価されていて、気難しやの人間に対する当てつけとして、「Agree plover cannot please him ダイゼンもあいつは満足させられぬ」と、当時のことわざにまでなっています。

また、J・レイとF・ウィラビーがまとめた『鳥類学』（一六七六年）でも、イギリス人はコバシチドリの肉を食用として高く評価していると記載されています。西洋には、復活祭のときタゲリの卵を食べる風習がありますが、十七世紀当時、オランダからイギリスに毎年八〇万個の卵を輸出していました。供給が追い付かないので他のチドリ類、アジサシ類が代用されたと言われています（内田清之助、鳥の歳時記）。現在でもイースターエッグとして知られています。

さて、日本の香り文化は、鑑真によって唐文化と共に香木が伝えられたのが始まりと言われており、主に神仏の儀式に供えられてきました。香木は日本では産出がなく、東南アジアとか、おもに中央アジアの砂漠地帯の乾燥地域に生育します。おもにマメ科植物の油から産出され、これらはエジプトのミイラ等に防腐剤として使用されたりします。香木が一般化したのは、降水量が少なく風呂等が使用されない地域からです。体臭防止や、防腐的役割をしていました。これがインドに移り、仏教とともに、屍を葬るときの異臭防止で使用され始めます。これが、日本には中国から伝来しました。

神仏の前で薫り高い木を焚くことによって、敬虔な気持ちになることを発見します。これは、現代の脳科学から申せば、「ゆらぎ」の一種だと言われる現象で、癒しの状態に発展していくものだと思っています。日本でも新緑の頃に山野を散策すると、クスノキやシキミ、クロモジ、ヒノキ、スギなど、植物によって様々な特徴ある香りがあり、塞ぎがちな気分がなんとなく元気を取り戻すことがあるでしょう。いわゆる森林浴というものがあります。森林は様々な樹々が混淆して生育しているので、多様な香気が漂っています。「フィトンチット」があるからだと言われています。この「フィトンチット」という言葉はロシア語で、「殺し屋」という怖い意味の言葉だそうです。人体の免疫を増加させることを現代医学は証明しています。

昔から伝えられている風習で、いわゆる「飾り化」してしまっているものに、祝事の赤飯の上にナンテンの葉を添えたり、饅頭をオオシマザクラの葉で包んだり、サルトリイバラの新葉で野あがり饅頭を包んだりということがあります。それぞれの地方特有の植物を有効に活用しているのは、香りや色彩だけではなく、それぞれの植物に殺菌作用があって、経験的に現在でも受け継がれている習慣なのです。

中国や日本では、香を焚き嗅ぐことを聞香といいますが、これは、立ち昇る香煙によって神に願いごとを聞き届けてもらうことが語源だそうです。

平安時代になると、薫物合が行われます。その道具の一つに使われていた、香木を入れておく蓋付きの器を香炉といい、古くは正倉院に納められてます。隋唐の博山炉や、青磁や染付のものが有名です。中でも千鳥香炉がとくに愛玩されていたようです。円筒形で、三つの足が浮き上がる形態が、チドリの片足を上げる仕草にたとえられています。この種の香炉を千鳥形と呼びます。

また、蓋にもチドリをかたどったつまみがついています。盗賊の石川五右衛門が忍び込んだ時に、このチドリが鳴いたため、捕えられたとも言われています。

武野紹鷗が所持し、今川家、織田信長、豊臣秀吉、徳川家康と伝わった千鳥香炉は、現在愛知県の徳川美術館に所蔵されています。

さて、自然科学の分野からみますと、世界の鳥類分類上でシギ、カモメ目は、三五目（二亜目）二九二科二〇六三属、九七〇二種となり、そのうち日本鳥類目録では（二〇〇〇年に日本鳥学会が発表）一八目七四科二三〇属五四二種、外来二六種、検討中のものは三四亜種。チドリ科はコチドリ属、コバシチドリ属、ムナグロ属、タゲリ属の四属一四種です。

チドリの大きさは全長一二㌢から八〇㌢、羽毛は密生して水に強く、体色は地味で、嘴は採餌の取り方で様々に変化します。ヒバリチドリは植物質を採餌するが、ほかの仲間は動物質を採餌します。繁殖力は弱く、ほとんど一度しか産卵しません（一～四個）。雛は抱卵期が長く、非常に早熟で、寿命は長い方。繁殖期以外は群れで過ごすことが多く、集団繁殖をする種が多いのです。

最後に三重県内で普通に観察できる種はコチドリ、イカルチドリ、シロチドリの三種です。そして繁殖しています。この三種は次のようです。

コチドリは一番小形で体長一五㌢ぐらい。眼瞼がレモンイエロー、脚は橙黄色で大部分は夏鳥です。伊勢湾以南では冬季にも生息しますが少数のごく一部です。三重県全域で確認されます（日本）。世界では欧州、アジア、アメリカ大陸北部、中国南部、台湾、フィリピンに分布します。春の渡来（三月中旬）、秋の渡去（十一月上旬）、海浜の砂浜、干潟、内陸部の池畔、川の下流部、中流部の砂州で生活をしています。親子連れの群のことが多く見られます。

イカルチドリは三種のうちで一番大きい。河川の上、中流部の砂礫があり、草が蘇生するところで産卵します。海岸部にはあまり来ません。世界的には分布は狭く、日本以外では満州、朝鮮、中国北部の東アジアに限られ北部で繁殖したものは冬期に南下します。河原や池畔で一〇羽前後（過去には三〇羽ほどが普通でした）みます。文様等で「波に千鳥」はふさわしくありません。

シロチドリは最も人目につきやすく、毎月みられる留鳥です。昭和四七年（一九七二）六月二〇日に「県鳥」として指定されました。その理由は伊勢湾の海洋汚染の最盛期の頃でしたから汚染度をみる目安にしようというのと津市界隈では浜チドリとして市民に親しまれていたところから当時の田中覚県知事が決定されたのです。繁殖期は四月から七月頃までで、最近は海岸部の開発が大きく影響し年々減少傾向にあります。その対策は思い切った処置をとらない限り、三重県下では渡り期の一時には観察されるかも知れませんが、やがて姿を消すことになるでしょう。九月から十月には群となって北部で繁殖した個体が渡来しさらに南下します。一部は冬季にもみられます。主に海岸や砂浜で普通に見られますが最近では三重県の主な四河川（鈴鹿、雲出、櫛田、宮川）の中流域から下流部の砂洲で繁殖していることが観察されています。この種は世界に広く分布し亜種に分けられています。

以上のことから判断して文学や芸術等を鑑賞する場合は波、アシ、チドリ群飛はシロチドリと見てよいと思います。水辺のチドリに竹を配した図は不自然で暖地の海岸に自生するヨシタケであれば納得できます。またチドリ図で飛翔した図柄が多いけれども尾の末尾より脚が出ている図は学術的にはシギ類でありチドリとしてはいただけないと思います。しかし、広域的分類としてみれば別に問題ではありません。

以上で自然からみたチドリについて参考にしていただければ幸いです。有難うございました。

第二章

エッセイ

平成六年七月十日〜
毎日新聞「想」連載

＊

「神島の鷹の渡り」は未発表

カラスの知恵

カラスは、昔からあまり評判が良くない。でも、見方によっては、大層愛きょう者である。繁殖が終わり、小集団の群れになると、決まって朝のあいさつをして、家の上空を飛んで行く。律儀なところがある。私にとっては、これが目覚まし時計となったり、心地よい朝の夢路となる。

私が住む伊勢市は、神宮を中心として、緑と川の水が美しい、静かな観光の一〇万人都市である。ところが、昨年の神宮の御遷宮以来、人波は例年の倍以上で活気がある。それと同じように、カラスの集団にも異変が起こった。五〇〇〇羽以上集まるという彼らのねぐらが、まつり博会場建設によって開発され、これが引き金となって、ねぐらは各地の林に分散し、落ち着かない。理由は、カラスが人間と距離を保った生活をし、学習をして遊びを行動の中に取り入れ、環境に合わせるからだ。

最悪の例は、ゴミの収集場所を占拠し、採餌時間を短縮してそれを回し、ゴミを散乱させる。集団行動を取る彼らは、追ってもほんの一時的で、まるでハエを追うようなものである。群れは遠巻きとなって、「カラスの勝手でしょ」と言いたげな顔をし、人の動作をじっと見ている。考えてみれば、カラスを責めるわけにもいかない。原因は、人のカラスに対する無関心さのせいかもしれない。そう思って、カラスと付き合ってみれば、興味は尽きない。諺（ことわざ）に「烏（からす）の物真似（まね）」とか「烏が鵜（う）の真似」という。よく出合う行動だ。五十鈴川のせせらぎでサギの採餌方法を学び、底生生物を捕獲する。深い淵（ふち）では、カワウが捕食する行動と同じ動作をし、浮上後に飛び立ちができず、困っている姿をみかける。海岸では、人が投げた木切れを上空で横取りしたり、上空から貝を落とし、殻を割って貝を食べる。人がいない遊園地では、ブランコにゆられ、滑り台で滑って遊ぶ姿を見る。一番困るのは、冒険野郎のいることだ。国道の街灯に止まり、幌を付けた車が速度を上げて通ると、必ず車の前に急降下をし、道路の沿線に逃げ去る。急制動をかけ、衝突の難を逃れようとする運転手。まるで「安全運転を！」と言わんばかりである。

カラスには車のスピード感が違うことを学習してもらいたいものである。

森林と環境の係わり

私の知人の中には、どうしたのか、米国のヨセミテ国立公園へ行く人が多い。私は二〇年前、偶然と突然が重なり、出張で北米太平洋沿岸の林業地視察の機会が与えられ、森林と環境の係わりを垣間見ることができた。

ヨセミテ国立公園は、日本の鳥取県よりやや小さな広さで、花崗岩の岩山と全山は針葉樹林で埋め尽くされていた。昔は氷河に覆われ、浸食された山と渓谷、多くの滝があり、砂質土壌の盆地に世界一巨大だといわれるジャイアントセコイアの森、ダグラスファー（日本のツガに似る）の樹林に覆われていたが、日本のそれに比べると、鬱蒼とした感じはなかった。ヴィジターセンター上空に展望台があり、自然の壮観さは日本の景観とは桁違いで、見た人でなければ実感は語れないであろう。

さて、展望台へ行くには簡易舗装された幅四㍍の道しかない。道路は雨水を集める側溝はなく、開設以来八〇年となる斜面は、背丈が一㍍そこそこの針葉樹の幼木や、三㍍余のハンノキがまばらに生育しているだけで、下草は生えていなかった。

日本では見られない光景に見とれていると、前方を塞ぐように太枝が垂れ下がり、行く手を阻んだ。日本ならば完全に始末されてしまう枝であるが、運転手は伐る道具よりロープを選び、自ら進んで邪魔な枝を結わえ、同乗者の私達に枝を痛めぬように引っ張らせた。バスが無事にその場を通過すると、運転手は心から喜んでいた。その理由は、国立公園内の樹木の伐採が禁じられていた以上に、この地が乾燥し、海抜高もあって樹木の生長が悪いことを知っていたからだ。

因みに、津市が最も渇水する一月の降水量は四三ミリ、ヨセミテ公園の年間降水量は四二ミリだから、雨量の大小が、樹木の生長に与える影響のいかに顕著で深刻なものであるかを、目の当たりで知ることができた。森林資源王国といわれる北米の林業地と日本とをみたとき、日本全土は何と森林の復元力のある恵まれた気候帯なのかということを再認識するとともに、一方で森林を空気のような存在にしか感じない、無神経な人の多さにも驚かされたことを想い出したのである。

野鳥の巣

探鳥会に参加すると、野鳥が繁殖した後の古巣によく出合う。人の眼が多いからだ。鳥は古巣を利用しないと言われるが、理由の一つは羽ダニである。羽ダニが発生すると、幼鳥はストレスが蓄積し、死に至る率が大きい。そんな危険を冒してまで古巣を利用することは、よほどの訳があるからであろう。

古巣に注意をすると、人とかかわりのある鳥や大型の鳥ほど、古巣の利用が多いように感じる。さらに、巣材は鉄線、ビニールひも、化学繊維、和紙などと多様で、人の文化に頼って生きる鳥の多さにも驚いてしまう。この傾向は、都会に大きく、里山の奥ほど小さい。自然度が高いと思われる高山で、ビニールを使った古巣を発見することもある。

私達は、昔から最近まで、自然の恵みを利用して家を造り、快適な生活をしていた。木材の恩恵である。しかし、今は核家族と人口が増え、住宅資材は経済上の理由から、鉄骨や新建材の利用が増え、純木造建築は贅沢だと言われる時代になってしまった。

材木は樹木を伐採し、利用するから、石や鉄と同じ物質である。違いは木は細胞が集まった有機質であり、石や鉄は無機質である。

無機質の部屋は外気が遮断され、なんとなく息苦しい。有機質の部屋は、息苦しさは感じない。セルローズ質という細胞膜で構成された木部は、原形質のない空洞化した細胞内に湿度を微妙に吸い出させ活躍するからだ。いうなれば、死んだはずの細胞が息をして、湿度調整をするからだ。私達の体は、急激な気象変化に対応することはできないのである。

日本の気候帯で木の性質を知り、うまく人が活用したのが、神宮の御社殿である。

古殿が解体される前に科学的に解析された結果、ヒノキの古殿は、床から天井まで、温度の垂直分布の状況は一定値を示し、微風は外から中心に向かい、上空へと移動していることがわかった。鉄や石、新建材を用いた私達の住む家は、温度や風の垂直的な分布変化が顕著である。これが、現代病の一因であると、医学界では指摘されている。

精巧な巣を作る野鳥が人の文化の影響を受けなければよいと願う。地球上の生物は、平等に生きる権利を持っているからだ。

タカ渡り

志摩半島は、台風も去り、生け垣越しにカネタタキの音が響く。

鷹一つ見付てうれしいらご崎

芭蕉の句をふと思い出し、眼は青空を仰いでいた。

「なにしていますか」

と語りかける声。しばらく間を置く私。

「タカの渡りを見ています」と返事。そこで相手は、けげんな顔をされる。「タカって、鳥でしょ。渡るんですか。どこ」と返事が返ってくる。どうやら、タカは大型の強い鳥で、強さの象徴というイメージがあるらしい。

私が仲間と一緒になって、毎年タカの渡りを調査している理由は、紀伊半島一帯が、リゾート法に基づく開発の対象地域だからである。この地域は、渡り鳥の行路であり「自然が残っているから、人の文化が共存できる方法はないものか」と、それの模索をしたいからである。それには、渡り鳥の習性を十分知っていなければならないからである。

タカ渡りというのは、普通サシバが大群となって渡る行動をいう。大きさはカラスほど。伊勢地方では、スズメダカという。三〇年ほど前までは、地元でこの鳥を春に見ると苗代垣を、秋に群れの移動を見れば、稲刈りをするという季節鳥であった。これもすっかり忘れられている時代だ。

サシバは、有視界飛行によって、日中、堂々と南へ移動する。移動には最小限のエネルギー損失で、渡りを成功させるためだ。季節風が山腹に衝突し、そこでできた上昇気流を利用し、タカ柱をつくる。上昇したものは翼を半開し、体重を利用して西へと滑空を繰り返すのだ。伊良湖岬を出、伊勢湾を横断し、志摩半島に上陸したものは、コースを分散する。上昇気流をとらえる場所の違いからである。この現象は、大方午前中で終了するが、筋書は狂うこともある。

タカは雨を嫌って飛ばない。多数飛んだ後は必ず雨が降る。断続的に雨が三日ほど続くと、里山の鎮守の森、カキ畑などはねぐらとなり、田畑、水路の堤などの草地は恰好の餌場となって、彼らを歓迎するところとなる。これが里山の環境で、全世界が地球環境保全を訴えていて今注目されている。伊勢市周辺は、渡り鳥にとって最も大切な里山がある地域である。

渇水の河川で

この夏の渇水騒ぎは、人だけでなく、河川にかかわる生物には影響が大きかった。

伊勢市を流れる五十鈴川は、清流が渾々(こんこん)と流れ、町を流れる美しい河川として知られている。その中流域で、水の増減による鳥を中心とした興味深い現象が観察された。

そこは「ふる里の川づくり」と称し、護岸はコンクリートで固められ、表面に自然石が張られている。さらに、川は流れが優先され、岸辺の砂洲や草木は除去され、魚の隠れるところは全くない。親水性の川の提供ということで、川をせき止め、一月は川幅いっぱいに水が深くたたえられる。従って、淡水産の魚族は、自己防衛のため、寒いと小円、暖かいと大円をえがき、五群団ほどの群れをつくって、ゆっくり旋回して泳いでいる。約六万匹には達していたであろう。

そこへカワウが四羽飛来し、早朝から捕食をはじめた。一瞬、魚は八方に散り、簡単には捕獲することができなかった。

捕獲を繰り返すうちに、カワウは挟み撃ち漁法を習得し、それ以来、複数で捕獲する時は共同作戦以外の行動は行わなかった。水量が減り、砂洲が出現すると、カワウは捕獲行動ができない。水中を泳げないからだ。これを知ったコサギが五〇羽ほど飛来した。

川はコサギにとって深く、魚の捕獲は無理だった。そこで、彼らは浅瀬に間隔を置いて陣取った。魚が近づくのを待っていたのだ。深みでカワウが魚を追い、浅瀬でコサギがそれを待つ。コサギから難を逃れた魚は再び淵へと逃げる。そこで、カワウとコサギの分業作戦は成功し、一方、魚族は姿を消した。夏の渇水はさらに続き、流れは止まり、水たまりとなった。

カワウは去り、コサギだけの魚の争奪が始まり、最後の底生生物まで全滅してしまった。その後、コサギは草地に移動してバッタ類を捕食したが、その効率は悪く、終日採餌していた。

やがて台風が襲い、洪水となった。三日ほどで川面は澄み稚魚の姿をみると、大型の水鳥に替わってカワセミやキセキレイが姿を見せ始め、川は何ごともなかった様子であった。

自然現象の複雑さによって、環境アセスメント調査における短絡的結果をいやというほど教えられた。

神宮の森

今も昔も、神宮に初詣（もうで）する人の気持ちは、変わっていないと私はみている。ただ、変化したのは、車社会となって旅がスピード化し、せっかく、伊勢を来訪しても、参道をあっという間に通過し、神々しい感動が残ることなく帰宅し、疲れた実感だけを残しているのではないだろうか。古人に「冬至十日たてば阿呆でも知る」ということわざがある。しかし、このごろは、そんな言葉さえ耳にすることは少なくなった。

確かに正月ともなれば、伊勢志摩地方は、太陽の輝きが目に眩（まぶ）しい。それに合わせるように、野鳥たちの行動にも、今までと違った様子がうかがえるようになる。

最近は地球環境の保全とか、共存という用語がよく使われ、それなりに話題となるが、頭の中で観念的に理解するだけでなく、自然を自分の感覚で理解することが必要なのではないだろうか。その第一歩として、神宮の森へ来て体験されるのも一策である。

神宮の森の暦は、歳旦祭（さいたんさい）で始まるが、自然の春にはまだ少し早い。メインの参道から外れ、小道を歩く。すると、林床にフユイチゴ、ヤブコウジの深紅の愛らしい実が彩りをみせ、林内の暗いところでは、咲き遅れたツワブキの黄花が眩しい。

林縁では、夜間に出没したイノシシの親子の採餌跡が生々しく、芝生地は耕作したように掘り返され、大樹の下は、ムササビが食べ残したと思われる細い枝が散乱している。ときによると一昨年の秋から、安全なことを知ったのか、ニホンジカを見かける偶然にも巡り合えるかも知れない。五十鈴川では、カワガラスが営巣準備に入ったのか、縄張り宣言やディスプレイの行動がみられ、エナガの夫婦は、クスノキの幹に張りついたウメノキゴケやクモの糸を集め、巣作りに一生懸命である。老杉の梢では、カラ類やメジロが片言でさえずりを披露しはじめ、近くのトベラの赤い実やヤブツバキの花に群れる。日溜まりでは、成虫越冬のウラギンシジミの活動もはじまる。

森は春の息吹きと共に「むすひの神」の存在をひそかに感じるのである。

鎮守の森

地球の温暖化、オゾン層の破壊などにさらされ、私達は世界をあげて地球の環境保全に関して模索している。

その第一歩として、現在ある地球の環境は、四六億年の歴史の上に成立していることへの認識が必要であり、自然の恩恵のあることの再認識が必要である。

そこで、私達日本人が気づいたのは「鎮守の森」である。鎮守の森を基盤として、神社界が社会に提唱したのが「千年の森づくり」である。

日本列島は、さまざまな気候帯で、複雑な植物分布を示し、画一的な森はつくれない。最も重要視しなければならないのは、そこにある森林の生態学的な配慮である。

例えば、中部地方の低山地帯で理想とされる森、これは常緑広葉樹の極盛林である。いま、その代表的な森をかなりの広さで観察しようとしても難しいが、あまり人の手が加わっていないものであれば、鎮守の森しかない。

では、その森の条件を述べてみることにしよう。

①遠景は樹種ごとに特有の形状をした饅頭(まんじゅう)形の樹冠と多様な色彩の緑がひしめく中に、黒緑の樹冠をした針葉樹が点在する森である ②森の断面は、高さ五〇メートル、胸高直径一メートル以上の木が、一ヘクタール当たり五〇

本ほどあり、周りは常緑の後継樹が三段階ほどに樹冠層を発達させ、上中層部では、着生ランやサルオガセなどが豊富に生育し、林床は落葉が腐植化したキノコ類が豊かな森③土壌中には、土壌動物などの夥(おびただ)しい個体が生息し、食物連鎖による生態系が維持され、土壌改良が行われて、スポンジ化した土壌を提供し、自然の保水ダムを自らつくっている森④カシやクスノキの大木が、ほしいままに悠然と空間に枝を張り、根は樹冠の大きさに耐えるだけ、地面をどっしり抱えており、台風に遇って倒れた姿で再生し、生命に対するこだわりは、自然そのものである⑤枯れ木となって倒れるときは、梅雨期の曇天で、濃霧がただよう無風の早朝に、天寿をまっとうしたように、突如として轟(ごう)音と共に、地響きを立て、あたりの空気を揺るがす姿の木。

そんな森に佇(たたず)むと、そこに誰(だれ)も神の存在を感じないではいられない。それが鎮守の森の雰囲気である。

落葉

窓越しに春の陽を浴び、落葉について思いを寄せてみた。

生態学辞典によると「落葉」は、高等植物が葉を落とす生理的現象をいうが、物理的要因、虫害、病原菌により葉が落とされることもいう。落葉樹では、一年のうち生育に不適な時期（冬期または乾期）の始まる以前に落葉し、常緑広葉樹では、年間を通し部分的に落葉している、うんぬん、とあった。私達が秋から冬に体験する文学的な表現とは違う。大方の人は常緑広葉樹に、落葉期があることに気づいていない。

霜が去り、全山に眼が覚める白緑、黄緑、赤緑、青緑、紫緑と樹木ごとに色の違う新緑が覆い、一週間もすれば落葉し、遠望の景観だけでは、気づかないからである。

落葉は堆積し、梅雨にぬれ、気温と地温が上昇すると、菌糸が落葉一面に付着する。落葉は腐りはじめ、細胞の一つひとつが分解する。それを栄養として土壌微生物が増殖し、食物連鎖は拡大していく。天然の常緑広葉樹林では、一平方㍍中に原生動物は一億、円形動物は一〇〇万、節足動物は一〇万、環形動物（ミミズ類）は一万が生息するという。ミミズは土壌の海綿状構造を一層発達させ、降水を吸収し、山の斜面に大規模な保水ダムをつくる。

土壌改良は進み、森は樹木自身がよく生育し、災害に強い森林を構成するように自助努力をしていく。

流れの絶えない河川の源流域は、山の斜面に広範囲にわたって、落葉が堆積している証しでもある。

神宮の森を通過する伊勢道路は、開通後三〇余年になる。道路周辺の景観は立派な森林である。ところが、土壌微生物の調査をすると、今なお、都市化した砂漠状態を好むコナダニをたくさん発見し、森林性のササラダニの生息は少ない場所がある。過去に裸地であったところだ。そこにはミミズの生息が少ない。

山から採られた樹木で都市が緑化されたみかけの森の景観は、昨夏のような異常渇水期にはどこでも弱く、大木は枯れてしまった。自然と人工の森の顕著に違う姿である。本当の自然の回復は、みかけだけではなく、人の肉眼ではみられないところに、その秘密が隠されており、時間のかかることを教えられたのである。

ツバメの話

野外で野鳥を見ていると、今年はツバメに出合う機会が少ないように思う。植物の開花が例年と違っている、私の五感の錯覚によるものかもしれない。

私が住む伊勢市で、ツバメが最も多く生息している地域は、五十鈴川沿いに発達している「お祓町通り」の家並みである。この町も、四〇年ほど前に調査した記録と比較すると、その数は約半分に減少している。さらに、ツバメは、将来において減少傾向を示すかもしれないのである。ツバメが私達と共存できたのは、自然保護が叫ばれる前から私達の生活がツバメを保護する習慣を身に着けていたからである。

藤堂明保の「漢字の話」によれば、ツバメは燕と書き、その飛んでいる姿を描いた見事な象形文字であるという。昔はツバルを玄鳥といい、黒い鳥を表し、ツバメが曲線を描いて上空を舞い上がる様を示した字だという。さらに、中国では古くから「燕」と「安」を同じ意味に用い、「安楽」を「燕楽」とも書き、「宴会」を「燕会」とも書く。「安らかに落ち着いた」という意味だという。さらに、ツバメは平安のシンボルであり、安産の印でもあった。後の世になると、ツバメの訪れる春は女性たちが野に出て子授けの神を祭り、長く人々の心を引きつけていた、というのである。

私の受けた義務教育は戦争の最中であり、食糧増産が国策の一つであった。そこで、ツバメは稲作の害虫を駆除する益鳥ゆえ、家に営巣したときは保護することが教科書にあり、先生はそれを具体的に教えてくれた。家では、幸せを運ぶ鳥として親から教えられ、営巣場所を積極的に提供した。現在は衛生上好ましくないとして、室内での営巣を嫌う人が増えている。今でもツバメのフンよけを施し、昔の習慣を守っている人も少なからず見受けるが、ロマンの哲学は、すっかり消滅している。

ツバメは、もともと湿地帯の草原に住む野鳥であり、人類が地球に生存するよりはるかに先輩であった。

昨今は、生物との共存が叫ばれているが、先輩や歴史を無視した世界に生物との共存は見いだせないのである。

ヒトツバタゴ――アッチャコッチャの木

伊勢市の中心街に衣食住をつかさどる神様が御座す外宮の森に勾玉池がある。市民の憩いの場所の一つで、新緑の萌えだすころは、格別の美しさとなる。樹木全体が深紅の衣に包まれ、一段と人の眼を引くハナノキの大木がある。献納され、一〇〇余年が経過している。珍しいので大勢の人が見に来る。そこで自然に係わる談義がはじまる。

開花にはまだ早い、隣に生育するヒトツバタゴへと話が移った。「これがアッチャコッチャの木、面白い名だよ」と説明が入る。

もう二〇余年前のこと、植物生態学者の故矢頭献一教授が、ここを訪れた時だった。地元の「もの知り博士」が、先生に面白い名の木があるから案内してやると言って、指摘されたのがこの木だったそうだ。その人は、ヒトツバタゴのことをナンジャモンジャとも言うことを耳学問で覚え、それをいつの間にか口ずさむ間に、アッチャコッチャと覚え違ってしまい、ここへ来る人ごとに語ったのが近所の人に広まり、アッチャコッチャと言うことになってしまったようである。樹木にとっては、迷惑なことである。

ヒトツバタゴは、本州中部の木曾川流域と対馬にだけ自生する局地的分布の珍しい植物である。雌雄異株で、環境の変化には敏感な落葉高木である。花の形がトネリコという木の花に似ており、葉はトネリコが羽状複葉であるのに対し、本種は単葉であることから、ヒトツバタゴと名付けられたのが本当である。

さて最近、暖地性のバクチノキ（ビランジュ）が周辺に植栽された。この木は、バラ科の常緑広葉の高木で、樹皮が魚の鱗状に剝離することから、その名が付けられた。両種は、どちらも珍しいが、生態的には共存できる樹木ではない。自然の生態系を考えないで、人の都合で景観、あるいは鑑賞のために、一カ所に集合させるのが本当の緑化対策ではない。

いま話題となっている地球環境年の趣旨は、世界的に人の管理によって持続性のある地球にしていこうというのが目標である。地球は温暖化し、やがて中部山岳地の落葉広葉樹林は、徐々に常緑樹林化していくであろうが、現在おかれているヒトツバタゴの管理は、その意味で生態系保全の指標とみなされる。アッチャコッチャの保全になってもらいたくないものだ。

アオマツムシ

立秋も過ぎ、アオマツムシの声が途絶えた今、本種を語るのは季節外れかも知れない。でも私にとっては印象深い昆虫だ。

この虫は、直翅目（ちょくしもく）でコオロギの仲間。マツムシに似ているが、一生を樹上で過ごし、緑色の保護色でマツムシに似ているところから、この名をもらったようである。本来は中国大陸の原産で、一八九八年に東京都内で発見され、関東以西の平野部の緑地と里山の樹林に爆発的に分布を拡大している帰化昆虫である。

三重県では一九五二年、日本野鳥の会会員の橋本太郎さんが伊勢市内で発見。私は六八年に山下善平・元三重大教授（故人）に本種を教えていただいた。そして、つい最近、九月十五日に先生に同行し、鳥羽の神島で先生が本種を発見された。その後、九月二五日、突然、先生の逝去という悲報に接した。

先生は、いつも自然をこよなく愛し、「人の生き方」というものを実践で示された方だと私は考えている。その一例が本種の調査であった。

先生と競い合って、毎秋、虫の声を頼りに、夜な夜な伊勢神宮の森を歩き、本種の平面的な拡大分布と生態調査をしたのである。

気温が摂氏一五度以下で本種は急激に活動が衰え、摂氏二三度前後で最も活発に鳴き、森の中はアオマツムシ一色の声で揺らぐように樹冠（じゅかん）の上から降り注いでくる。特に月夜は樹の間を飛び交い、一気に一〇〇㍍は飛行する。冒険者は自動車のライトに誘われ、遠方に運ばれる。フロントガラスに吸着し、かなりの風速にも耐える。

さらに、本種の成虫は平均して一日に約五平方㌢の生木の葉を食べ、分布密度が高くなると、バラ科からカキ、ニレ、クワ、ブナ科と雑食性に変化していく。最近では、ナシやカキ、モモなど果樹園に被害をもたらすようになった。バラ科の硬い樹皮の枝先を円形に食い破り、樹皮と木質部の間にある形成層という組織に産卵するなど多くの発見があった。

また、本種の天敵となるものが現れた。野鳥のイカル、スズメ、ヒヨドリ、カラスたちである。帰化昆虫が侵入地へ定着するには、一世紀ほどかかるといわれるが、まさにその通りだ。先生は、私にいつも目から鱗（うろこ）を落として下さっていた。その時の先生の両目の輝きはいつも若かった。

野鳥と農作

三重県志摩郡磯部町の御田植祭は、香取、住吉両神社と共に日本の三大御田植祭の一つである。三重県の無形文化財に指定され、毎年六月二四日に盛大な行事が行われる。

この起源は古く、真名鶴が飛来し、伊雑の方上の葦原の中に、千穂に茂る稲を二本落として行ったのに始まるといわれる。日本の縄文文化の時で、約二〇〇〇年前のことである。

神事は、忌竹を空に高く立て、そこへ神の降臨を仰ぎ、苗、太鼓、鼓、ササラ棒を使い、昔風の服装をして、鳴り物の調子に合わせ、若者と早乙女たちによって田植えが行われる。中休みして酒宴があり、「刺鳥差し」の舞いがある。虫よけ祈願だというが、なぜか鳥を捕獲する動作をする。

それはさておき、興味を持つのは、刺鳥差しの数え唄に出てくる野鳥の顔触れである。

一ツ日の出に飛び立つカラス。二ツ古巣へ来て鳴くツバメ。三ツ深山に鳴くウグイスの声。四ツ夜明けにゴイサギ帰る。五ツ磯部を友呼ぶチドリ。六ツ向こうに鳴くホトトギス。七ツ畦を戸叩くクイナ。八ツ山鳥おのし尾長鳥。九ツ小池に子連れのカモメ。十で飛ばさず刺してくれよと構んまえた、と歌うから農業の暦であることが分かる。

ウグイスの声を聞き、農作業の準備を始める。春はまだ早く、夜明けには間があるが、ゴイサギが鳴いてねぐらへ帰る。と思っていると、明けガラスが朝を告げる。ツバメが雨の中に姿を見せ、害虫駆除をしている。代かきをし、モミをまかねばならない。やがて、霧の里山に昼夜の別なくホトトギスがけたたましく鳴き、田植えの催促をする。

月夜にはカエルの声に交じってクイナ(本当はヒクイナである)の戸を叩くような声を聞くころになった。田の草取りをしなければいけない。やがて山は色づき、山道で尾の長いヤマドリに出合った。吉兆の印だから、早く稲刈りをしよう。夜寒の中、チドリの声がよく通る。霜が降るだろうから、稲藁(わら)囲いをする。カモメ(ユリカモメかウミネコか)の飛来が目立ってきたので、水田には、来年の耕作をする準備の天地返しをしておかなければ収穫が望めないぞ、という口伝えで、野鳥はまさに稲作の季節を告げる神の暦であった。

三重の県鳥・シロチドリ

伊勢湾の西岸は、「白砂青松」の地として、昭和の前半まで遠浅の海であった。私達の生活に密着し、環境と人が共存することのできた地域であった。波打ち際から干潮帯にかけては、アオサ、アマモ、ハマグリ、アサリ、イソギンチャクやゴカイ類、カニ類などと底生生物が多種類にわたって、豊富に生息していた。ほかにもシロチドリやトビなどの野鳥もよく見かけ、私達が潮干狩りをしていると、手に触れんばかりにまで接近してくれた。私達にとって四季折々の良き遊び仲間であった。

人はあらゆる自然現象の感動に触れ、文字や美術工芸品の中に、それを閉じ込めようとして、日本人独特の文化にまで発展させてきた。私達にとって自然は恩師であった。そんな海岸は、今どこにも見られなくなった。一九五三年、五九年の台風によって、「白砂青松」は消滅した。七一年ごろに始まった経済の高度成長が拍車をかけ、世に言う「四日市公害」に発展したのである。

当時、公害防止策の一つとして、国は「県の鳥」の選定基準を提示した。県民に親しまれやすく、最近生息数が減少し、その回復が望まれる野鳥というのである。多くの都道府県は、珍鳥や貴重種を選定した。三重県は親しまれやすく、当時を反映し、環境汚染の指標鳥になるようにということで、シロチドリが県鳥に選ばれた。あれから二〇余年が過ぎた今、海岸部で観察できるシロチドリはさらに急激な減少をみせている。

三重県におけるシロチドリの生態は、まだよく分かっていない。本来、シロチドリが繁殖できる環境は、乾燥した砂丘があり、背丈の低い海浜植物が貧素に生息し、人の影響が少ない地域に集団的に営巣することだけである。それを考慮に入れると、残念ながら、彼らの棲む環境は、人に独占されてしまっている。無秩序なウオーターフロント開発がさらに拍車をかけている。それを憂い、若い野鳥の会会員たちが立ち上がり、新しい共存の地を模索する運動を始めた。それに共鳴した地元の理解ある心強い協力が得られた。楠町、河芸町、白塚町の漁業協同組合の陰の力であった。海岸部への車の乗り入れ禁止策がそれである。

五十鈴川

伊勢神宮の内宮（ないくう）に参拝する人が、五十鈴川について、歩きながら話し合っているのに出会った。私は、川のイメージが人によって大きな違いのあることをそこで学んだ。

宇治橋付近の五十鈴川は、背景の緑の美しさに眼が注がれ、それを讃（たた）える人が多く、川の様子を話す人は少ない。しかし、厳しい人は、いまの五十鈴川の景観は、江戸時代の城下町の城の堀だという。四〇年前の五十鈴川は、岸辺を洗う護岸が大小の捨石で覆われ、蛇籠（じゃかご）から石が顔を出していた。石は乱杭（らんぐい）で固定され、岸辺の浸食を防いだ。石の間にはネコヤナギが群生し、流れには強弱があった。水辺植物は繊細に発達し、水を浄化し、魚族が手に取るように見え、ウナギの顔は、剽軽（ひょうきん）にさえ見えた。

堤の斜面は緩急があり、土質によって植物群落に変化が見られた。風雨に耐えた、常緑や落葉広葉樹の大木は、行儀悪く太枝が伸び、川面を覆い、自然の造形美を誇っていた。流れは、両岸の各所に砂州をつくり、淵（ふち）と瀬が発達し、心地良いせせらぎの音を奏でていた。人は、自然の川の流れにちょっとお節介をした程度であった。自然環境の複雑さは、とても言葉で表現しきれないのだ。

さらに、宇治橋の下流部では、「ふる里の川づくり」と称し、都市公園にある親水性公園の川づくりが進められている。本当の「ふる里の川づくり」は、公園化したり城の堀のようであっては自然との共存とは言わない、というのである。

一方、いまの五十鈴川は、川ではない。川は底がヘドロで黒く、水は墨を流したように、黒い流れでなければ本当の川ではない、というのだ。最初は冗談かと思ったが、真剣な話であって驚いてしまった。

最近の川の修復工事は、素材がコンクリートの模造石から自然石へと変わり、基本的には自然との共存ではない。見せかけだけのことで、自然の単純化には一層拍車がかかっている。

川のイメージは、人が幼少時代に遊んだ川の様子が標準となり、自然の川の評価をする。私達の子孫が、いまの河川修復を見て、これが自然の川であると、将来錯覚したときのことを思うと、私の心は痛むのである。

勾玉池周辺の野鳥

最近、日本に飛来する夏鳥が少ない。熱帯雨林の乱伐の影響ではないかという。冬鳥だって同じような現象がある。前者はグローバルなとらえ方である。

私の身近な体験。外宮の森の勾玉（まがたま）池周辺に限って見てみよう。理由は、昨年の四月から偶数月の第一土曜日の午後、野鳥を中心として自然の変化を見る有志が関心を持ち始めたからである。

私が知る外宮の森は、一九五九年九月の伊勢湾台風以前からの勾玉池である。池の周辺の森は鬱蒼（うっそう）と茂り、伊勢市の中心街で冬でも緑々とした木に覆われ、東に勾玉池が開いていた。森の周りは、北に街並み、南は広大な湿田が続き、宮崎沖といわれ、内宮の森までそれが続いていた。

いま、それは姿を消し、大住宅街へと変化した。里山と農村が合併した環境からいきなり四〇年の間に都市化したのである。さらに、外宮の森は伊勢湾台風で生林した森の姿はなく、池の水深は五〇センチほど見えていたが、いまは一〇センチがやっとである。いまの冬の鳥相は、池の水面にマガモが優先し、コガモがそれに続いている。

周辺の森は、カラス、ドバト、スズメが人の与えるえさによって増加し、台風被害を免れた大樹の頂で、アオサギ、コサギ、カワウの姿が目につく。林内は、ヤマガラ、メジロ、アオジなど森林性の鳥で占められているが、どうしたことか、ツグミ、シロハラ、ヒヨドリの姿が極めて少ない。でも、これらの鳥を追ってタカ類が姿を見せてくれるようになった。食物連鎖と周辺部の捕食環境の悪化であろう。

伊勢湾台風前の森は常緑広葉樹林の極盛相をなし、勾玉池周辺は森林性の野鳥のカラ類、ウグイス類、クロジなどが多く、トラツグミ、シロハラ、ツグミの姿も多かった。二〇㍍と離れていない池には、オシドリが群れ、トビの五〇〇羽近いねぐらにもなっていた。コノハズク、オオコノハズクが越冬し、歩道にはイノシシの大きな足跡も発見された。勾玉池の水面には、カワセミが三～五羽ほどがいつも小魚を狙って待っていた。人の出入りは少なく、えさを与える人もなかった。

いま、野鳥はわずかに残された自然を求め、鳥相を変えて、神社の森に濃縮された感じである。

神島の鷹の渡り

神島の鳥類に関して世間ではあまり関心を持たれていなかった。松尾芭蕉が「鷹ひとつ見付てうれしいらご崎」と詠んでいるくらいであるが、地元の三重県伊勢志摩地方ではサシバの姿を見て農作業に勤(いそ)しんでおりつい最近までそれが続いていた。近年、NHKで飛行観察によってテレビ放映し、サシバの渡りコースの概略が解析され、秋季になると愛知県伊良湖岬に集結した鳥類が三重県の神島、菅島(すがしま)、答志島(とうしじま)、飛島、池の浦、内宮宇治橋前、伊勢やすらぎ公園、栃原、高見山を越え、和歌山県、四国……と渡ることが確認されてから一躍有名になった。

三重県の最東端にある神島まで来ると愛知県の伊良湖岬は手にとるように近く見える。神島は三島由紀夫の『潮騒』の舞台になったことで有名で、執筆された建物が大切に保存されている他、古来から伝承される様々な神事を今だに受継ぎ一月一日の「ゲーター祭」はよく知られている。鳥類の渡りを中心として最近は脚光を浴びている。そこで鳥羽市観光協会が主催し鳥羽市、伊勢志摩国立公園自然ふれあい推進協議会、三重県動物学会が共催し、一九九五年から二〇〇六年の十二年間に亘って秋の渡り期に観察会が開かれた。

夏季に本州中部以北で繁殖したタカ達は秋に伊良湖岬に集結し毎年十月五日前後を中心として一日に二〇〇〇～三〇〇〇羽ほどのサシバを主体として様々な種類が観察できる。上空を飛んでも高度はあまり高くなく、低空の種は上昇気流を利用して飛ぶのは真上から、あるいは真正面から、真横からと様々な角度から観察できるのが魅力的だ。さらに風切羽、尾羽根、体全体を覆っている羽の一枚一枚が風の抵抗によって微妙に動いている様などを観察したときは誰もが感動を覚える。その上、短期間で幾種類ものタカ類に出合うことも楽しみである。

伊良湖岬を飛び立ったタカ類の数が伊勢平野に入るとその数は毎年三分の一しか記録することができない。三分の二は一体どこへ……。伊勢志摩の海岸線に約一〇〇㍍間隔で張りつき観察しないと解することは不可能である。伊勢湾の入口で最短距離を持つ神島を中心にして、季節風の北西、北々西、西北西等といった方向の強弱によってタカ類は上陸地点が違うからである。前述のコースは代表的な位置にしか過ぎないのである。

またタカ渡りのコースはタカが有視界の渡りをするため、天候が悪化したり、本来は夜明けの午前五時三〇分頃から六時頃に飛び立つのは普通であるが、天候回復が遅れ午後遅くになると、伊勢に上陸するのは午後五時前後となる。その時は、茂った杉の大木あるいは常緑樹内に急遽もぐり込み翌日の天候が良ければ午前六時頃の日出後三〇分ほどは日光浴をして急遽上空に向って飛び立ち西へと移動を始める。そのとき、必ず地質学でいわれる中央構造線に沿って出来上がった山々の山腹（南側の傾斜は緩慢で北側は急峻）に発生する上昇気流を利用して移動して行く。従って、移動コースに当たる環境で、畑、あぜ道、カキ畑、竹林、雑木林、神社等の森、また、移動中にタカ類はよく昆虫類を捕食することがあるので水田の刈取後の草地等里山の環境保全に私達は注意を払う必要がある。

神島の鳥類

No.

目	科	属	種	1995	1996	1997	1998	1999	2000	2001	2002	2003	2004	2005	2006
				9.30 10.1	10.5 10.6	10.4 10.5	9.19 9.20		10.1 10.2	9.29 9.30	10.5 10.6		10.2 10.3	10.8	
ミズナギドリ	アホウドリ	アホウドリ	クロアシアホウドリ					○(40)							
		オオミズナギドリ	オオミズナギドリ					○	○	○	○	○	○		
	ウミツバメ	オーストンウミツバメ	コシジロウミツバメ			○									
ペリカン	ウ	ウ	カワウ										○		
コウノトリ	サギ	コサギ	ダイサギ		○										
			チュウサギ				○								
			コサギ					○							
			クロサギ										○		
		アオサギ	アオサギ				○	○	○		○	○	○		
タカ	タカ	ミサゴ	ミサゴ		○	○	○	○	○	○	○	○			
		ハチクマ	ハチクマ		○	○	○	○	○	○	○	○			
		トビ	トビ	○	○	○	○	○	○	○	○	○	○	○	
		ハイタカ	オオタカ			○	○								
			アカハラダカ				○								
			ツミ	○											
			ハイタカ				○		○						
		ノスリ	ノスリ		○	○	○	○			○	○	○		
		サシバ	サシバ	○	○	○	○	○	○		○	○	○		
	ハヤブサ	ハヤブサ	ハヤブサ	○	○	○	○	○	○	○	○	○	○		
			チゴハヤブサ			○	○					○			
			チョウゲンボウ	○	○	○	○					○	○		
チドリ	カモメ	カモメ	ユリカモメ										○		
			セグロカモメ		○	○									
			ウミネコ			○	○	○	○		○	○	○		
ハト	ハト	カワラバト	キジバト					○	○	○					
アマツバメ	アマツバメ	アマツバメ	アマツバメ	○				○	○	○	○	○			
キツツキ	キツツキ	アカゲラ	アカゲラ		○										
			コゲラ									○			
スズメ	ツバメ	ツバメ	ツバメ	○	○	○	○	○	○	○	○	○			
			コシアカツバメ			○	○								
		イワツバメ	イワツバメ				○								
	キセキレイ	ハクセキレイ	キセキレイ				○	○	○	○		○			
			ハクセキレイ	○	○	○	○	○		○	○	○			
			セグロセキレイ	○				○				○	○		
	サンショウクイ	サンショウクイ	サンショウクイ	○											
	ヒヨドリ	ヒヨドリ	ヒヨドリ	○	○	○	○	○	○	○	○	○	○		
	モズ	モズ	モズ		○	○			○						
	ツグミ	ジョウビタキ	ジョウビタキ									○	○		
		イソヒヨドリ	イソヒヨドリ		○	○	○	○	○		○	○	○		
	ウグイス	ウグイス	ウグイス				○	○							
		メボソムシクイ	メボソムシクイ			○									
	ヒタキ	キビタキ	キビタキ								○	○			
		オオルリ	オオルリ								○	○			
		サメビタキ	コサメビタキ			○		○	○		○	○			
	シジュウカラ	シジュウカラ	ヤマガラ		○				○	○					
			シジュウカラ		○						○				
	ゴジュウカラ	ゴジュウカラ	ゴジュウカラ		○										
	メジロ	メジロ	メジロ		○	○	○	○	○		○	○	○		
	ホオジロ	ホオジロ	ホオジロ		○	○		○			○	○			
			アオジ				○								
	アトリ	カワラヒワ	カワラヒワ			○	○	○	○			○			
	ハタオリドリ	スズメ	スズメ	○	○	○	○	○	○		○	○	○		
	ムクドリ	ムクドリ	コムクドリ									○			
			ムクドリ				○	○				○			
	カラス	カケス	カケス				○					○			
		ハシブトガラス	ハシボソガラス		○	○		○	○		○	○	○		
			ハシブトガラス	○	○	○	○	○	○	○	○	○	○		
ハト	ハト	ハト	カワラバト(ドバト)				○					○			

参考

1．一九九五～二〇〇四年の一〇年間で記録された鳥類の種類は前頁に掲載の表「神島の鳥類」のとおりで五八種である。

2．見わけのポイント

ⓐ指標鳥の体鳥＝ハシボソガラス（約五〇センチ）

キジバト（約三三センチ）、ムクドリ（約二四センチ）

スズメ（約一四・六センチ）

ⓑ体形

太っている（キジバト、ムクドリ）

普通（カラス、スズメ）

スマート（セキレイ類）

ⓒ嘴（くちばし）の大きさと形

長い（サギ類）　うんと長く先が鋭い

普通（スズメ、アオジ）　普通

細い（セキレイ、ヒヨドリ）　細長い

華奢（ツバメ類）　小さく、幅が広い

猛禽類（タカ類全般、モズ）　先が曲がる

ⓓ尾の長さ

長い（セキレイ類　ツバメ、コシアカツバメ）

幅広い（タカ類）

ⓔ翼の形

長く細い（ミズナギドリ等の海洋性の鳥、アマツバメ類、カモメ類）

幅広い（大きい［タカ類］小さい［ハト類］）

普通（スズメ、シジュウカラ類）

ⓕ色や模様（ジョウビタキ、メジロ、アカゲラ、オオルリ、他）

ⓖとまっているときの姿勢

垂直（アカゲラ）

水平（セキレイ類）

尾の動かし方

上下（セキレイ類）

まわす（モズ）

細かく動かす（ウグイス）

ⓗ飛び方

波状（ヒヨドリ）

垂直的（ホオジロ）

第三章

野鳥について

ＮＨＫラジオ第一放送ローカル版原稿を後日、整理したもので何年だったかは記憶にない。主に狭くは南勢地区の神宮の森周辺、広くは三重県内の野鳥を中心とした自然環境について、体験したこと、あるいは周辺住民が古くから伝えてきた事例等を紹介したものである。

ツバメ

ツバメは誰もが知っているように、春になると南からやって来る夏鳥です。最近では気象情報でも取りあげられることが多くなりました。摂氏九度の等温線の移動によって北上して来ることが解っています。

三重県では毎年確認されている（初認）記録は、熊野で二月下旬、伊勢で三月中旬、北勢地方は三月下旬になります。

この大旅行をするツバメには危険がいっぱいです。そこで彼等の自然界での寿命はどれほどなのか鳥類標識法で調査された結果によると、七年ということが解りました。

ツバメは日本に渡って来るのに必ず雄が先に来て自分の縄張りを決めるのに大童（おおわらわ）です。そのとき「チュビ、チョビ、ビリリ……」と電線に止まってやっていますが、この聞做（ききな）しは三重県下全般に「土食って虫食って渋ぶーい」と言っています。聞做しとは、鳥の囀りなどの節まわしを、それに似た言葉で置き換えることです。これはツバメの習性をよく表現したものだと感心しています。この雄の縄張り争いが一段落しない一ヶ月後に雌はやって来るのです。毎年、同じ個体の夫婦は仲睦まじく変わらないのが普通で、人間の手本にされる地方もあるようですが中には浮気者もいるようです。この三角関係の決着をつけるのに血塗の格闘となり、最後には力尽きて二羽とも屍となる光景さえあります。

ツバメは昔から私達の生活と密接です。伊勢神宮の別宮伊雑宮（いぞうぐう）では、古来の伝統行事があり、その一つに「伊雑（いぞう）のお田植え」があります。ここで謡われる刺取差（さいとりさし）の中に「九つ小雨や行きこうツバメ」とあります。これはツバメが小雨の中を低空で飛び交い虫を追い求める光景をよく表現しています。また、彼等にまつわる迷信が沢山あります。つい最近まで「ツバメの営巣した家では必ず家運がよくなる」とか「病人があると営巣しない」等と言われ、軒先によく板切れを張って営巣場所を提供してやったものでした。しかし、ツバメは近年、日本人の建築様式や建築材料の変化によって住宅難となり、さらに農薬の影響によって姿を見ることが少なくなりました。

一〇年前の調査記録を見ると、どこの調査地でもツバメは「多数」と記録されていますが最近ではせいぜい五ないし六羽程度しか記録されていません。伊勢地方の海岸部の広範な見通しのきく水田地帯では少なく、山間部の地形の変化あるところではツバメの姿はよくみます。これはヘリコプターによる農薬散布が顕著に出ている証拠です。そして、越冬ツバメも一〇羽程度は見られましたが今では見ることもできなくなりました。(三月十三日放送)

レンジャク

長いストーブ生活にあき、昼休みに散歩に出たときのことでした。ムクノキの大木に寄生したヤドリギの緑色をした大小の球状になった姿が目に入りました。その中にツグミほどの小鳥の群です。頭と背が美しいブドウ褐色、目の後ろと喉は黒の三角斑紋、頭の上は羽が長く際立っています。鳥の近衛兵とでもいった感じの鳥です。レンジャクで冬になると日本へやって来ます。レンジャクは尾の先端が赤いのはヒレンジャク、黄色はキレンジャクといい、三重県下では十一月頃より翌年の五月頃までよく見られます。興味深いことに北勢地方ではキレンジャク、南勢地方ではヒレンジャクとして迷鳥として分布しています。そして別名をチャンチャンボーズとかヒリヒリ鳥などと呼ばれています。

どちらも鳴き声は細い声で「チリチリ、ヒリヒリ」と鳴き、餌をとるときは「ヒィーヒィ」と高く細い声で嬉しそうに鳴きます。警戒音は「ピーピー」と鋭い声を出し、糞をだらしなくぶら下げて飛び去ります。

レンジャクは大そうヤドリギの実を好みます。ヤドリギの果実は甘くゼリー状になっていて、種子と果実の肉質部分は容易に分離しません。そこでレンジャクがヤドリギの実を啄むと、お腹にこの実をいっぱい詰めます。詰めた実は半分ほど消化して糞として排泄します。排泄された糞は大へん粘っこく、金魚の糞のようにお尻から一㍍ほどもぶら下がって、風にただよいながら空中ブランコをします。レンジャクが飛び去ったとき、粘着度がなくなった糞は途中で離れ、地上に落下します。そしてムクノキやケヤキのように樹皮の薄い割れ目の多い落葉樹に付着します。ヤドリギはそこで発芽し立派なヤドリギになります。付着した種子はしばらくするとすぐ発芽し二〜三日のうちに寄生した樹皮の間に根を延ばします。また、レンジャクは韓国で発見された世界に一例しかないアブラムシの仲間を運んでくることが神宮の森の周辺にあるムクノキの枯枝から発見されたことは非常に興味のある話題です。

また、私達の身の回りにある環境でヤドリギの存在している範囲をしれば、レンジャクの行動範囲もよくわかります。神宮の森のある伊勢市では、五〇羽ほどのヒレンジャクの群の行動範囲は三ないし四平方キロであることを知りました。（三月十五日）

ホオジロ

森林を伐採した跡地や雑草に覆われた休耕地とか河川敷の堤防を歩くと、突然、道路の脇から「チチッ」と言って警戒する声をだして、二羽、三羽、ときには群になって飛出す小鳥がいます。スズメより少し大型で、逃げ出す時は尾羽の両側に白い羽とそれに続く黒い羽がとても鮮やかに見えます。ホオジロですがこのようにして仲間に危険を知らせあうのです。また、彼等は縄張りを持ち、高い樹の梢に胸を張って、斜上向きになり口を大きく開き、空を望むように「ジェツ、ピーツツ、ピーツツ、チュリ」と囀ります。ホオジロの囀りは昔から「一筆啓上仕候（いっぴつけいじょうつかまつりそうろう）」とか「源平ツツジ、白ツツジ」あるいは「テッペン一六、二朱負けた」「弁慶皿持って来い、汁吸わしょ」などと聞做されています。三重県赤目付近のホオジロは全国的にも囀りの美しい個体が多いので有名です。聞做し表現をすれば「一筆啓上仕候、候」と大へん丁寧に囀ります。

昭和三三年四月十九日、伊勢地方では太陽が月の陰で隠れる金環食が観測されました。太陽が月影で少しずつ消え､半分ほどになった頃でした。周辺は急に薄暗くなったかと思うと､少し涼しくなりました。風もなく静かだった周辺にそよ風が吹き出しました。それと同時に今まで平穏だったスズメやヒヨドリ達と一緒にホオジロも警戒の鳴き声をしきりに発すると同時に、慌ただしく枝から枝へ右往左往しはじめたではありませんか。私の立っている周辺は時ならぬ様相となったのです。木漏れ日の間からは幾つも月に隠された太陽が地面に映り、金環食が最高点に達した一瞬、ホオジロの騒ぎも最高潮に達しました。その後、太陽が元に戻り半分ほど顔を出した時、ホオジロや他の野鳥達も静けさを取り戻しました。日食という一時的な現象による太陽の明るさとホオジロの騒ぎは凡そ三〇秒ほどのずれがありました。

このように野鳥の鳴き声や行動は太陽の明るさ、いわゆる照度と非常に関係が深いことがわかりました。(四月十三日)

カケス

カケスはカラスの仲間で野鳥の中ではとても賢い鳥だといわれています。色彩はカラスの仲間にしては多彩で御洒落な鳥です。全体に淡いブドウ色をし、翼は黒く、一部に瑠璃色と白の美しい縞模様は印象に残ります。頭は白く、それぞれの羽に黒の縦斑紋があり、腰の部分は白く、一際目立ち、腹の方は背なかより淡い色をしています。雌雄同色ですが頭の白色部分の大小で区別できますが大へん難しいことです。

カケスは臆病で用心深いので樹木が密集した環境でないと見ることはできません。姿に似合わず声が悪く、危険を感じたり、餌を見つけると「ジャー」と嗄れ声を出すので、観察の手掛りになります。繁殖期以外はたいてい数羽で行動しますから一羽が鳴くとたちまち大騒ぎとなります。秋の渡り期になると一羽また一羽と列になって谷間を横断するのを見かけたり、ドングリを一定の場所に集めて餌の貯蔵をしますが、貯蔵場所を忘れてしまうと、春になって思いもよらないところからドングリが芽ばえるので驚くこともあります。カケスはときにニワトリや喇叭(らっぱ)の音、面白いのになると、人の言葉まで真似るのがいます。そこで専門家でさえ騙されることがあります。私も以前に「キッ、コッ、ヤダヤアー」という声を聞き、山の奥で、てっきり人が話しかけてきたものと思いびっくりしました。カケスの呼称は様々です。三重県の中南勢地方ではカシドリ、北勢地方ではギャギァ、またはカゲスと呼んでいます。カケスは森林地帯に棲む野鳥ですから、三重県の鈴鹿山系や大台山系の森林帯に広く分布しています。伊勢神宮の森で観察してみたところ、昭和三四年の伊勢湾台風前ではカケスの個体が多かったのに対し台風後は急激に個体数が減少しました。四年ほどは減少したままでしたが最近は再び増加しはじめています。森林が回復しはじめたのでしょうか、カシの実の出来具合によって個体数が増減することは確かです。

大台山系や鈴鹿山系では、カケス群集と名づけられ垂直分布はよく表現されますが低山帯の森林では水平的な広がりを持っています。これはカケスの好む食餌に関係しているようです。（四月十八日）

ヤマガラ

春の森林で普通にみられる鳥はカラ類の仲間です。カラ類はヤマガラ、シジュウカラ、ヒガラ、コガラ、ゴジュウカラ等カラと名のつく小鳥類のことをいいます。ヤマガラはこの仲間で一番大型の鳥です。誰もが知っているスズメより少し小さく、雌雄同色で体は黒と白、茶色の三色で比較的長いちょっと変った感じの小鳥です。

三重県内では北勢地方よりも中南勢地方でよく見かけます。ヤマガラは常緑広葉樹林帯に多く、シジュウカラは落葉広葉樹林帯に生活する習性があるからです。姿や性質から由来するのか中南勢地方では、マツバサガリという呼称をもっています。繁殖期のヤマガラは個々に生活し縄張りを持ちます。繁殖が終り、四月頃になると、エナガやメジロなど他の小鳥に混って、大きな樹々の枝から枝へ「スイ、スイ」と小声を出しながら、凡そよく似たコースと時間を決まったように移動します。群に出会い耳を澄ましてじっと聞いていると様々なことが観察できます。

例えば、ヤマガラが警戒しているときは「シシ」と高音で仲間に知らせます。標準の鳴き方は「ツツピー」を繰り返します。ところが北勢地方にはヤマガラと同じような調子で鳴くシジュウカラやヒガラによく出会うところからヤマガラの鳴き声のテンポが早くなり、種類の区別が難しくなります。

一方、中南勢で代表される伊勢神宮の森ではテンポは遅くなり「ツウツウビー」となります。特に志摩磯部恵利原や五ヶ所と堺になる逢坂峠と剣峠では「ツウ、ツウ、ビリイー」とか「ピー、ビリビリビリ、ピリー」とのんびりした調子で囀っています。

その理由をよく調べてみますと、北西の季節風が強いとき、峠の北側で鳴いたヤマガラの鳴き声は風に吹かれ南側では長く延びてしまうのです。

さらに北側にある神宮の森では、ヤマガラが沢山棲んでいて南側に棲むヤマガラの声を圧倒するのです。そこで、南側に生棲するヤマガラは風に流れて来る調子を真似て、ゆっくりとのんびりした調子になってしまう、いわゆる鳥の鳴き声の方言になるのです。

志摩の人達の語る調子とヤマガラの鳴き声の調子がどことなく似ているところに私は大へん感動しました。（四月二〇日）

ヤマドリ（一）

ヤマドリは日本が過去にアジア大陸と陸続きであった頃、日本に入って来て孤立したために日本特産の鳥として世界に知られた鳥です。体全体は光沢のある赤銅色で、頸から上は錆色が濃く背面は黒と白の複雑な斑紋です。腰は金紅色に輝き、腹は色が淡く、脇は褐色と黒の斑（ふ）になっています。尾は中央の一対が大そう長く節状（ふしじょう）の横斑は七本から一三本もあります。この尾羽は狐に化かされたとき、円く輪にしてそこからあたりを窺えば、狐の魔力が消えると言われています。

普通、尾羽の横斑が一節増えるのに一年かかり、一三節以上持つヤマドリは非常に珍しく、人を化かすとさえ言われます。これはヤマドリが長年、外敵からの危険を乗り越え生活環境に適合して、敵の目から逃れるテクニックを身につけ、いつも相手の眼を晦まし逃げ延びるから、ヤマドリは化けるということになったのでしょう。いわゆる学習能力を身につけた個体ほど存命率が高いことになるのです。

本州では普通、北緯三五度一〇分の線を界にして、北に生息するものがヤマドリ、南に棲んでいる個体はヤマドリの亜種で、体色の濃いウスアカヤマドリが広く分布していると言われています。三重県の御在所岳付近がこの線に当たり、この付近には両種が生息しています。従って三重県の大部分の地域にはウスアカヤマドリがいるとされています。

ウスアカヤマドリが繁殖期に生活するその広さは、伊勢地方で大正十年頃植栽された一二㌶ほどのヒノキ林で、その周辺は二次性天然の雑木林となっているところでは、三ヶ所に営巣していました。ほとんどは雑木林の尾根付近で一〇〇㍍ほどの間隔で雛を育てていて、人工林の中心部には巣がありませんでした。よく見ると、人工林の下には下草が少なく隠れるところも少なく、さらにヤマドリの餌となる

植物がとても貧弱であることがわかりました。これは大へん興味深いことです。（五月十六日）

ヤマドリ（二）

再びヤマドリについて語りましょう。ヤマドリはキジの仲間ですが、普通、キジは里山とか畑地のように開けた地域に生息し、人目につきやすいのですが、ヤマドリは山深く人目に付きにくい場所に棲んでいます。ヤマドリは冬に数羽の群れとなって、スギやヒノキの造林地とか二次性天然林の繁った、特に渓流地でよく姿を見かけます。

繁殖は山中で行い、樹木の根元や岩陰の地面の凹んだ所に枯草や枯葉を敷いて巣を造ります。三月下旬から六月にかけ、一〇個前後の淡黄褐色の斑紋のない卵を産みます。繁殖期には雄が少し高い場所に行き、翼を小刻みに振って「ドドド……」という音をたてます。昔からヤマドリが「方を打つ」といって、他の鳥達のラブソングの代りだと言われています。雄はその頃よく「チュイッ」と鳴くと言われますが稀にしか聞くことはできません。

ヤマドリは一夫多妻と一夫一婦制だとの二説があります。そこで私は伊勢神宮の森でよく観察してみました。すると、雌雄一対が多く、群れているのをよく観察すると、決まって雌とか雄とかの群になっているようです。また、五月頃には長い尾の先端を引き摺らんばかりに雄が先頭に、その後を六羽ほどの雛をひきつれ、最後に雌が雛を守るようにして歩くところによく出会います。春の陽射しを浴びながら小谷にせせらぎをどこまで旅行するのか、雄の「クウ、クウ」という声に合せ、雛は「ピィ、ピィ」

と鳴いて、それぞれの間隔を三〇センチほどあけ、一列縦隊になってひょこ、ひょこ歩いて行くヤマドリ一家のほほえましい様子を見かけ、思わず頬がゆるみます。これが山仕事をしているときの本当の醍醐味でしょう。（五月十八日）

ゴイサギ

ゴイサギの名の起りは平家物語のなかで醍醐天皇が御苑へお出でになった時のことです。池の畔にサギがいるのを見た天皇は、御付の者にそのサギを捕らえるように命じられました。

そこで御付の者は困ったことだと思いながらも仕方なく、サギに近づきました。その時サギは飛び立とうとしました。そこで御付の者は「天皇の命令に背くでないぞ」と大声で叫んだので、サギは飛び立たずじっとしていました。

御付の者はサギを捕えて天皇に差出したところ、天皇は大そうお喜びになり、六位だった御付の者の位を五位にすると同時にサギにも感心なものだと言って五位の位を与えたところから五位鷺と呼ばれるようになったといわれています。

ゴイサギは普通のサギと違い夜間に活動をすることが多く、「クワッ、クワッ」と異様な鳴き声を出して夏の夜空を移動します。

最近では、農薬の影響なのか、サギ類全般に亘って全国的に数が減りました。三重県でも各地に繁殖地はありましたが、現在はっきりしているのは鈴鹿市の石垣池と宮川の頭首湖（とうしゅこ）、尾鷲（おわせ）の佐波留島（さばるじま）に他のサギと一緒になって小さな規模のコロニーを作っている程度です。

昭和三二年のことでした。伊勢神宮の外宮の森でコロニーを作っていたゴイサギの群は急にその規模を大きくし、池の周囲の大木に営巣を始めたのです。ところが、繁殖期は蒸し暑く、彼等の白い糞でただならぬ異臭が漂い、さらに上空からは参拝者に糞をお見舞いすることが度々起ったので神宮ではサギを追い出すことにしたのです。追い出す方法として夜間照明をし睡眠不足にするとか、爆竹で驚かすとか、ビニール等光るテープを枝に吊るす等と小田原評定が始まりました。野鳥は普通学習能力をもっていますがどれも学習能力には関係ないものばかりで効果はでませんでした。

そのうちに昭和三四年九月の伊勢湾台風によって森林は壊滅状態になってしまったのと、周辺部の自然が開発によって環境がゴイサギの繁殖に適さなくなりコロニーは分散してしまったのです。（五月二三日）

コカワラヒワ

内陸や海岸沿いの明るい松林ではコカワラヒワが美しい声でよく囀っています。多分仲間同士か、あるいはラブソングをしているのでしょう。「キリキリ、チュイジューイ」「コロコロビー」と。その中で鋭く警戒する「チューイ」と鳴くときもあります。その時は必ずといってよいほど群は飛散します。

コカワラヒワの別名を鈴鹿市ではハマスズメ、志摩地方ではキリキリと言ってます。古い書物によると、河原に近い林に沢山棲んでいるのでコカワラヒワの名がついたそうです。しかし、コロコロとかカワラヒワの呼称が各地にあることからこれの転訛したものと私は考えます。

コカワラヒワはスズメの親類でスズメ位の大きさです。嘴はヒワ色の斑点があり、全身は黄緑褐色で雄の方は雌より美しい姿です。翼の中央に黄色の紋様があり、飛んだ時にこの紋様が青空の中に鮮やかに映り、他の鳥と見分けることの目安となります。

コカワラヒワは平地や丘陵地にある農耕地とか村落の林に棲み、人里離れた山間部ではあまり見かけません。

もう一二年ほど前のこと、昭和三二年頃の伊勢地方でのできごとです。稲の早期栽培が全国的に盛んになりかけた頃のことでした。農家の篤志家が試験的に一〇㌃ほどに米の早期栽培をしたのです。そこだけは稲の開花も終り、穂が実りかけ稲穂の乳熟期になった時でした。周辺は普通栽培で稲は緑々しているだけです。コカワラヒワはそこに眼をつけ、早朝から終日にかけ乳熟期の稲穂を集団で啄みに来ていました。脅しを仕掛けてもコカワラヒワの大群は逃げる気配もなくまったく効果がありませんでした。次に仕掛けられたのはカスミ網でした。農家の人はスズメだと思ってスズメ駆除の届けを出してカスミ網を使用したのです。捕獲された小鳥は総てコカワラヒワだったのです。精しく調べてみたところ、雌の成鳥が一に対し幼鳥が二の割合でした。解剖しても幼鳥の雌雄の区別は、はっきりせず、群の構成状態は不明でした。コカワラヒワのこの時期になぜ雌と幼鳥だけなのか、雄はこの頃どこにいるのか、稲の被害状況がなぜ水田の周辺部にひどく、中心部の被害が小さいのか、ありふれた野鳥でありながら不明なことばかりです。（六月二〇日）

オオコノハズク

「ホッ　ホッ　ホッ」とか「ウォウ　ウォウ」と低い声が耳にはいってきます。

里山の新緑の香りが心地よい風に乗って肌をかすめ、一日の忙しさがひと息ついた時でした。オオコノハズクです。

三重県では普通、ミミズクといって最も人に親しまれています。全身が灰褐色で大小様々な黒や灰色の斑点が一面に密在し、趾（あしゆび）の先まで羽毛が生えていてちょっとした洒落たソックスでも履いた感じです。体の大きさは約二五センチほどの鳥です。頭の部分は丸く、大きな耳羽（みみば）は長く立っています。この耳羽は飾りで本当の耳ではありません。耳孔は顔の輪郭になったところで耳孔の大きさは左右で違っています。夜行性の鳥ですから夜への適応が顕著で器官の発達がそのようになったのです。まだあります。眼のレンズは大きく、網膜の視細胞は感度の高い棒細胞から成立っています。これは微かな光線で物を見分けることを可能にします。さらに、一般の野鳥は頭の左右にあるのが普通ですが、フクロウの仲間の眼は私達同様で前に二つ並び遠近感をはっきりさせるためにネズミ等、動く動物の捕獲が大そう便利な構造となっています。そして後ろが見えない欠点は、二七〇度回転する頸を持っているので、観察していると頸が捩れてしまったと驚くことがあります。

この鳥は、主に大木の多い森林帯に棲み、夏になると山岳地に移り、冬は平地林にやって来るので、人家に近い大樹の多く生育する神社や寺の境内で姿を見ることができます。

最近になって驚かされる出来事にオオコノハズクの交通事故死があります。野鳥は彼等なりに飛行通路を持っており、山間部の道路を横断する際、林内から突然道路に出たとき、たまたま自動車が通りかかり明るいライトに照らされると、夜間によく見える眼のため視界が眩み、その上、スピードのある自動車のために体をかわすことが出来ず激突し尊い命が奪われることが多いのです。（六月二二日）

ホトトギス

渡りをするとき、ホトトギスはタカ類に襲われるのを恐れて夜間に鳴きながら飛行するのだと言われ、鳴くのは地上部の障害物をさけるため、声の反射に頼るのだそうです。チャンスさえあれば市街地の上空を鳴いて通過する様子を体験することができます。また、森林地帯の上空では快晴のときとか雨降り前には血を吐くような鋭い声で雄が「クェッ　クェン　カケカケ」、すると遠方で優しい声が「ピピピ……」と雌が応じます。繁殖期の光景です。

「テッペンカケタカ」「本尊書けたか」「特許許可局」などの聞做しが昔から有名です。私が以前、京都野鳥の会が主催する探鳥会に参加したときのことでした。同行した新聞記者が言われるには「私にはどう聞いても『原稿書けたか。』としか聞こえません」と言って参加者の同情を買ったこともありました。でも面白い聞做しで一同は感心しました。

ホトトギスは昼夜を問わず活発に鳴く鳥です。その日周活動は午前三時頃が最盛期で、四時頃になると急激に減ります。日の出から日中にかけては同じ頻度で鳴き、太陽が沈み午後八時頃になると再び最盛期が訪れます。そして真夜中の一二時、一時には静まり鳴き声の日周活動は終ります。

ホトトギスは主にウグイスに自分の卵を預けます。そして、托卵した卵を産みっぱなしにするのではなく、雄と雌は陰になり日向になって、巣の周囲を樹上や飛びながら我が子が無事に巣立つまで見張りをします。ホトトギスの卵はウグイスより遥かに大きいので早く雛になります。赤裸のホトトギスの雛は不自由な体で、自分の体に触れるものは総てのものを全力を尽くして巣の外へ放り出します。知らないのはウグイスの親だけです。雛の大きな赤い口の中をみるとせっせと餌を運び育てるわけですが本当の我が子ではありません。

ホトトギスの雛は幼鳥となり、彼等はウグイスになんのお礼を言うこともなく巣を後にします。そのときウグイスには初めて平和が訪れ、そのときはすでに秋風は肌をさすようになります。（六月二七日）

サシバ

学校の夏休みが近づく頃になると里山に初夏の気分を味わうものにサシバという猛禽類がいます。明るい小谷に沿って小さな段々になった水田の上空をひらひら飛び回る姿と緑の深まった山の色合いがよく溶け込んでいます。

「ピン、ピイイー」なんとも、のどかな光景です。三重県の名張地方ではサシバダカ、松坂伊勢ではギンミダカ、あるいはピンピー鳥、大杉谷方面では声の聞做しを「金、十円」と老人達は伝えています。これは全国的に言われているようです。

サシバはタカの仲間としては小形でカラスより少し小さく、ハトより少し大形です。

飛び方は観察する光線や飛翔状態によってキジバトと誤認することがあります。また、トビの飛翔に似てトビほどの大きさのノスリという猛禽類に似ていますが、ノスリは必ず「ピィー」と一声です。

サシバはマツの大木で枝張り状態が巣を安全に保てるかどうかという場所に直径約五〇チセンの巣材を、中央の径約一〇五チセンほどの広さに緑色のマツ葉を敷き、そこに白色の卵を二〜三個産みます。産卵後四〇日ほどで雛がかえります。

サシバの餌はバッタの仲間、小形のネズミやヘビの仲間、スズメのような小鳥類が主食となっています。

サシバは夏鳥として全国的に分布し、秋になると群となって南方へ飛去します。秋の九月から十月にかけて伊良湖方面から早朝に飛来し中央構造線に沿った地形を利用し、九州の佐多岬に集り、さらに東南アジア方面に移動してゆくことが最近になって知られるようになりました。三重県の志摩地方以南の古老らの話によると、真冬でもたまに越冬するのを見かけたり、戦時中の食糧不足のときには渡りに疲れはて竹藪などで休んでいるのを手で捕獲し、糧にしたものだと語ってくれたものでした。伊勢地方では午前中がサシバの渡りで大空は賑います。

「鷹ひとつ見付てうれしいらご崎」という芭蕉の俳句は有名です。（七月二〇日）

カワセミ

梅雨が明け猛暑の季節となって木漏れ日が宝石の翡翠を思わせるようになりました。

その翡翠の色に相応（ふさわ）しい野鳥にカワセミがいます。人気者の鳥です。

カワセミは体の大きさに比べ黒い嘴が極めて大きく、その反面尾羽は普通の鳥より遥かに短い特徴を持っています。赤い脚は短く貧弱に見え、前に向いている三本の趾（ゆび）は、根元で癒着しています。これはカワセミの巣の作り方、卵の色や形と併せて考えると動物学的には原始的なものと言われています。雌雄はほとんど同色ですが嘴の下がオレンジ色をしているのは雌で区別は容易です。

カワセミは西洋や中国では夫婦仲の良いことによく例えられます。事実であると野鳥研究家の下村兼史氏は言っておられます。カワセミの雄が餌を巣内へ運ぶのに雌に餌を与えるのか雛に与えるのか、捕獲した魚の持ち方でわかるそうです。

カワセミは池や川岸の辺（ほとり）に棲んでおり、常に水辺の杭や樹の小枝上で水面に浮き上がって来る魚類を待ち構えて捕えては元の位置に戻って来ます。飛ぶときは、矢のように水面すれすれに一直線に飛び、何かに驚いた時は「ツィーツ、チッチッチッ……」と甲高い声を発して飛び去ります。また、翼を烈しく羽搏き、水面上で空中停止をして飛ぶことができ、嘴を真下に向けてダイビングをして魚類を捕獲します。

カワセミの餌は魚やカニ、小昆虫ですからよく水辺に姿を見せます。ところで、最近は化学工場等の増加によって、溜池や水路は埋り、水は滞って悪臭を放つ地域が年々増え、カワセミの生活圏が脅（おびや）かされています。三重県では桑名、四日市のような工業地帯ではまったく姿をみなくなりました。さらに農山村改善事業や耕地整理の進んだ名張市近郷や明和町の地区では彼等の生活圏は縮小しています。理由はカワセミの巣作りに必要な土地や崖がコンクリートで固められ安住地域が減少したからです。

従って、カワセミの生息は水辺周辺の環境を知ることのできる公害汚染の対象となる指標鳥であると私は考えています。（七月二五日）

スズメ

「雀の囀るように」とよく喩えられるように、人間社会の会話の中にまでスズメは飛び込んできます。人が常住する場所であればスズメはどこにでも姿を現わします。

昨年の夏のことでした。名古屋地下鉄のホームで人が歩く雑踏の間を悠々と潜り抜けて生活している一羽のスズメを発見したのです。まったく自然な状態ではありません。人に飼われて逃げ出した様子でもありません。どのように侵入したのか非常に興味がありました。私は庭に給餌台を作り餌を与えてみました。すると、近辺に生活しているどの鳥よりも真っ先にやって来たのがスズメでした。さらに、餌はうどん、魚粉、パン屑、ミンチ、饅頭の餡、羊羹など人間の食料であればなんでも食べます。さらに面白いのはヒバリの生息数が多い地域ではヒバリの鳴き真似を取り入れ囀るものがいたり、春、桜の満開期にメジロやヒヨドリが花蜜を吸うのに対し、スズメは嘴の構造が蜜吸いに適しないため、花の子房を食いちぎって蜜を吸っているというように、極めて学習能力に長けた野鳥です。

伊勢神宮の山林は神路川(かみじがわ)流域と島路川(しまじがわ)流域があり、神路地区では六〇軒ほど人家があり島路地区には人家がありません。すると、神路にはスズメは沢山生息しているが、島路には一羽のスズメも生息していません。唯、二月から三月にかけ、ヒノキの植林奉仕団の出入りがあり宿舎は一ヶ月ほど、人が常駐し賑います。その時は第一番にカラスが先駆者となって宿舎に近づきうろつきます。その後、すかさず二〜三羽のスズメが偵察に訪れ、一時期は繁殖する様子でしたが奉仕期間が終ると宿舎は閉鎖されるので、今だに繁殖は成功していません。

一方、志摩郡大王町船越の沖合にある三頭山という小さな岩場がありますが、ここでは陸から一キロほど離れた岩場の岩陰にひしめき合ってスズメが営巣し雛を育てていたのです。親は遠方からせっせと餌を運び雛を育て、自分達の害敵となるウミネコと共存していることに驚きました。

いずれにしても、スズメの環境に適応する能力の強いのには脱帽せざるを得ませんでした。（七月二七日）

アカショウビン

アカショウビンは愛嬌者で絵画や物語によく出てきます。カワセミと同じ仲間でカワセミの二倍ほどの大きさです。全体に赤褐色で、三重県では夏鳥として半年姿を見せてくれます。普通のカワセミは平地ですがアカショウビンは低山地帯の密林で水の豊富な渓流に棲んでいます。サワガニ等の小動物が豊富だからです。

従って一般に伊勢神宮の森に沢山生息しているように思われていますが案外その数は少なく、大杉谷の渓谷にはかないません。これは神宮の山奥はヒノキの造林地が多く、落葉広葉樹林が少ない環境でアカショウビンの餌となる小動物が少ないせいだと私は考えています。

赤い鳥が森林内で活動しているのはよく目立つためなのでしょうか、方言で唐子鳥とか南蛮鳥といわれています。

梅雨どきの雨模様の日に「キョー、ロロ……」と、トビの鳴き声をうんと縮めたような声で鳴きます。

三重県の中勢地方ではミズコイドリ、尾鷲地方ではアマフリドドリ、または、キョロロ、といっているのも面白い。

アカショウビンは水に係わる伝説がよくあります。

昔、ある百姓家に奉公している少年が怠け者で、仕事を少しもしません。ある日、主人から馬を預かりながら少年は馬に水をやることをすっかり忘れていました。そこで主人は少年をひどく叱りました。少年は死後水恋鳥に生れ変り、谷川の水を飲もうとすると、自分の真赤な姿が水に映り、水の中で火が燃えているように見えて、谷に近づいて水を飲むこともできず、やむを得ず、木の葉の滴で咽喉を潤していました。そこで、雨が降らないと水が飲めないために、雨を恋しがって鳴くのだ、というのです。

アカショウビンはどれも曇天によく鳴くのでその習性をよく表現したものだと思います。

ある夏のことです。アカショウビンの縄張りに入った時でした。私はアカショウビンの鳴き真似を口笛で繰り返していたら突然目の前に姿を現わし攻撃されました。大きな嘴が目の前に現われたときには思わず低姿勢で体をかわし難を逃れました。

アカショウビンは、山地の渓流と天然林の自然環境を示す目安として利用しています。(八月二二日)

トラツグミ

トラツグミの三重県の方言はヌエとかヌエツグミと普通いわれており、無気味なものとして扱われて来たようです。

トラツグミは平家物語の鵺（ぬえ）の伝説のように怪物扱いされたのは昔ばかりではありません。愛知県の有名な歌人であり野鳥研究家の竹野家立さんが、探鳥会の席でこんなことを言われました。

竹野の家では毎夜、女の悲鳴を聞くがどうしたのだろうかと、もっぱら近所の評判でした。すると、誰か警察に届けたのでしょう。突然警官がやって来て「お前の家では不審な女の泣声がするらしい。何事だ」と、さも大事件でもあったように訊ねられました。そこでなんでもない、あれは鳥の声です、と答えました。警官は不審そうな顔をして「では鳴くところを見せてくれないか」と押問答を繰返し、夜になって警官が家に来て、トラツグミの鳴く現場を見てやっと納得した、と言われたのです。

伊勢の朝熊（あさま）山麓の南で神宮林の中に夜泣田（よなきだ）と言う地名があります。

トラツグミは日本のツグミの仲間では大形でハトほどあります。声は無気味で遠くまで届くのでその無気味さは天下一品でしょう。悲しげに「ヒー、ヒョー」と按摩の横笛に似た鳴き声です。

深山幽谷の地で夜も更ける頃から朝まで鳴き続けます。水田をイノシシの被害から守るのに寝ずの番をするため小屋に一人での生活は悲壮な声を聞けば現代でも不安でしょう。誰が言うことなくこれが夜泣田という地名になってしまったのです。

トラツグミは比較的肥え気味で趾（あし）は丈夫です。雌雄同色で背面は黄褐色で全体に三日月型の黒い斑点があります。

トラツグミは本州中部以北では夏鳥ですが三重県の中南勢地方では留鳥か漂鳥となって一年中目にします。神宮林では真冬でも「ヒー、ヒョー」と鳴くことがあります。神宮林の中には明治以来、伐採されず立派な雑木林が沢山残っています。

そんな環境に彼等は年中棲んでいます。（八月二四日）

フクロウ

ひと風呂浴びた後、日中の残暑を避けて屋外の一刻を涼みながら楽しんでいると、遠くの方から「ゴロッ、ホホー」とフクロウの声が聞こえてきます。近頃の都会では味わえない雰囲気です。

幼い頃の思い出にこんなことがありました。フクロウが啼くのを母親に尋ねると決まって「ゴロスケどうした」と言っているでしょ、と決まった返事をしてくれました。

フクロウは昔から人に親しまれもし、また忌まれても来た鳥です。方言も沢山あります。伊勢地方では、ホクロ、北勢地方ではゴロスケ、フクロ、赤目地方ではネコタカ等といいます。フクロウの啼き声の聞做しでも「ゴロスケどうした。オサヨはまめなか」と津地方では言われており、「糊付け干(ほー)せ」と啼けば翌日は晴天、「ボロ着て奉公」と聞こえれば翌日は雨になるという地方もあります。

分類学上フクロウを細かく区分すると、キュウシュウフクロウ、フクロウ、モミヤマフクロウの三種類となります。この区分は体色の濃淡による識別で、かなり難しい方法です。

三重県では、フクロウとモミヤマフクロウの二種類が生息し、主に北勢地方はフクロウ、中勢以南ではモミヤマフクロウだといいます。どちらも、成鳥はトビより小さく、体はクリーム色に黒褐色の縦縞紋様があり、目玉は他の鳥と違って、前方に二つ人間の眼のように並んでいます。顔の輪郭も人の顔型に似ているのは、耳の孔が頭の上から顎の下にかけ、大きく貝殻状に開き、よく発達した皮膜の蓋があって輪郭があたかも人の顔にそっくりだからです。耳孔の大きさには驚きます。これは夜間活動をするのに適した器官の発達です。さらに風切羽の先端は丸く、外にある初列風切（しょれつかざきり）の外縁は鋸歯状に発達しているので羽音がしないため、どんなに上下に翼を動かしても乱気流がでるせいか羽音がほとんどしないのもフクロウの特徴です。

森の茂った都市公園では夜間活動をするドブネズミ等を捕獲してくれる益鳥なのです。（八月二九日）

ケリ

「ケケッ。ケケッ」遠くからただならぬ鳥の啼き声が聞こえてきます。そのうちに「ケケッ。ケッ、ケッ、ケッ、……」と声がけたたましくなったかと思うと、カラスより小形のサギのように白い鳥が翼を小刻みに羽搏いて、田圃の上空を飛んでいます。

よく見ると、尾羽の端、胸より上部にかけリング状に黒く、脚と嘴は黄色です。田の畦のあちらからもこちらからも飛び立ち、たちまち、五羽六羽となって人や犬に襲いかかってきます。突然一羽が人の頭上すれすれに急降下をし威嚇します。

鳴き声から名のついたこの鳥は、昭和五年頃秋田県玉川河原で夏鳥として知られた鳥です。最近では青森、福島、愛知、三重、京都、大阪の各地で知られており、限られた地域にしか棲んでいません。三重県では桑名、朝日、楠、伊勢、若松、白子、白塚、津、香良洲、松阪、小俣と海岸線に沿った田んぼとか養魚場の近くで親鳥や幼鳥をみます。

この頃は休耕地の増加に伴い、特に津市の界隈の江戸橋から伊倉津海岸の湿地帯では繁殖増加しています。それに、冬季では伊賀上野や志摩方面の五ヶ所地方でも冬越しをするケリの群をみかけます。昭和三一年頃に度合郡明和町が日本のケリ繁殖地の南限であるとされました。その後一〇年を経た現在は、十数キロは南下した度合郡外城田町岩出の地でケリの雛を確認することができました。私はその時カメラの不携帯で証拠保存できなく残念な想いをしました。再び同じ場所へ訪れたが雛の確認はできず親鳥の威嚇攻撃に甘んじるばかりでした。

ケリは日本のチドリの仲間で一番大形の鳥です。孵化後、雛はすぐ自分で餌を求め歩く習性があり、その上、保護色をしているので一度、見失うと発見するのに苦労します。親鳥も雛と同様の保護色ですから相手が動かなければ確認することは不可能です。

大部分の生物は人間の文明に追われ滅亡の道をたどるのが常ですが、彼等は何故か、生活圏の拡大をしています。不思議なことです。

ケリの繁殖期と農耕作業とは重なり、巣が壊され、農薬による生餌の減少にもかかわらず環境に適応しているせいか、生活圏の拡大をしていることは不思議なことだといわざるを得ません。（九月二一日）

アマツバメ

野鳥の調査をした記録を整理していると、面白いことにアマツバメの記録はほとんど小雨時か、気団が変化する前線通過前後で、天気が急変する時の記録ばかりでした。きっとアマツバメの名もこんなところから名付けられたのでしょう。

呼称にしても三瀬谷地方ではシケドリ、熊野方面ではカリガネといわれています。アマツバメは雌雄が同じ体色で、背は青光（あおびかり）を帯びた黒褐色、腰は白くツバメより遥かに大形の鳥です。アマツバメは飛んでいる昆虫を捕食する習性を持ち、晴天のときは「チリリ……」と囀りながら人目にはあまりつかない大空高く、輪を画きながら飛び回ります。曇天や雨天には昆虫が地上近くを飛ぶために低空飛行をして昆虫を捕獲するのを偶然に観察することができます。その光景は繁殖地の近くや、渡り期の移動中を群れとなって活動しているときです。この鳥は体長の割合に翼の発達が大きく、鎌形の特徴ある翼を広げて、羽搏きはあまりしないで飛び交います。これがツバメと区別できる手掛りになります。私達の近くを通過するときは「ヒュー」という凄まじい羽音が聞こえ、時速三〇〇キロ近くで新幹線のひかり号を追い越す力を持っているといわれます。このように強力な翼を持つ反面、地上に降りることはめったになく、巣を作るのも断崖絶壁のところに枯草を唾液で固め、皿型の巣を集団で造ります。趾（あしゆび）の発達は悪く、四本とも前に向き、断崖にぶら下がることがやっとという感じです。従って「脚がない」という学名がつけられています。

　アマツバメは夏鳥として三重県の北中部で渡りの途中に記録されることは多いのですが、南部の熊野灘沿岸の岩礁地帯ではアマツバメのコロニーが発見され、北牟婁郡の耳穴島、ダイヤ岩、大島、二又岩、佐波留島には繁殖しています。

　産卵期は五月とみられ、十一月、十二月の冬は櫛田川、宮川水系で時々記録します。従って一部は留鳥となって、特に真冬でも暖かい地域で昆虫が乱舞するような広範な場所が中部以南の三重県には豊富にあると考えています。（九月二六日）

キジバト

秋田地方の伝説に次のような話があります。昔、娘がいました。彼女は山で働く父親に毎日、ソバ粉の弁当を持ってゆきます。ところがある日のことです。母親は夫へご馳走にとソバ団子を作りました。それが手間どりお昼もかなり過ぎてからようやく父親の所へ届けられたのです。一方、父親は大そう腹を空かせていたので、その団子を大急ぎで頬張ったため、喉につかえ苦しみ出したのです。娘は驚き介抱しましたが、間もなく父親はそれがもとで亡くなりました。娘は普段通りソバ粉の弁当をたべさせればよかったと嘆き、悲しみのあまり自分も死んでしまいました。その霊魂が鳥となって「テデッ　粉食え」と鳴くのだというのです。

三重県では普通ヤマバトといって僅かな林があれば繁殖します。従って家庭の庭木や街路樹が繁った場所が多くなることで、また、都市内には比較的キジバトの餌が豊富にあるところから里山へ帰って繁殖しなくてもよくなったのです。

繁殖期は四月から七月にかけてですが、最近では十二月や二月にも卵を産みます。野鳥は春から夏に繁殖するのが普通ですが、環境の変化によって、餌と適当な場所があれば春と秋の二回の繁殖が可能になります。また、キジバトは変わった習性を持ち、乳で雛を育てます。乳と言っても哺乳類の乳とは違い、嗉囊(そのう)から分泌されるもので、タンパク質一五%、脂肪一〇%、灰分一・五%、V・A、V・B等栄養価の高いものを分泌します。これを雌雄共に口移しをして雛に与えるのです。

過去のことです。病に倒れ生死の間で苦闘し続け、回復に向った家内を久し振りに病院に見舞ったときでした。彼女は病室でキジバトの鳴き声を聞いて「鉄砲捨てた（テッポウスー）」と鳴くから平和のシンボルでしょうか、と私に話してくれたことがありました。

面白い聞做しができたと、探鳥会をする度に自慢します。

皆様も一度、野鳥の声をきいて新しい聞做しを発見してみてはどうでしょう。大へん面白いと思いますよ。（十月二六日）

キジ（一）

日本人にとって昔からキジほど親しみのある鳥はありません。幼児には桃太郎の説話が今でも親しまれています。ある日の事です。突然、子供にせがまれ、桃太郎の絵本を読むはめになったのです。気になったのは絵本の中のキジの姿です。頸に白い輪がついているではありませんか。早速、本屋に足を運びあらゆる桃太郎絵本を見て廻りました。どうでしょう。コウライキジの絵でした。日本古来のキジと違うのです。どうしたことでしょう。重大なことです。挿絵がコウライキジであれば桃太郎の説話は大陸からの昔話となってしまうではありませんか。いくら外国かぶれの日本人とはいえ、こんなにまで日本人として自信を失してしまったのかと残念でした。

キジは日本特産の野鳥で一九四五年に国鳥としての栄誉を与えられました。しかし現在キジは猟鳥として捕獲が許されています。世界的に珍しい取扱いをされています。

キジは頭から胸にかけ青光りする黒色で眼の周りには鶏冠のようなものがあり、繁殖期には頭からはみ出すほどに発達します。腰は蓑のような紫を帯びた緑色の羽に覆われ、尾羽も四〇センチほどになります。これは雄の姿で、雌は全身が淡い黄色を帯びた褐色で一面に斑点を持ち尾も雄よりずっと短くなっています。木洩れ日に溶け込んでいます。

明治の近代化に伴い狩猟鳥の増殖を計るためコウライキジを放鳥したのです。するとキジとコウライキジの雑種ができ、その雑種は繁殖能力がなく次第に消滅し、一方繁殖力の強いコウライキジはキジをどんどん追い出してしまったのです。

最近、飼鳥として沢山輸入されたコウライキジは三重県の北勢地方に増加しかけているとよく仄聞します。注意しないと日本の国鳥は滅亡することになりましょう。

自然界では遺伝子によってどうしても繁殖・増加できないものが往々にしてあります。その一つに突然変異で生ずる白化現象がそれです。キジにも白子のキジがあります。古代では白雉のみつかることは何か良いことがある前触れであるとされ、珍重されました。孝徳天皇の御代に白い雉が発見され、大化の年号をわざわざ白雉に改めたことは皆様もよくご存知の事柄だと思います。（十月三一日）

キジ（二）

再びキジのことに触れてみましょう。

芭蕉の句に「蛇(へび)くふときけばおそろし雉(きじ)の声」とあります。これはキジが大きな蛇に出合うと蛇の言うまま胴に巻かせ、時を見計らって急に羽搏き蛇をずたずたにきってしまうということを芭蕉が知っていた証（しるし）の句だと言われています。また、諺に「焼野のキギス、夜のツル」と言って母性愛を表現することは、雌キジが巣で卵を温めていると、そこへ野火が足元まで近づいて来ます。雌キジは仰向けになり、卵を自分の腹に乗せ、雄キジが雌キジの体を引張って安全な場所へ移動するというのです。これは繁殖期にキジは踏みつけられるほどにならないと、飛び立たないことから言われたことがらなのです。

キジは猟鳥であるため年々減少の一途をたどっています。これを保護するのに各都道府県で休猟区を設けたり、農林省では毎年キジを放鳥します。これは確かに良いことです。しかし、キジの一羽が一日に五〇から四〇〇メートルを移動し、一週間で凡そ三〇ヘクタールほどの範囲を行動することも、さらに一羽の雄は沢山の雌を連れた縄張り制の強いことも、キジが原野に生活することさえ知らない人が係員となって放鳥するからキジはたまりません。禽舎から突然出されたキジはたちまち方向音痴となり、海岸付近で放鳥された鳥は海上に向って飛ぶことになります。二〇〇から三〇〇メートルも飛べば力尽きて海上に不時着し、波のまにまにということで命を落とすことになります。一方、放鳥した人も唯あれよあれよと言うだけで、手の施しようもありません。

三重県のキジは志摩から紀伊半島の海岸部でウバメガシの群生する地方に沢山います。

そのような環境で外敵から逃れて一〇年ほど経たキジは見事な姿をしており、猟犬を簡単に煙にまいて逃げのびます。これはキジの生活の知恵というものでしょう。

危険から逃れる術（すべ）を身につけたのです。身近の住宅地開発のお陰で一番被害を被っているのはやはりキジでしょう。

私の家の裏にも今年の春はキジが姿をみせました。しかし、その時は想像もしなかった谷が今は埋め

られ宅地化しました。また自然が一つ減って楽しみがなくなり残念です。(十一月二日)

カラス

「権兵衛が種まきゃ……」と言えば誰でもカラスを連想するように、昔から彼等は人に親しまれていると同時に人とのお付合いを上手に行っている利口者です。

三重県で普通に見られるものは嘴の太いハシブトガラスと嘴の細いやや小柄なハシボソガラスの二種がいます。

繁殖期には雌雄一対で縄張りを作り、冬になれば彼等は集団となって人家近くに出没することが多くなります。カラスは一年中同じ場所に棲む留鳥です。そして、一言では言えませんが棲み分けています。普通、里近くのものはハシボソガラスで少し山間部に入るとハシブトガラスが多いようです。

鳴き声はハシボソガラスは「ガァーオ」と濁りハシブトガラスは「カァーアー」と澄んだ鳴き方をしますし、志摩方面では時には「ニャアー　ニャアー」と鳴くものがいます。ウミネコの声を真似るのでしょうか。また、トビとカラスが空中戦を交えている光景をよくみます。これは昔から言われるように仲が悪いわけではありません。こんなときは決まってカラスの夫婦が子育ての生活に入っているときで縄張りを厳重に守っているときです。仲間のカラスでさえこれを侵せばひどい目に合います。

餌物の争奪になるとトビとカラスの形勢はすっかり逆転しますが、多勢に無勢となると再び逆転しトビは退散します。

カラスは鳥の仲間では大変利口で知能は犬より良いといわれます。大へんな遊び上手で飼い馴らすと飼主に対して肩に止まって散歩や買物のお供までします。そのとき通行人の大人に対し静かですが、女性とか子供にはよく、いたずらを仕掛けます。人間の表情をとても早く読みとり上手に反応します。

カラスは人間の出したゴミをあさり朝早くから観光地のゴミ箱に集まり散乱させ人に嫌われています。失敬なカラスになると店先にある果物をひょいと嘴にくわえ逃げ去ります。こんな状況から人々の自然環境の理解がどの程度であるか知ることのできる指標の一つになると考えています。（十一月三十日）

ウソ

「フヒー、フヒー、ヒーウ、ヒーウ、ヒフヒフ」と、あたかも口笛を吹きならすように、長く、ときには短く、ウソという名前の鳥の鳴き声が公園の茂みから聞こえてきます。

ウソが、メジロやヤマガラ等の群にくっついて三三五五、森林内を飛び廻っている姿を見るのは、三重県の中勢地方では決ってまだ春も早いときです。

ウソの「ヒーウ」という鳴き声は、口笛の達者な人なら誰でも真似をすることができ、本当のウソ達自身でさえ勘違いをして口笛にさそわれ、近寄って来ることが多いのです。それほどウソ鳴きは口笛に似ているのです。これは本当の話です。従って、囮（おとり）を使わず口笛でウソを捕獲する地方があるとさえ言われています。

口笛のことを昔からウソと言っていますが、いまでもオソとかウソと言っている地方もあります。ウソの名前は、その鳴き声がきわめて口笛に似ていることから名付けられたものだと思われます。

三重県では普通、共通したようにヤブウソとかホンウソと言っています。

全国各地にある天満宮では毎年一月七日にはウソ替の神事が行われているようです。これは、その日に参拝しにきた人が、一人ひとり木で造ったウソの木彫を持ち寄り、互いに

「ウソを替えましょう」

と叫びながらウソを交換するのです。このとき、神社側の神主さんが、参拝人に変装し、金で造った小さなウソを持って、人々の中にまぎれ込み、ウソを交換します。そこで金のウソに当たった人は大へん幸運であるとされています。このウソ替の神事は、福岡の太宰府天満宮で先ず始められたらしく、文政二年（一八一九）には大坂で、翌、三年には江戸で始められました。この起源については明瞭ではありませんが、太宰府天満宮を建造するとき、害虫が材木を喰い荒して困っていたところへウソの大群が現われ害虫を退治してくれたという説があります。

ウソは夏には亜高山地帯で繁殖し、冬には低山地帯の森にやってきます。いわゆる里山のサクラやウメの木の多い森です。

三重県では南勢地方より北勢地方で観察することが多く、また、大台（おおだい）山系とか鈴鹿山系の海抜の高い山岳地帯の天然林に多いようです。春もまだ早い神宮の森では、生まれ故郷へ帰る途中で、自然界に餌がまだ少ないとき、飢えに悩まされ、ついサクラの蕾が少しふっくらと大きくほころびかけた花芽を喰べ大被害を与え、人に嫌われることさえあるのです。

ツグミ

真冬、太陽がよく当たる里近くの森の上を時どき、

「キャラッ」

と鳴いて飛び去る鳥の群に出合うことがあります。決ったようにツグミの群です。

ツグミは普通三重県では冬鳥として秋になるとシベリヤ方面から渡ってくる野鳥です。一日の飛行距離は最高65キロ㍍ほどだといわれていますが、本州中部以南では、平均20キロ㍍ほどにスピードダウンして移動します。飲まず食わずでやってくるせいか姿は極めてスマートになっています。ところが、冬を越し春に故郷のシベリヤ方面に帰るころになると丸々と太り、これが渡ってきたときの秋のツグミと同じなのかと一瞬、観察者の眼を疑うまでに大きく太ってきます。

県内では、低山地帯によく見かける鳥で、「ツムギ」と呼んでいるところが多いようです。寒さの厳しい冬では、里の田畑に沢山みかけますが、体はカモフラージュされた色調であるところから、地面との区別がつきにくく見落すことが多いので普通にはあまり知られていないかも知れません。

雄雌の区別は幾分、雄の方が色調の濃いことで判別できます。

ツグミは県内では普通「キョッ」という警戒の声ぐらいしか聞かれませんが、志摩地方では三月の暖かい日が訪れると

「クスクス、キョーキョー、キャーキャー、ピャランピャラン」

と慣れぬ口調で囀りはじめます。

先日、ツグミの面白い行動を観察したのでご紹介しましょう。

ツグミの五〜六羽がツバキの木の梢で花の蜜を一生懸命吸おうとしていました。葉の茂みの間に顔を突込んでいた一羽が、どうしたはずみか急に「キョッ」と鋭い警戒の鳴き声を発すると同時に、三十年ほどのヒノキ林へ急いで飛び込んで行きました。

「あれ！　変だ！」

と、私は一瞬思って上空を見廻したのです。すると、尾根の岩陰より、ハヤブサという猛禽類の一種が突然姿を現わしたではありませんか。ツグミはこの危険をどのようにして知ったのでしょうか。ハヤブサの飛ぶ羽音なのでしょうか。遠くにいた仲間の警戒の声なのでしょうか。人間は毎秒五〇〇〇回以上の振動数になると耳の働きができず音は聞き取りにくくなるといわれています。一般に野鳥達は振動数の高い音には敏感だといわれています。その反面振動数が低い音には弱いので、ダイナマイトの爆破音には比較的平気なのです。そこでこれが不幸を招く結果となることがあります。ダイナマイトの爆破現場近くにいる彼等が、風圧のショックで気絶し樹上より落下したとたんに人間の手にかかり、酒の肴にされてしまうこともよくあるようです。こんなときは、しばらくすると気がつき、知らないうちにどこかへ飛び去ってしまいます。

ウ

三重県で見られるウの仲間は、ウミウ、カワウ、ヒメウの三種です。ウミウは冬鳥として熊野灘沿岸の北牟婁郡紀伊長島、志摩郡大王町、阿児町、鳥羽市の岩礁地一帯で沢山みかけます。伊勢湾内で記録されることは比較的珍しいようです。

日本の各地で鵜を利用した漁獲を行っていますが、本州中部の長良川流域で、毎年夏の風物詩の一つとして行われているのは有名です。鵜飼漁法は、本来、中国から伝えられたものでカワウが利用されていたと言われ、神武天皇の御製や日本書紀、万葉集などにもみえていますが、いまの鵜飼用に用いられているウミウになったのは、いつごろからか確かなことはわかりません。

ヒメウは、日本の鵜の仲間で一番小型です。三重県では、最近鳥羽湾の三ツ島でよく見られますが、その数は少ないようです。

カワウの方は伊勢湾内で最もよくみられますが、よほどなれないとカワウとウミウの両者の区別は難しいようです。

ウは、三重県では、昭和三十年代では極めて珍しい鳥でした。昭和四十四年ごろ宮川中流域の川添頭首湖付近は河岸段丘のコナラ林を主とした落葉の再生林で、そこで繁殖している五〇羽ほどの群が発見されたのでした。この群は頭首湖付近の極く狭い範囲を行動圏としていました。伊勢湾の海上や宮川河口部に冬だけに見られるものと明らかに違ったグループだったのです。カワウの繁殖は普通十二月頃からはじめるのですが、この川添頭首湖の五〇羽ほどの群は、六月頃から繁殖行動がはじまっていたのです。そこで鳥の研究者は、新しい別の群として発展して行くのか興味を持たれたのでした。ところが、山林所有者は、彼等の糞によって樹木が枯れてしまうといわれ、きらわれ者となっていたのでした。幸か不幸か、その繁殖地近くに工場用地ができブルドーザーの雑音が繁殖期の五月六月頃に響きわたり、それをきらったカワウは、その繁殖地を放棄してしまったのでした。山林所有者もこれを機会に繁殖する邪魔をしたからです。逃げ出した彼等はどこへ移動したのかまったくわからなくなったのですが、人間の都合だけで安住の地を追い出されたカワウこそいい迷惑だったと思います。

いまは、いかなる理由かはっきりしませんが、全国的にカワウは繁殖地域を広げ、かなり内陸部まで集団で採餌に行く姿をみると、うらみの眼で眺めている人が多くなりました。放流された魚族が彼等によって捕獲されてしまうからです。

人間の生活と彼等の生活の共存は難しいものです。

コジュケイ

小鳥の朝のコーラスに混り、時折澄んだ声で

「ピョーオ、ピョーオ（間を置く）
　チョットコオーイ」

と人を呼ぶように林の奥で鳴き続けている鳥がいます。近くでは「ピッポ、ポオイ」と鳴いているように聞こえます。

この鳥はハトより少し大形でキジの仲間です。雌雄同色で額と眼先と胸の上が灰色を帯び、頸の部分は灰褐色をしており、見たところキジの雌に似ており間違えそうになったりします。そんなところから

「チャボキジ」という地方があります。背丈は比較的高く、雄の脚には蹴爪(けづめ)があります。

コジュケイは、元来、中国大陸の南西部に広く分布している鳥で日本には棲んでいなかったのです。ところが、大正八年頃に飼鳥として輸入されたものが、誤って逃げ出してしまったのです。その後関東地方、兵庫、宮崎の各県で狩猟鳥として放鳥されるようになり、たちまち全国に分布が拡大したのです。日本の風土が彼等の生活環境に適していたこともあり、大へんな勢いで繁殖を広げたのです。近年に入ると昭和二十二年に猟鳥として指定され、三重県の各地でも盛んに猟友会がこの鳥を放鳥しました。こんなところから県下全域どこへ行ってもみられるようになり、里山の多い中勢地方では積雪の少ない地方では沢山みることができます。

私の調査記録を見てみると、昭和三十四年の伊勢湾台風以前には神宮の森では、まったくコジュケイの記録はでてきません。しかし、昭和三十九年の夏頃になると、その数は急に増加していることに驚きました。成長し繁った森の中では、隠れる場所が少なく、彼等にとっては生活できない環境なのかも知れません。

生活環境が適し、急速な勢いで個体数が増加し、分布を拡大している外来の野鳥の中にブンチョウ、ベニスズメ、セキセイインコ、コウライキジなどがあり、都会地に近い村落や里山のある北勢地方ではよく見かけます。このように外来種が応々にして急激に増加する場合は、在来の日本種と近縁なものは、交雑したとき、遺伝的に交配が成功せず、繁殖が妨げられ在来種が絶滅する恐れのあるときがあります。自然のバランスが人間の安易な考えでくずれないようにしたいものです。

カワガラス

カワガラスの呼称は、イワガラスとかカワクマ、または、ミズガラス、タニガラス等と言われているので、普通、誰でも里でよく見るカラスの仲間だと思っている人が多いようです。ところが、分類学上はミソサザイと言う。大へん美しい声の持主の仲間なのです。尾の長さも短く、体がずんぐりとし、さらにぴんと尾を体の部分から持ちあげたシルエットなどを、遠くから観察すると一瞬、どちらが頭なのか見当のつかないことがあります。こんな様子をみても彼等がカラスと縁もゆかりもない鳥であることが解ります。体全体がチョコレート色をしているというだけでカラスの仲間だと勘違いしている人が多いようです。

この鳥は留鳥として、三重県では海抜四〇〇㍍から八〇〇㍍ほどの渓流に棲んでいます。伊勢神宮の山中を流れている五十鈴川のように、森林と渓流と岩肌とが昔ながらの自然状態になっているところでは、海抜10㍍ほどでも生息しておりますが極めて珍しいことです。日本の各地では渓流や水質が五～六十年前のように安定しているところが消滅してしまったからです。

三重県内では、夏より冬の渓流に生息するものが多いようです。渓流の岩の上で盛んに尾をひょこひょこ動かし、その動きに合せて脚で反動をとっている姿は、ちょうど、清流の音に合せ自然界に向って、総指揮をとっているオーケストラの名指揮者のようです。敏捷に動き回り「チチッ、ジョイジョイ」と鳴き続ける姿は、きっと観察した人の感動をそそるでしょう。

この鳥は清流に生息する水棲昆虫のカワゲラやトビケラの幼虫、あるいは小さな魚族を常食としているので、渓流一帯をはっきりと棲み分けています。隣りの仲間に事故が起り、棲み分けの争いのライバルがいなくなると、二〜三時間もたたないうちにすっかり新しい棲み分けの地図ができあがるのです。棲み分けの構成は夏に広く冬に小さく区分されているようですが、カワガラスの繁殖のための餌の摂取量と水棲昆虫の成長とは面白い関係にあるようです。彼等は、水蹼（みずかき）を持っていなくても急流の水中を潜り、流れを遡ったり、渓流の石の間を上手に通り抜けたり、流れのまにまに泳いでみたりして餌を採ります。

カワガラスの繁殖は、他の野鳥より一足早く、一月の初めには滝の裏側に早くも営巣しはじめます。最近ではこの滝が人の採石でなくなってきたので砂防ダムの流水しなくなった穴とか、工事用の暗渠、山間部の橋桁などに営巣します。彼等の現在ある必至の適応反応なのです。

ヒバリ

おおヒバリ、高くまた軽くなにをか歌う

と歌曲の一節にあるように鈴を転がしたように美しい声でヒバリは鳴きます。晴れたのどかな青空に向って、長時間にわたって空高く停空飛翔して囀っています。

三重県では、熊野灘沿岸や志摩半島に発達したわずかな平野、中勢や北勢地方の河川・河口部に発達した広々とした平野部の田畑で年中歌い続けます。

ヒバリの鳴き声は自分の占有する区域を守るための縄張り宣言が多く、繁殖になると、この歌が、恋愛歌と一緒になります。普通の野鳥はほぼ平面的な縄張りですが、ヒバリは立体的な空間の縄張りとなっているようです。

ヒバリは平野部の麦畑や草地が人工建造物の増加で丘陵地に追われ、その丘陵地はさらに人間のベッドタウン化で安住の地が少なくなってきている関係か、広域的に開発された後に残った空地のわずかに草地となったところによく見かけます。

昔話の中にヒバリが鳴くのは、『昔々、お金を貸す人がいて、太陽にお金を貸しました。その後、太陽がなかなか借金を返済しなかったので、貸した人が食うに困り、その人はヒバリに変身し、太陽に向って大空に舞い昇り、

「一分（いちぶ）貸して二朱取る、利（り）に利食（りーく）う、利に利食う」

と鳴くようになったのだと言うのです。ヒバリは、警戒するとき「ビルルル」と鳴くが、囀るときは「チィーチク、チィーチク、ツィーツィーリュリュリュ」

と聞こえるように美声の大声を張りあげ何度も繰り返します。翼を烈しく羽搏き、長いときは三分ほど続けることがあります。囀り終り地上に舞い戻ったとき、他のヒバリが自分の領域内に侵入していようものなら大へんなことです。たちまち大格闘がはじまり、侵入者はたいてい追い出されることが多いのです。

私はかつて、三㌶ほどあるヒノキ苗畑でヒバリの営巣状況を見たことがありました。そのとき近所に雑音の多い工場と静かな小学校が同じ広さほどで隣接していました。雑音の多い方では一巣。静かな方は一〇巣もあり、巣と巣は近接していました。普通の鳥は騒音が平気な様子ですが、ヒバリは人と同じように騒音が苦手なのかなと思い、私は驚いたことがありました。地上で営巣する野鳥は擬傷をします

が、ヒバリも同じではじめてみると、どうしたのかとびっくりします。

伊勢地方のヒバリは十月頃になるとテリトリーを解消し、一〇〜二〇羽の群生活に入ることがあります。さらに十二月中旬には一時ヒバリの姿を見なくなることがあります。二月に入り畑の天地返しをしていると、地面にもぐっているヨトウ虫や蛾の蛹（さなぎ）を求めて耕運機の後を追う姿など面白い光景です。（二月十五日）

ヒヨドリ

もともとヒヨドリ科に属する鳥は熱帯性の鳥が多く、ヒヨドリ一種だけは、この地球上で北海道のような北の方にまで分布している種類です。従って、学術上は貴重な鳥とされています。

ヒヨドリが熱帯性の鳥であるという証拠は簡単に知ることができます。三重県の中南勢地方へ行くと、照葉樹の代表とされるヤブツバキが三月になると、紅赤色のラッパ状をした大きな花を枝が折れんばかりに垂れ下げます。ヒヨドリは、そんな木に群となって集ります。長い嘴を花の中央部にある雄しべの間に突込み、顔中を黄色の花粉でお化粧したようにめかし、「うまい、うまい」と言っているように
「ピーイョ、ピーイョ」

と騒ぎ立てて蜜を吸っている場面に出合うことがよくあります。これは、ヒヨドリが熱帯性の習性を持っている名残りの動作なのです。

ヒヨドリは、繁殖期になると

「ピーヨ、ピシピシピシ」

というように、複雑な音声を自分の持ち味である「ピーヨ」の後ろに付けたしたり、他の鳥の声のフレーズを加えます。そこで観察する場合は、その場所のヒヨドリのくせを知っていないと、他の鳥と間違ってしまうことがあります。幼鳥が巣立し、しばらくは親から給餌されているときは、「チーヨ、チーヨ」と甘えた声で餌をねだる声は、人間の幼児と変ることがなく、動物の世界の共通した行動には面白いものがあります。

伊勢地方で、ヒヨドリの鳴き声で面白いのは、冬十一月から一月頃に、山の中へ入り仕事をしていて、うっかり時計を忘れたときなどは、彼等の鳴き騒ぐ状況で、午後四時か四時半頃になっていると知ることができます。これは天候によって多少の差はありますが、大へん興味のあることです。さしずめ鳥時計と名づけて楽しむことができます。

三重県内で観察できるヒヨドリは、大きく分けると二種類います。同じように見える彼等でも、県内で生まれ年中、誕生した附近一帯で生息するものと、本州中部以北で繁殖し冬に大群となって県内またはそれより南の暖かいところで越冬するものがあります。渡りをするものは群になっていることが多く、誕生地附近で年中生息しているものは、概して二羽で行動していることが多いようです。この種は、里山から都市の街路樹や家の庭の立木に営巣する傾向が最近多くなってきました。

里山で開発された跡地や、荒廃した耕作放棄地、庭などに思いもよらない樹木が、気づいたときには大きく成長していて驚くことがあります。これはヒヨドリが木の実を食べ糞の中に不消化の種子を放り出したお陰です。ヒヨドリは荒廃地に森をつくる主役なのです。確かに丹精込めて作った野菜や果実に被害を与えますが、森をつくる番人だと思って大局的な見方で許してもらいたいものです。（三月八日）

第四章

伊勢神宮の自然

―主に内宮神域と宮域林の鳥類変化等について

想い出

天神山

最近、名古屋市立医療センター前から名古屋行きの市バスに乗った。偶然天神山町の前を通った。私は想い出した。一九三二年五月六日八ヶ月余で産声をあげ母は苦労して私を育ててくれたと、そしてお前は「独活（うど）の大木」だとよく言われた。天神山では約一ヶ月ほどで現在の清洲市土器野新田新川町坂町で成人するまで過ごした。その頃の自然は豊富で今でもはっきりと眼裏（まなうら）に浮かんでくる。

現在の表通りは県道一二六号線で町は寂れて当時の面影はまったくない。八〇年前は名古屋市と岐阜市を結ぶ主要道で中日新聞が主催する名岐駅伝競走が実施され、西枇杷島町六軒界隈は日本三大青果市場があり夜中の一〜二時には大八車や荷馬車等の騒音で賑った。住居裏は石積され端には釣瓶井戸があり豆電球一個で薄暗かった。フクロウが「ゴロスケホッホォ」と鳴き怖くて一人で井戸端へは行かれなかった。階段を降りると原っぱで、中に幅一メートル、深さ三〇〜五〇センチほどの水の澄んだ小川が流れ、点々とヨシ群落があった。小川には大人の手掌ほどのヘラブナ、メダカ、テナガエビ等の水生生物が豊富に泳いでいた。私は父にヘラブナを釣りたいと言って困らせたことが鮮明に脳裏に焼きついている。理由は父親が生きたミミズを針につけることを嫌っていたからである。仕方なく父は御飯粒をつけて釣ろうとした。魚の目の前に近づけるが反応はない。網で掬いとって収穫はあった。得意になってガキ大将に話したら腹をかかえて笑われた。秋から冬になると明け方や夕日の沈む頃になると川下の竹藪に集団ねぐらをとるカラス、ムクドリの凡そ五〇〇羽前後の大群が採餌場所へ往復するのに波状的に上空を通過した。一瞬、薄暗くなり上空は鳴き声と羽音で騒然となった。日中は荘内川堤防の広い畑にツグミ、ムクドリ、モズ等が採餌行動を行っていた。居宅内にある坪庭という小さな庭には春や冬によくウグイス、メジロ、ヤマガラ、ホオジロ、ジョウビタキが迷い込み飛去できない野鳥を大人達は鳥籠で飼っていた。近所では大きな鳥籠にヒバリを飼い翼を小刻みに羽搏いて啼いていることもあった。ヒバリはそのような行動がとれるのはなぜかと思いじっと観察していたこともあった。

瑪瑙

自分が成長するに従いガキ大将に連れられ遠征するようになった。新川の下流から上流へと探検もした。川水は澄み底まで見えた。アカテガニを捕えたり、ウナギやナマズを釣った。釣は苦手でガキ大将によくお目玉をくらった。季節になると今は見られないがウナギの幼魚（メソといっていた）が沢山遡上する状況やカイツブリがよく観察できた（オヨメの尻に火が付いたカズノコやったらパッと消えた、と囃し立てるとカイツブリは水中に潜って思いもよらぬところから姿を現した）。川の堤防は軍馬の飼料として刈られ、草丈は低く歩き易かった。

七歳の頃だったか、名岐国道が新川小学校の北（約一キロほど）に自宅前の県道名岐線の四倍ほどもある広い直線道路が建設中で、大量の玉砂利の敷設されたときであった。ガキ大将が瑪瑙を拾いに行くといって同行した。瑪瑙石がどんなものか誰も知らない。丸く透き通った表面はつるつるしているとガキ大将は説明、夕方になるのも忘れ懸命にさがした。さて家の方では大人達が大騒ぎ、子供達が帰らないので手分けして探していた。日没頃に「ただいまー」その声を聞き、ただ泣き崩れる母親をみて本人はきょとんとするばかり、そして、美しい小石があったといって玉石を見せた。思い切り抱き締められ苦しかった。当時はこれが理解できなかったことを覚えている。

一九四五年の夏、太平洋戦争も終わり父親は多忙を極めた。誰に教わるわけでもなく私は勝手に雨戸を造った。父親はそれを見て驚いた。既製品として売れるというのだ。私は幼少の頃から見習衆の中で育ち働いている人達の仕事を見ていた。昼休みで仕事場が空いている時間に道具を持つなと禁じられていた。しかし、内緒で材木の切れ端でよく徒をした。

就　職

一九五六年神宮司庁林務課に就職し御遷宮用材育成事業に携わることになった。その頃の日本は徐々に経済高度成長期に入ると同時に自然災害が多発しはじめていた。神宮林に係わる災害について記憶に残っている出来事を列挙してみると次のようだ。

一九五三年の秋、神宮の御遷宮があった。その年は三重県の白砂青松の海岸部は一三号台風によって景観は破壊され近畿日本鉄道の塩浜駅や津駅は海水で水没し一時不通となった。一方、伊勢神宮ではGHQの許可がなければ何事も実行できなかった時代で参拝停止をされたままだった。国民の強い要望でそれが解除され十月に御遷宮が斎行され活気づいていた（参拝停止解除は早く、宇治橋の建て替えは一九四九年の秋であった)。一九五五年頃から国の方針で全国的に拡大造林が奨励され大面積のカラマツ造林が始まった。一九五七年は神宮林周辺で集中豪雨があり五十鈴川お手洗場に土砂が堆積し階段は埋まり水流は遠退き機能不全となった。三重県に嘆願し土砂は除去されて翌年に復旧した。この頃は大正時代に県管公園として整備されていた外苑の庭園式公園は中央部に二㍍幅の小さな流れがあった。植栽木は針広の混交林で五月頃になると決まってコノハズクの「ブッポーソー」という啼鳴が聞かれた。その他にヨタカ、ホトトギス、ジュイチ、コマドリ、サンコウチョウ、アカショウビン、オオルリ、キビタキ、フクロウ、アオバズク、トラツグミ等深山幽谷の鳥達に出会うことができ楽しい季節でもあった。この地は今は駐車場となり、真夏の夜、宇治橋外の見張所の明かりに集まる昆虫類の捕獲にやってくるフクロウを偶然に見かけるぐらいである。

伊勢湾台風

一九五九年九月二六日は伊勢湾台風(台風一五号、前日より降雨が続き、午後六時頃から風雨が強くなり、午後七時から八時三〇分頃まで激烈となってそれ以降は静まりかえった特殊な傾向)によって地上には水が溢れ強風に曝された結果、樹齢が平均二〇〇~八〇〇年以上、平均五〇〇年以上の針広混交林の極盛相は破壊され参道一帯は倒木が将棋倒しとなり参拝停止、宇治橋は頑丈な五本の木除杭(きよけぐい)のうち三本に上流より流れ出たスギの倒木が掛り、橋脚は浮き上って流出寸前の状況を呈していた。幸い二七日午前六時頃は五十鈴川の水量も徐々に減少しはじめて降水量も少なくなり、宇治橋は流出を免れた。神楽殿や他の建造物に倒木が重なり被害は甚大であったが御本殿は幸い無事であった。これを知った諸戸林業の熟練者が来てチェンソーで参道を伐り開き、職員全員も不馴れな手付きで作業を一㍍そこそこの道を開いたのが一ヶ月後であった。当時、全国的に山林事業が機械化されはじめ神宮の森に機械が導入され地元の関係者は眼を見張るばかりであった。伊勢湾台風の後始末もできない一九六一年九月十六日に第二室戸台風（台風一八号）によって森林は更に被害が拡大してしまった。その上、志摩方面は毒蛾が大発生し神宮林への影響を心配されたがそれはなかった。神路山剣峠に近い三七林班（約二㌶、二〇〇～三〇〇年生のモミ、アカマツの天然林、通称デンデン高）ではモミの純林があり伊勢湾台風前にコノハズクが繁殖していたが被害を受け姿を見かけなくなった。

環境破壊

一九六三年頃から全国的に農薬汚染がはじまり神宮林に孕在（ようざい）する田畑やその周辺の農業地帯は御多分に洩れず被害の受け主として水生動物の屍の山となり悪臭が漂った。全国各地で自然への影響が大きくなり社会問題となった。一方三重県では午起（うまおこし）四日市コンビナート関連の化学工場が林立し世界的用語として「四日市公害」という名称まで貰い有名となった。さらに当時の三重県知事は四日市以南の伊勢湾岸水域を埋立て伊勢平野まで拡張する計画を立て話題を呼んだ。これは神宮林にとって大気汚染によるヒノキ育林への影響が予測され脅威であった。伊勢界隈では一九六五年十月二一日に伊勢志摩スカイラインが開通し朝熊岳（海抜五四〇㍍）へはバスで誰でも行くことができるようになった。神宮林島路山地区では昔から伊勢と志摩地方の主要道路として幅一・八㍍の県道を六・六㍍幅に拡張すると同時に内宮側に五十鈴トンネル、志摩と伊勢の界に志摩路トンネルが貫通し一九六五年八月十五日に有料道路として開通した（交通量が多く二〇年で一般道路となった）。一九六七年には五十鈴川の河川改修が始まり護岸の二面は大きな自然石（四国から運搬された緑泥片岩を主とした）を配し、今まで乱杭護岸、渓流中にある転石、両岸にあるネコヤナギ、サツキ等の低木、イロハモミジ、シイ、ムクノキ、ヤマザクラ等の大木は伐採され、水面が木影による天蓋となっていた景観はなくなり無残にも宇治橋上流の渓流の姿は一般河川に変身してしまった。全国的に開発が進み自然は急激に変貌を来し、一方環境庁では少しでも自然を大切にする思想を普及しようと、県の木、動物、鳥等を選定し保全に役立てようとした。一九六六年秋、三重県では県の木を神宮スギ、鳥はシロチドリとした。県の木は一応神宮の森に生育する三〇〇年以上の笹杢（ささもく）のはいった銘木を神宮スギと決定され神宮は驚いた。県の鳥は白砂青松の海岸線が江戸時代から絵画や俳句等に謡われるシロチドリに決定した。この鳥は海岸部で繁殖するため個体の増減は保全の目安になるということで四日市公害の悲劇を起こさないよう、普通にありふれた野鳥でありながら全国的に注目を浴びた。一九六九年十二月一日には伊勢市宇治山田駅が終点となっていた近畿日本鉄道は鳥羽市まで延長された。一九七〇年三月一日は一三ヶ国から四日市視察団が来日し公害対策や都市環境について大勢が見学にやって来た。一九七一年八月三〇日には宇治橋の掛替が終り宇治橋渡始式行事には西詰北側二本目の、万度祓（まんどばらい）が納められる擬宝珠（ぎぼし）（元和五年巳未年と銘記）の腐蝕が顕著というので特殊加工されたと聞いた（大気中の亜硫酸ガスの増加によって霧や降雨によって浸蝕が激しい）。また、二次性アカマツ天然林（約二五〇～三〇〇年前後）が各地で枯損しはじめ、さらに南紀方面から侵入して来たマツノザイセンチュウとの複合作用で神宮林の第一宮域林（約一〇〇〇ヘクタール）アカマツ純林が二年で全滅してしまった。それが一九九〇年のことであった。

開　発

一九七二年は全国的に経済の高度成長が頂点に達し、神宮周辺は道路網が発達しはじめ神宮では将来の交通アクセスは自動車であることを見越し宇治橋前の県管公園となって昭和初期に神宮に移管された緑地全帯を駐車場に変更する一方、三重県と伊勢市では浦田橋界隈の広大な農業地、里山等を三重国体開催のために県営陸上競技場、市営駐車場に、さらに五十鈴川の新橋付近から下流部の御側橋にかけて河川の護岸を大修理したことで環境は大変貌した。一九七四年七月七日に伊勢市を襲った集中豪雨は勢田川が氾濫し、参議院選挙の投票が延期された。外宮神域の南部一帯が広大な水田地帯となって前山方面にまで延びていたが、五～六年前から市役所を中心に県の南勢地区の出先事務所の建設と同時に民間企業の進出に伴って遊水地的役割をしていた水田が方々で埋立てられたことで都市化し市内の中心部が集中豪雨の被害にあった。外宮神楽殿は床下浸水し、市役所、伊勢市駅、宇治山田駅等主要な建造物は大きな被害を受けた。一九七七年には北勢菰野地区で常陸宮殿下をお迎えし全国植樹祭が行われ、伊勢志摩国立公園の拡張もあって志摩の南島地区が新しく編入された。一九七八年には内宮神楽殿が新しく建替えられ、農山村の水田地帯では外来のイネミズゾウムシの被害拡大で大騒ぎとなったのは六月下旬であった。一九八〇年は戦後一九五二年三月十一日に始まった大日本山林会の春の造林、冬の枝打作業で御造営用材育成のための造林奉仕事業が完了することになった。一九八二年八月三日は神路山に集中豪雨（二～三日で七一二・四ミリ）があり、過去にない降雨があった。一日四五五ミリという記録が残っている。古老によると過去にも集中豪雨はあったがこれほどの豪雨は初めてとのこと。過去にも降雨後三時間ほどで宇治橋付近は洪水のピークを迎えたが今回は一～一・五時間で洪水のピークが来たというのである。これは常緑広葉樹が減少し、スギ、ヒノキの造林地が増加したことによるものであった。一九八四年は近畿伊勢自動車道開設工事が始まり、一九八五年には伊勢道路の通行料無料化、一九八六年には勢田川改修工事が始まった。一九八七年には全国的に暖冬異変が始まり、七月は例年より冷え込み、全般的に降水量は少なく特に一〜二月はほとんど降水はなく五十鈴川が新しく改修され川底が低下したにもかかわらず干上がってしまった。一九八八年の二月は流水がなくなり大量のコイ、ウグイを主とした淡水魚は悉く死滅してしまったことは前代未聞であった。一九八九年は宇治橋の渡始式があり、一九九〇年は風日祈宮橋（かざひのみのみやばし）の掛替事業が始まり、冬は暖冬、夏は猛暑と旱魃が毎年のように発生し、梅雨の霧雨やしとしととした降雨は少なく前述の第一宮域林のアカマツ二次性天然林は二年に亘って完全に枯死してしまった。さらに一九号台風が九月十九日に襲い立木被害が発生した。一九九一年には宮域林東部に隣接する市の山林が開発されサンアリーナが建設されたことによってカラス約三〇〇〇羽の繁殖およびねぐらは消滅した。従って生息域を追われたカラス群団は伊勢市内の緑地またはねぐらとして安全と彼等が受け止めた電柱を中心に各地に小群団を形成し生息を始めた。この影響もあって小形の鳥類の繁殖は打撃を被った。一九九二年十月は第六二回御遷宮が斎行（さいこう）され、神宮の森林も徐々に回復し今まで記録しなかったヤイロチョウの啼鳴や姿が夏季に記録され、剣峠ではヤイロチョウ、アカショウビン、クロツグミ、サンコウチョウ等が繁殖した。一九九四年以降では内宮の神楽殿近くの参道脇ではハシボソカラスが営巣するようになり夏冬の旱魃は依然として続いた。

以上は広域的に変化した傾向をのべたものである。

野鳥の変化と記録

続いて、鳥類を主としてその変化と記録をのべると次のようになる。
記録された鳥類は一二六種で次のように記述することにした。

1）鳥名（習性・繁殖）　この（　）内で小さく〔　〕としたのは神宮林以外の伊勢市とその近辺での記録を示す。

習性で留鳥は一年中観察できる鳥。夏鳥は春南方から渡来し繁殖し、秋に南へ渡去する鳥。冬鳥は秋に北方から渡来し越冬して春に渡去する鳥。渡鳥は季節の変化によって移動し、一時神宮林に滞在する鳥。帆翔は気流を利用しはばたかないで飛ぶ動作。記録年月日は最初は西暦、続いて（A／B）はA＝月、B＝日を示す。（A／B）の後には幼鳥の場合は数を示す。幼鳥としたのは若鳥も含む。特に記述されたのは雄、雌、の羽数を示した。

記録の地名は内宮は内宮神域、神路は神路地区、島路は島路地区、前山は前山地区、佐八は佐八苗畑、を示す。

1）ウズラ（冬）草原、農耕地のように背丈の低い草地または低木の点在する環境を好むため三重県では北勢地方が中心（現在は宅地化され生息はしない）。神宮林では一九六七年に二羽を記録、理由は五十鈴川の宇治橋上流から剣峠、逢坂峠、朝熊岳に囲まれた約五五〇〇㌶の山地中には平地が少なく皇室林野管理局時代（宮内省の皇室財産で世伝御料地）に山火事等の非常災害を防止する対策として若干人を常駐させるため開墾を奨励したことで一時期環境が適合したものと思われる。

神路：1967（2/3）農地解放の畑地で二羽。

2）ヤマドリ（ウスアカヤマドリ）（留・繁）神宮林全域で記録。主に常緑広葉樹林、ヒノキ造林地で下層木に常緑広葉樹が中程度に茂った環境を好む。繁殖期によく谷を利用し雄が先頭、中に雛（一〇羽前後）後ろに雌という行列で移動する。地上での捕食が多い。時には一㍍の高さの木の実を捕食する。この時の雄は頑丈な個体が多く外敵に出会うと滑空して飛去する。造林地の拡大で個体数は減少傾向にある。橋本太郎によるとウスアカヤマドリの方が個体数は多いという。

神域：1956（7/10）、1960（5/8）、1963（11/27）、1970（4/15）。

神路：1964（4/20、11/9）、1965（5/10）。

島路：1956（5/13、6/4）、1957（5/16、6/3）、1963（9/11）、1966（2/8）卵三個、（5/19）幼鳥一羽、（6/5、11/30）三羽、1970（5/14）、1977（2/2）卵三個、（5/22）幼鳥六羽雌一羽が谷を移動、雌先頭、幼鳥六羽、（11/18）成鳥三羽。

3）キジ（留・繁）橋本太郎によると首に白い輪のある個体も生息するという。宮域林内の農地解放の民有地はほとんどスギ、ヒノキ植栽地が荒地に変化して生息環境がなくなった。従って法度口苗畑付近の一九七七年以降は記録がない。全国的に愛鳥週間にキジの放鳥ブームがあり、内宮神域の苑地で一九七〇年十月二六日献納されたキジ二〇羽が放鳥された。約一ヶ月後にキジの姿は苑地から消えた。
神路：法度口 1963（4/20）、1964（4/20）、1968（4/15）、1971（4/20）、1976（4/16）。

4）オシドリ（冬）橋本太郎によれば外宮勾玉池と第二鳥居前の御池で太平洋戦争前には繁殖したという。一九四五年冬、米国進駐軍が来て乱獲され、それ以来飛来しなくなった。外宮神域の南（通称沖合）の湿田は毎冬二〇羽前後の越冬鳥が飛来する。一九五六年冬は二～五羽が時々勾玉池に姿を見せた。宮域林では内宮神域と島路山地区を区分する通称魚乗り河川の淀みで一〇から二〇羽が十一月初旬から翌年三月中旬頃まで滞在。他に鳴が谷堰堤、彦の滝壺に時々飛来。三重県では伊賀上野木津川上流で留鳥として繁殖している。
島路：魚乗り、彦の滝壺 1972（11/17）二〇羽、（12/19）四羽、1976（11/8）最高±三〇羽。

5）マガモ（冬）外宮神域勾玉池、第二鳥居前の御池、奥池、山田工作場の貯木池で越冬。これらの水辺を±五〇羽が移動、十月から翌年五月初旬まで滞在。
確認記録は個体数の移動はあるが環境変化はほとんどなく一定しているので省略する。

6）コガモ（冬）外宮神域でオシドリ、マガモと混群（五〇～二〇〇個体）のことが多いので確認記録は省略する。
神路：糸引き谷入口 1986（10/31）、鼻突谷（はなつきだに）入口に若干が飛来。
島路：彦の滝壺 1972（11/17）20羽、（12/19）四羽、1976（11/12）三〇羽、鳴が谷堰堤上流部（1972

～1973）十一月下旬～翌三月中旬まで五～三〇羽前後が滞在。他に時々大曲、ホウロク岩、ミワ谷に若干が飛来。

7）カルガモ（留）外宮神域勾玉池に滞在、幼鳥や雛を見かけるが人の放鳥もあって正確な個体数は不明。内宮神域五十鈴川お手洗場下流部で四～五羽が時々飛来。放流された鯉の餌に誘われる。御池で四～五羽休憩していることがある。

8）カイツブリ（留）外宮勾玉池に滞在。五十鈴川の烏帽子岩付近でよく見かける。

9）キジバト（留・繁）神宮林全域で記録。一九五六年頃は春期の繁殖が普通で近年になるに従って秋～冬期に繁殖する個体も多くなった。傾向としては外宮神域、内宮神域に多い。参拝者が与える餌によるものと思われる。

内宮：1975（8/12）幼鳥一羽、1976（11/12）幼鳥四羽、1977（2/20）幼鳥四羽、（3/27）幼鳥九羽、1978（2/17）幼鳥三羽、（3/27）幼鳥四羽、（7/4）幼鳥四羽、（12/30）幼鳥三羽、1979（4/26）幼鳥二羽、（9/30）幼鳥三羽、（12/16）幼鳥三羽、1980（1/11）幼鳥五羽、1981（1/12）幼鳥三羽、（2/16）幼鳥三羽、（10/19）幼鳥二羽。

神路：1983（1/24）幼鳥二羽、（2/21）幼鳥二羽、（3/3）幼鳥五羽、（11/26）幼鳥四羽。

10）アオバト（冬）神宮林全域で記録。特に神宮司庁舎の硝子窓に衝突する。

中には三ミリの厚さに硝子破損があって驚いた。宮域林では朝熊岳界隈、逢坂峠、剣峠、袴越、タツガ峠、前山等の常緑広葉樹林の繁茂した地域に広く分布している。

内宮：毎年記録するが特殊事例は1990（12/25）神宮司庁舎の硝子窓に衝突し三ミリの厚さの硝子を破損した。

島路：1956（11/30）、1962（5/13）、1964（12/4）、1967（1/20）、（3/1）、1968（1/26）、（11/7）、1970（10/28）、1974（1/26）、（2/11）、1982（3/19）一〇羽、（5/16）、1984（3/9）、1986（1/17）、1987（12/18）いずれも事業所裏のスギ天然林で飛去は五月下旬。

11）カワラバト（留・繁）内宮神域外苑が駐車場となった一九七二年頃から飛来、神宮司庁舎が完成した一九七五年春以来庁舎梁桁の空間を利用して繁殖。これを追うようにハシボソガラスは卵、幼鳥を襲い窓硝子に衝突する被害が続出した。

内宮：1975（5/18）、（6/21）、1976（3/17）、1978（8/24）、1979（12/16）幼鳥九羽、1980（1/11）幼鳥二羽、1981（12/12）、1990（3/16）、（11/20）。

神路：法度口1974（1/26）、（2/11）、1982（2/22）幼鳥三羽、（5/16）幼鳥三羽、1983（2/21）、1986（1/17）。

12）カワウ（留）一九七〇年頃は全国的に個体数は少なく三重県農林水産部林政課他「三重県鳥類生息状況と保護に関する基礎調査（第一報）」によると宮川頭首湖より一メートル上流でスギ一〇〜四〇年生、雑木林二〇〜五〇年生、ケヤキ大木（約一〇〇年生）五本が混在する一ヘクタール余りの区域にゴイサギ約二〇〇羽、コサギ約一三〇羽、ダイサギ約五〇羽の中で、ケヤキ一〇巣本種三〇羽が確認（一九七二）、その後財団法人日本野鳥の会は「鳥類繁殖地図調査一九七八」として一九七四年に調査した全国版を発表。そのときは日本全国で一九七三年愛知県知多半島の天然記念物鵜の山の森では四〇〇巣、一五〇〇羽、東京上野公園不忍池一〇〇〇羽、三重県宮川頭首湖五〇羽と報告。一九八六年第二回自然環境保全基礎調査動物分布調査報告（鳥類）では伊勢湾、東京湾、青森県に広く分布したことを報告。伊勢湾では鵜の山一万羽以上となり三重県北中勢地方にこれらが集団移動し各地で繁殖、現在の三重県下では漁業の被害さえ各地に発生している。神宮林内の五十鈴川宇治橋上流は河川改修後 1982（1/19）一〇羽を記録したのが始めで、水深五〇チセンもあれば神路川、島路川の上流部でも記録されるようになり、魚類分布の変化が発生している。外宮神域勾玉池には一九八五年以降毎年二〜五羽が飛来する（勾玉池が干し上がり工事の終了後は一面に繁茂していたタヌキモ、ムジナモ等の水生植物群団が消滅し、カワウは生息しやすくなった）。

13）ゴイサギ（留）ササゴイ（夏・繁）アオサギ（留）ダイサギ（留・繁）チュウサギ（留）コサギ（留・繁）

外宮神域の池でゴイサギ、ダイサギ、チュウサギの混群は一九五七年四月〜七月にかけ営巣、参拝者に上空から糞害を与えるというので神宮は営巣を排除（巣三〇〜七〇、雛 ± 五〇、卵 ± 一〇〇、作業員の話。職員によると合計巣 ± 一五〇、雛と卵三八〇個前後と言う。内宮神域は白サギ ± 三〇巣、雛、幼鳥計七四羽）、犠牲になった。この事件以来サギ類は分散し一九九八年に神路法度口上空を飛来。サギ類は伊勢市神田久志本町二ツ池畔でダイサギ、コサギ、ゴイサギ、アオサギが混群し小規模で繁殖、神宮関係の水辺に飛来する（御塩殿神社：ヨシゴイ、アオサギ、月夜見宮境内の堀：ダイサギ、コサギ、外宮勾玉池：ササゴイ、アオサギ、ダイサギ、コサギ、内宮神域宇治橋上流域：ササゴイ、ダイサギ、コサギ、アオサギ、下流域：ダイサギ、コサギ、アオサギ）。また、三重県では天然記念物に指定された佐渡留島のアオサギ集団繁殖地は1990（9/19）台風一九号の直撃を受け島全体の常緑広葉樹林が破壊され分散し、各地に小集団で生息をはじめ飛来することが多くなった。

内宮：神路川と島路川の合流点でササゴイ1991（5/13）、1999（4/16）、（5/19）三羽。

神路：1998（7/17）、法度口でゴイサギ、田代谷のスギ谷ヒノキ造林地1990（5/21）幼鳥二羽、成鳥八羽、1967（3/1）法度口でダイサギ、1967（1/20）法度口でコサギ五〇羽群が夕日に照らされ上流部へ飛去した。

14）クイナ（冬）

島路：一宇田峠と朝熊岳間の旧道1975（12/5）、猛禽類の被害で両脚の残骸を記録。

15）ヒクイナ（夏）

島路：1962（5/11）夜泣田周辺でヨタカと共に啼鳴、1958（5/10）一宇田峠の小高いブッシュ状の疎林中で記録。

16）ジュイチ（渡）

内宮：神域で1959（5/8）、1970（5/7）、夜間の啼鳴、で渡来期の途中を記録。

17）ホトトギス（夏・繁）
内宮：神域で1975（11/17）幼鳥三羽、1979（6/26）幼鳥一羽、1999（5/19）一羽。
神路：丸山、五本松で1956（6/1）、1975（6/21）、1976（8/7）、1978（5/17）、1979（5/19）一羽啼鳴。
島路：事業所他で1956（5/13）、1957（5/16）、1960（5/25）、（6/11）、1962（5/11）、1965（5/10）、1968（5/10）、1971（5/14）、1972（6/7）、1975（5/21）、1977（5/22）、朝熊岳周辺で1998（7/17）
啼鳴によることから渡り途中の一時滞在が多いと推察する。

18）ツツドリ（渡）
内宮：神域で1959（5/8）、1970（5/7）啼鳴。
島路：1956（5/13）、1957（5/16）、1962（5/11）、1963（5/22）、1965（5/10）、1967（5/12）、
啼鳴によることからホトトギスと同様、渡りの途中で一時滞在すると推察する。

19）カッコウ（渡）
前山：土広で1968（5/10）啼鳴。宮域林では草原的な環境が少ないので前山の瘠悪地（せきあくち）の生育不良の地で出会うことが多い。

20）ヨタカ（留・繁）
内宮：1956（7/17）。

神路：倉口谷（林班二三、昭和二五年スギ植栽地内の雑木林中）で1971（6/14）、巣と卵三個（7/3）幼鳥三羽。

島路：1962（5/11）、1968（5/10）成鳥を記録。

21）ハリオアマツバメ（渡）佐八苗畑上空を±三〇羽が飛来。1967（3/1）に記録。

22）アマツバメ｛（渡）｝前線の通過時が最も多くその前後でもよく飛来する。三重県では大台山系、鈴鹿山系、鈴島では繁殖している。

内宮：神域、宇治橋上空で1956（5/7）二〇羽、1957（5/8）三〇羽、1959（4/19）、1963（4/15）、1966（4/11）七羽、1967（10/17）一〇羽、1976（4/19）二羽、1991（4/6）、1993（4/5）五二羽。

島路：1956（5/13）、（6/4）、（10/7）三〇羽、1960（9/27）二〇羽、1962（3/26）、（8/9）±一〇〇羽、（9/4）±一五〇羽、1963（5/22）二〇羽、（9/11）、1964（8/27）、1968（3/17）、（4/15）二〇羽、（5/10）、（10/16）、1970（3/24）、1972（10/12）、1973（8/19）五羽を記録。

23）ヒメアマツバメ｛（留・繁）｝一九六六年十月ころタカ渡りのコースを調査しているとき偶然伊勢市消防署本部の車庫に巣七〜八個を発見。糞の始末で災害防止に支障が出るという理由で除去された。その後、一九九八年四月伊勢市立市民病院三階軒下に営巣群を発見。巣は±三〇、成鳥±五〇羽、その後の確認は未調査・温暖化傾向で南紀地方の種が北上し繁殖したと思われる。

内宮：宇治橋上空で1959（4/21）、1998（1/19）記録。

24）イカルチドリ（留）とコチドリ（冬）この二種はいずれも内宮神域と神路川の通称落合で確認することが多い。五十鈴川河川大改修後の河川敷で記録はなくなった。コチドリは伊勢地方では昔から越冬すると言われ、観察する困難さがある。混群となって飛来することが多い。混群は南伊勢町でよくみる。
内宮：落合で1957（1/15）六羽（イカルチドリ）四羽（コチドリ）を記録。

25）ヤマシギ（冬）確認記録が少なく神宮林では留鳥か冬鳥か不明。記録から冬鳥とした。
神路：クモズ谷（林班六二、雑木林に囲まれた農地解放の湿田）で1964（1/17）。
島路：ユウガ谷（林班九七、大正一五年ヒノキ植栽地内の湿地）で1956（11/30）記録。

26）クサシギ（冬）
内宮：落合の神路川1999（11/3）三羽を記録。

27）アカエリヒレアシシギ（渡）外宮勾玉池で1971（4/29）（この時の天候は風雨が強く、海上移動不能となり避難した一羽と思われる。南側に広大な水田地帯があり鳥類はよく利用する。このときも数羽の本種をみかけた）。

28）ミサゴ（渡）三重県では南紀の佐波留島、鳥羽市管島で繁殖が確認されている。神宮林周辺は渡りルートに当たり時々姿を見せ五十鈴川を遡って来る。

内宮：宇治橋上空で1977（2/20）。
神路：法度口上空で1976（9/16）。

29）ハチクマ｛(夏・繁)｝伊勢市藤里、勢田界隈の丘陵地でアカマツ、カシ、シイ等の大木が点在する雑木林で繁殖を確認。
島路：一之瀬で1986（9/27）、1990（5/21）に記録。

30）トビ（留・繁）伊勢湾台風（1959［9/26］）で外宮神域の極盛相林が破壊されるまでは伊勢以南の志摩一円に生息していたトビの繁殖地でありねぐらになっていた。その数六〇〇羽が日没前に群れていた。それが翌日から分散し現在では一〇羽前後がねぐらをとり、クス等の大木に一～二巣かけ繁殖する。
内宮：宇治橋下流部の河川敷上空で、1956（7/10）、1959（5/8）、1966（1/1）、1967（11/3）二羽、1976（8/7）三羽、1977（3/27）、1980（5/12）、（10/12）。
島路：1956（5/13）、（6/4）1957（1/15）三羽、1965（4/12）、1967（2/8）二羽、1972（4/17）五羽、1973（7/5）二羽、1976（4/16）、1977（6/5）、伊勢道路上空で記録。自動車に衝突した動物を路上で発見し、捕獲しようとして自動車事故に巻き込まれることが多い。

31）オジロワシ（冬）冬期に太平洋岸を南下（南紀方面）して渡る個体が偶然内陸の神宮林へ飛来する。
島路：朝熊岳で1964（1/17）、1965（12/26）に帆翔していた。

32）ハイタカ（渡）、オオタカ（渡）、サシバ（夏・渡・繁）、ノスリ（渡）、これらの種はサシバの渡りコース中で一緒になって渡る。サシバだけは夏鳥、あるいは繁殖地として神宮林では記録される。また、俳人の芭蕉の句に「鷹一つ見付てうれしいらご崎」は様々な説がある。それは十二月十六日に当たるから現象としてはおかしいというのである。以前から伊勢以南では越冬するサシバが生息するので不思議ではないと思われる。また、水田、稲干場の後方には雑木林の中にアカマツ、クロマツの大木があり、その大木にオオタカ、サシバの巣が点在し高密度に分散していた。その環境を鳥羽水族館の依頼でバイバコフソ連副首相婦人一行、（1968.1.22）、ソ連科学アカデミー・キエフ古生物博物館セルゲーエフ副館長（1972.6.21）、ソビエト科学アカデミー古生物学研究所クラマレンコ博士（1978.10.18）が各々現地視察をされ、人と自然との調和が素晴しいと絶賛していたが今はその面影は消滅（インフラ整備）した。

ハイタカ、島路：伊勢道路上空で1967（2/8）帆翔。

オオタカ、内宮：宇治橋界隈で1957（11/24）、1999（2/20）、（3/13）はハクセキレイの繁殖縄張りの圏内に侵入し雌、雄のハクセキレイに追われて飛去した。

島路：伊勢道路沿線上空で1956（5/13）、（6/4）、（8/28）、1957（5/16）、（6/3）に飛翔していた。

サシバ、内宮：宇治橋上空で1956（7/10）、1963（4/15）、（11/27）、1970（5/7）、1975（7/10）に帆翔。

神路：朝日谷苗畑で1964（4/20）、1968（4/15）、1974（4/13）、鼻突谷入口で1975（6/6）、（7/7）、磯部谷で1977（4/20）、（11/8）、1990（5/21）、1997（10/6）。

島路：天狗谷で1956（5/13）、12/2）。

サシバは戦前、戦中に飛去するとき疲労して森林の低いところに休息している。その個体を捕獲し食した習慣があったと南伊勢市に在住する古老から仄聞した。また、冬期に本種を記録することもあったので越冬の可能性は高いと推察する。繁殖については農地解放地で耕作していたときは宮域林で繁殖が確認された。スギ、ヒノキの植栽地、雑木林化が進むにつれ繁殖はみられなくなった。悪天候が続き渡れないときは二〜三日宮域林に滞在し、好天の朝六時頃になると一斉に上空へ飛び立つ。

ノスリ、島路：伊勢道路沿線上空で1967（2/8）、飛翔。

33）**クマタカ**（留・繁）1957年は宮域林全域で確認。
神路：田代谷、神路川源流のおおきな谷、朝日谷以南の広域の上空で1972（5/12）、（12/9）、1973（8/19）、1975（6/11）帆翔。
島路：事業所上空1961（3/14）、鷹の巣懸岩場で営巣を確認。カナゴ谷、白木谷、猿谷上空を1964（1/17）、（2/14）、（3/26）、（11/9）、1967（2/8）、1970（4/10）に帆翔。
前山：前山地域他神宮林に隣接する南伊勢町、鳥羽市の森林帯等に広く行動範囲を広げている。個体数については確認できていない。

34）**オオコノハズク**（留）、**コノハズク**（夏・繁）**フクロウ**（留・繁）、**アオバズク**（夏・繁）この仲間は伊勢湾台風前に神宮林やその周辺の樹齢の高い広葉樹林帯で数多く記録された。台風後は各地の森林帯も被害を受け疎林化、あるいは開発によって森林が消滅したことで記録は少なくなった。
オオコノハズク、内宮:宇治橋外の入口で夜間に飛来する昆虫類（蛾、大形甲虫等）を捕食1979（5/19）。
島路：事業所に夜間飛来1967（2/8）、1973（2/8）、（3/2）。

コノハズク、内宮：宇治橋外界隈で夜間に啼鳴していた1956（6/1）二羽。
神路：デンデン高南斜面の約一・九ヘクタールは岩石地で天然アカマツ、モミの純林（約三〇〇年以上）で1956（5/13）啼鳴、1959（8/15）成鳥と幼鳥を記録。この地域は伊勢湾台風で森林は全滅した。
フクロウ、内宮：宇治橋外界隈で夜間に啼鳴1956（5/7）、夜間午後八時頃から翌午前一時頃まで街灯に集合する蛾を採餌するために飛来1957（8/18）。
島路：事業所で1960（6/11）、1974（9/20）啼鳴による。
アオバズク、内宮：神宮司庁舎西北角に生育するクスノキの大木で1974（5/30）、1977（7/22）、1979（5/19）、1990（4/16）、1999（5/19）また、1993（7/11）成鳥一羽、幼鳥三羽。
島路：事業所で1968（5/10）、1972（7/26）、1982（7/23）、9/16）。

35）アカショウビン（夏・繁）**カワセミ**（留・繁）**ヤマセミ**（留）〔繁〕この仲間は宮域林全域の河川域で確認できるが、ヤマセミの記録は少ない。
繁殖期にアカショウビンの啼鳴を聞いて口笛で鳴き真似をすると急に茂みから飛び出し攻撃を加えてくる。雄の攻撃の強さには驚く。
内宮：風日祈宮橋付近で1956（6/1）啼鳴。島路川の御本殿奥で1977（4/4）南山北側で1991（5/13）成鳥一羽、幼鳥三羽。
神路：法度口で1956（6/4）、1957（4/21）、（6/3）、1959（4/24）、坂本谷、大床谷（林班三九、明治二三年伐採、約一六ヘクタールの針広混交林、立派な大木の成林地）で1986（7/13）雄、雌成鳥各一羽、幼鳥三羽、1997（6/4）雄一羽。

島路：事務所で1965（5/10）。
カワセミ、内宮:宇治橋下流部五十鈴川右岸で1956（9/23）、1975（4/10）、（7/10）、（8/12）、（9/18）、1977（3/19）、1979（4/26）雄、雌、（5/19）雄、1981（3/24）雌、（7/19）、（9/9）、（11/17）、1999（10/30）。
神路：法度口で1957（1/15）、1963（4/20）、1964（4/20）、（5/21）。
ヤマセミ、内宮：落合上流の神路川で1991（5/13）。
島路：魚乗りで1963（5/22）、1978（3/15）。

36）コゲラ（留・繁）、アカゲラ（留・繁）、アオゲラ（留・繁）、この仲間は全域で確認できる。アカゲラとアオゲラは樹齢の高い森林帯で造林地よりも自然林を好む。この二種ではアオゲラの分布域の方が広い。
コゲラ、内宮：神楽殿前で1956（9/23）、1970（5/7）幼鳥一羽、神苑のクスノキで1976（8/7）、神宮司庁舎裏のクスノキで1977（3/27）、1980（5/12）。

島路：事業所で1956（5/13）、（12/2）、1967（2/8）、1970（7/12）、1972（4/17）、1984（6/5）幼鳥一羽、1987（6/5）、（7/4）、各、幼鳥一羽、逢坂峠で1991（2/2）、（5/13）。

アカゲラ、内宮：苑地で1956（9/23）、1970（5/7）。

島路：ユウガ谷で1968（4/15）、水汲谷で1972（4/17）。

アオゲラ、内宮：御池付近で1970（5/7）、神宮司庁舎裏北西に生育するクスノキの大木で巣作りの雄を1974（5/30）、1976（8/7）、1981（7/17）幼鳥一羽、1991（5/13）、1998（1/19）雄、雌、（3/20）雄、一羽。

鳥路：事業所裏のスギ林で1956（6/4）、（8/28）、1963（4/20）、1964（4/20）、1972（4/17）、1974（4/13）、（5/30）巣作り、1977（5/22）、1984（8/18）幼鳥一羽を記録。

37）チョウゲンボウ（渡）、チゴハヤブサ（渡）、ハヤブサ（留）、鳥羽市神島頂上付近は繁殖の可能性が高く答志島東方の大築海島で一九九九年三月繁殖が確認された。この仲間はあまり記録がない。

チョウゲンボウ、内宮：苑地上空で1977（3/27）。

チゴハヤブサ、内宮、神宮司庁舎に衝突、あるいは自動車と衝突したのか不明で駐車場に落下していた。1974（8/17）。

ハヤブサ、内宮：苑地上空で1977（12/20）。

島路：伊勢道路沿線上で1964（11/9）、1968（3/17）、1972（10/12）、1976（11/8）、1978（4/17）に飛翔。

38）ヤイロチョウ（夏）内宮：魚乗りで1999（6/10～6/30）、啼鳴を記録。

神路：坂本谷、大床谷（林班三九、明治二十三年伐採約一六㌶針広混林で立派な大木の成林地）で1997（6/4）繁殖を記録。

39）サンショウクイ（夏・繁）、サンコウチョウ（夏・繁）、モズ（留・繁）、この仲間は神宮林ではサンショウクイは渡り期に一時滞在（約一ヶ月）、することが多いが、偶然繁殖することもある。サンコウチョウは森林の繁茂した地域で、モズは樹木の疎林地で記録するがモズの速贄についてはあまり記録がない。

肉食鳥にしては脚が華奢で捕食するにも十分でないためであると推測する。北勢地方ではよく見かける。
サンショウクイ、内宮：苑地で1975（6/21）五〜六羽。
島路：一之瀬で1963（4/20）、島路川と彦滝入口合流地周辺で1964（4/20）四〜五羽、島路山事業所周辺で1965（4/12）、1967（5/12）、1968（4/15）、1974（4/13）、1986（7/21）幼鳥一羽。
サンコウチョウ、内宮：御池で1974（8/17）。
神路：クモズ谷で1971（6/14）、1975（6/11）営巣、坂本谷で1973（9/10）、1997（6/4）雄、雌、巣を記録。
島路：事業所で1956（6/4）、1965（5/10）。
モズ、内宮：苑地で1956（7/10）、1967（4/17）、幼鳥一羽（11/3）、1979（10/26）、12/16）。
神路：法度口で1956（12/2）、1957（1/15）二羽。

40）カケス（留・繁）、ハシブトガラス（留・繁）、ハシボソガラス（留・繁）、この仲間は神宮林では普通。カケスは主にカシ類の多い森林帯、ハシブトガラス、ハシボソガラスは慣行払下区域の伐採地、若い造林地で記録する。炭焼小屋のあるところでは終日周辺部で活動している。神宮林の東部で伊勢市所有の森林は「まつり博」開催地として開発されたためねぐらと繁殖地であったが破壊されたので様々に分散し小集団でねぐらや繁殖地を求めて神社や寺、あるいは小さな林、夜間の交通量の少ない電柱を中心にして糞害を与え市民は憤慨している。
カケス、内宮：苑地で1970（4/28）、（5/7）二羽、1967（3/19）、1977（3/27）。
神路：大床谷で1997（6/4）。

島路：事業所で1956（6/4）、高小屋で1964（4/20）、ドングリを採餌中、巣、雛四羽、天狗谷で1965（4/12）、（5/10）、彦滝で1968（4/15）、朝熊岳で1968（12/7）、逢坂峠で1972（7/12）、白木谷で1972（4/17）二羽。

前山：堀割で1977（2/2）。

ハシボソガラス、内宮：宇治橋外で1959（5/8）、苑地1975（2/26）、（4/10）、（6/21）、（9/18）、（10/19）、（11/17）二羽、1977（4/17）、1979（5/19）、（8/10）、1980（3/14）、1981（12/12）、1991（5/13）。

神路：法度口1957（1/15）、朝日谷苗畑1997（6/4）。

ハシブトガラス、内宮：苑地1966（1/1〜31）、1970（4/28）、1976（1/29）、（8/7）、（7/2）二羽、1977（3/27）二羽、1999（3/13）巣材、（4/16）。

島路：事業所1956（5/13）、1964（4/20）四〜五羽、彦谷上流（林班七七、七八、七九、八〇、約二〇〇㌶、伐採年不詳、明治三十八〜大正にかけ伐採後は蛇紋岩、緑泥片岩地が露出し植栽に不適と判断され、自然発生したアカマツの点在する広葉樹林地で慣行払下伐採地の対象となった地域）1965（11/24）、1967（2/8）、1968（4/15）、1970（7/12）、1972（4/17）、1975（9/12）二羽、1977（11/18）、1968（8/16）約二〇〇羽を記録。新植地や慣行払下地でよく記録する。

伐採従業者が他の哺乳類は地上に弁当を置くと作業中に来て食い荒らす故、風呂敷に包みツバキ等の若い木の枝に縛りつけておくと見事に弁当が全部カラスによってたべられてしまう。やむをえず作業の移動毎に弁当も移動させる。カラスは利口者だとの話をきかされた。

41）キクイタダキ（冬）、**ヤマガラ**（留・繁）、**ヒガラ**（冬）、**シジュウカラ**（留・繁）、この仲間はヤマガラ、シジュウカラは神宮林全域で記録する。シジュウカラは伊勢湾台風後1967（4/17）に初めて記録（それまでは常緑広葉樹林帯に生息が代表されるヤマガラ、メジロが優占種で記録はなかった）。キクイタダキ、ヒガラは珍鳥に近く冬期に偶然出会った記録である。

キクイタダキ、島路：朝熊岳界隈1957（1/15）。

ヤマガラ、内宮：1956（5/7）、（7/10）、（9/23）、1959（5/8）、1970（5/7）、1975（8/12）、1977（3/19）、1980（5/12）、1981（3/24）、1991（4/6）、（5/13）、1998（1/19）、（2/28）、（3/20）、1999（3/13）、（4/16）、（5/18）、参道沿線でよく観察できるので参拝者の感動が深い。

神路：宇治橋外駐車場奥宮崎文庫跡地1997（6/4）、1998（3/3）、各二羽が行動を共にしていた。

島路：事業所裏1956（5/13）、（8/28）、1960（11/12）、1963（4/20）、1965（5/10）、1968（4/15）、1972（4/17）、1973（4/6）、以上各二羽で行動をともにしていた。

前山：前林1976（6/20）、1977（2/2）、（3/23）、（10/8）、各二羽が行動をともにしていた。

シジュウカラはヤマガラに較べると落葉広葉樹林を好むことが多い。

内宮：参道沿線一九五九年九月までは記録がない。その後1970（4/28）、（5/7）二羽、1976（7/2）幼鳥一羽、1977（3/27）二羽、1980（5/12）、1981（4/18）雄、1991（5/13）、1988（1/19）、（2/28）、1999（5/19）。

神路：大床谷で1984（4/9）、1985（5/23）幼鳥一羽、1989（3/19）。

前山：1967（2/8）二〇羽。

佐八：苗畑1982（3/19）。

42）ヒバリ（留・繁）伊勢市内では一〜二月に少数が越冬する。
宇治橋下流の五十鈴川河川敷：大麻課分室内の草地で1957（1/15）記録したが、五十鈴川河川改修工事で整備された以降の記録はない。
佐八：苗畑で1968（1/16）、（2/3）、（4/15）、（11/7）、1970（2/12）、巣と巣立った幼鳥六羽。

43）ショウドウツバメ（渡）、**ツバメ**（夏・繁）、**リュウキュウツバメ**（留・〔繁〕）、**コシアカツバメ**〔（留・繁〕）、**イワツバメ**〔（留・繁〕）この仲間は渡りと夏鳥が普通である。なかには越冬する個体も少数確認されていた。営巣していた構造物が整理されてからは個体数の減少と越冬記録は消滅した。
ショウドウツバメ、神路：法度口上空1990（2/15）二羽を記録。

ツバメ（夏）内宮：神域1959（5/8）、1966（3/6）二羽、1967（10/17）、1975（5/18）、1976（3/17）、（8/7）二羽、1977（3/27）、一九七八年以降は参集殿で営巣していた巣を排除されその後の記録はない。1999（3/13）三羽、（8/16）四二羽は苑地上空を飛去。

神路：事業所1956（6/4）幼鳥七羽、1960（3/17）、（11/12）、1968（3/17）、1970（7/12）、1974（3/14）、1975（5/21）、1977（6/5）、朝日谷苗畑1977（4/20）二羽、（10/8）二〇羽は飛去、法度口1982（3/19）、1997（2/15）、（3/30）八羽。

リュウキュウツバメ、1976（5/13）、伊勢市近鉄宇治山田駅構内でコシアカツバメの集団営巣地に混じって、二営巣を記録。一九七二年頃に構内整備が行われ、事件以降は記録がない。

コシアカツバメ、近鉄宇治山田駅構内に営巣数約一〇〇以上あったが前述のように整備されてからは記録がない。

神路:法度口上空1957（1/15）四羽越冬個体、近鉄宇治山田駅構内の越冬個体であることを確認した。
1977（10/8）。

イワツバメ、本種は大台山系のものが大内山町の大内山川に鉄骨コンクリート橋が架けられて以降、ここで集団繁殖する個体（±一〇〇羽）が時々内宮方面に姿をあらわすようになった。
内宮：宇治橋上空1957（5/8）二〇羽、1974（1/20）三羽、1967（4/17）、1977（3/27）五羽、1981（10/19）、1993（4/5）五一羽、1998（4/1）一九羽の飛翔を記録。
神路：法度口上空1957（1/15）、1968（2/3）、（3/17）三〇羽、1990（3/30）の飛翔を記録。

44）**ヒヨドリ**（留・繁）全域で記録され、渡り期になるとサシバの群と一緒に集団飛来または飛去する。
内宮：参道沿線のツバキの花蜜を平気で吸っている光景は普通である。1956（7/10）、（9/23）、1970（4/28）、（5/7）五羽、1974（7/10）、斎館の庭で注連縄（しめなわ）の垂れる和紙を利用して営巣、卵四個、1976（8/7）苑地上空を二三羽が飛去、1977（3/27）四羽、1980（5/12）、1981（10/19）幼鳥一羽、1990（3/16）、（6/14）、1991（4/6）±一〇〇〇羽、（5/13）、1999（4/16）、1999（10/30）±二〇〇羽、苑地上空を渡った。
神路：朝日谷1970（7/12）七羽、1971（3/19）、大床谷1972（4/17）三羽、法度口1974（4/13）、坂本谷1982（4/27）幼鳥一羽、1984（6/5）七曲谷で卵三個を記録。
島路：事業所1956（5/13）、（11/30）、（12/2）、1957（1/15）、ユウガ谷1963（4/20）、（11/18）、1964（1/17）、ツバキ原1965（5/10）、1967（1/20）、1968（11/7）、各七〜八羽。
前山：前林1977（5/23）、（6/5）。

45）ウグイス（留・繁）ヤブサメ（夏・繁）、この仲間は造林地、林道の整備等で本種の生息環境が減少し徐々に個体数を減らしている。

ウグイス、内宮：御本殿前の南山1956（7/10）、1959（5/8）、啼鳴、魚乗り1967（4/17）、1970（4/28）、（5/7）三羽、風日祈宮橋奥1976（7/6）、（8/7）、（10/3）二羽、神宮司庁舎裏1977（3/27）啼鳴、1977（7/22）幼鳥一羽、1979（10/26）成鳥二羽、1980（5/12）、（10/12）、1981（11/17）、1999（3/13）、（4/16）、（5/19）。

神路：大床谷1970（7/12）、仙人谷1972（4/17）啼鳴、1972（12/19）、倉口谷1975（3/23）、（6/11）幼鳥三羽、田代谷1977（5/22）、（6/5）、法度口1997（4/22）、（6/4）啼鳴、大床谷1998（7/23）幼鳥一羽。

島路：事業所裏1956（5/13）、1957（1/15）、高小屋入口1963（4/20）、1964（4/20）、（5/21）。

前山：鶴松1965（5/10）、（11/24）、蛇谷1967（2/8）。

ヤブサメ、内宮：風日祈宮奥、1970（5/7）、1974（1/20）、越冬個体の記録は珍しい。御本殿奥の南山1978（6/3）啼鳴。

神路：大床谷で1972（4/17）八羽、田代谷1975（4/7）、1976（4/16）、仙人谷1977（5/22）啼鳴を記録。

46）エナガ（留・繁）、全域で確認できる。

内宮：苑地1956（9/23）一〇～一五羽、1970（4/28）、1977（3/27）、クロマツの幹に営巣、中に雛が生息し巣全体が動いていた。神宮司庁舎西側のクスノキ大木に1980（5/12）巣作り、1998（3/20）、1999（4/16）。
神路：大床谷1977（6/5）±五〇羽、法度口1985（12/9）、サミセン谷1999（3/3）。
島路：事業所1956（5/13）、（8/28）五～七羽、（12/2）。
前山：前林1965（11/24）、土広1967（2/8）二〇羽。
佐八：苗畑1968（4/15）、（11/7）五～八羽。

47）**メボソムシクイ**（渡）、**エゾムシクイ**（渡）、**センダイムシクイ**（渡）、この仲間は日本ではいずれも夏鳥で神宮林内では渡り期に約一ヶ月余り滞在したときに出会う種である。
メボソムシクイ、内宮:苑地1975（10/9）渡去中、1977（4/4）渡来中、1980（10/12）、1981（10/19）渡去中。
佐八：苗畑1968（4/15）、1971（5/14）渡来中、ソメイヨシノザクラ林で捕食中。
エゾムシクイ、神路：法度口1972（9/19）、1983（8/25）渡去中。
センダイムシクイ、内宮：苑地1970（5/7）、1999（4/16）。
神路：法度口1972（4/17）、1975（4/7）、（5/21）飛来する昆虫を捕食。
島路：事業所苗畑の柿ノ木で1956（8/28）。
佐八：苗畑1964（4/20）、（5/3）。

48）**メジロ**（留・繁）、神宮林全域で記録される。

内宮：苑地1993（4/5）二〇羽、1999（4/16）±一〇羽。
神路：朝日谷1982（4/20）、幼鳥一羽。
島路：彦谷1972（4/17）一〇羽、1972（6/7）幼鳥一羽、卵二個。

49）ウチヤマセンニュウ（夏）、エゾセンニュウ（夏）、この仲間は極めて珍しくウチヤマセンニュウは志摩地方の大島で繁殖が確認されている（二〇〇五年に二五巣、外径一一～一四㌢、内径五・〇～六・五㌢、深四・五～五・五㌢、高九・〇～一三㌢、巣の高さ一〇～一三六㌢、雄一〇羽生息：中村みつ子記、2006.10.29　第九回志摩半島野生動物シンポジュウムで発表）。
ウチヤマセンニュウ、内宮：大山祇（おおやまつみ）神社境内、1999（12/15）。

エゾセンニュウ、内宮：神宮司庁舎前の丘陵地で1978（5/17）啼鳴を記録。

50）レンジャク（キレンジャク、ヒレンジャク）（冬）、この仲間は冬鳥として越冬する。三重県では北勢地方にキレンジャク、南勢地方にヒレンジャクが多い傾向にある。神宮林ではヒレンジャク中にキレンジャクの三～五羽が混じることが多い。
内宮：神馬休憩所1976（1/29）、五十鈴川河川敷大麻奉製所内1957（3/18）、水浴中のヒレンジャク二九羽、キレンジャク一羽。
島路：小白木谷でイイギリの実を捕食1965（11/24）六羽、五十鈴川河川敷1968（1/26）、1982（2/22）キレンジャク三〇羽、1982（4/20）ヒレンジャク四羽。
本種はヤドリギの実を主として捕食。捕食後一〇分前後で糞として放出する。従って飛去する際は金魚の糞のように垂れ下げ他のヤドリギの実のある方に移動する。そこで近くに生育するケヤキ、ムクノキ等健全な枝、幹に糞が付着するのでヤドリギの生育状況でレンジャクの行動圏が確認できる。1974（1/10）、ヤドリギにアブラムシの一種が寄生すると枝は枯死する。皇學館大學教授宗林正人（アブラムシの分類の権威）から新属新種としてディスカーシス・スギウライとして登録したところ朝鮮半島で世界的に報告されており英国から登録はできないとの連絡があったとのこと。レンジャクは冬季に朝鮮半島を経由して飛来することが証明された。

51）ゴジュウカラ（渡）、内宮：苑地 1959（11/3）、伊勢湾台風後の荒廃して残ったクロマツの幹で採餌していた個体を記録。

52）ミソサザイ（冬）神宮林では蘇苔植物群落の規模が小さい環境のため越冬中に記録するものの個体数は少ない。

前山：掘割 1968（1/26）。

53）ムクドリ（留・〔繁〕）、神宮林内の繁殖はない。一九五九年にはじめて外宮神域に冬鳥として飛来、その後内宮神域には一九六三年冬に飛来、一九六四年以降は 1975（4/10）に記録、一九七七年以降は隣接するおかげ横丁で繁殖をはじめた。

神路：法度口一九六四〜一九七六年には少数が飛来、1968（8/16）±一〇〇羽、1982（5/21）の記録以外はほとんど宇治橋下流部より内宮神域には飛来しない。

五十鈴川支流島路川におけるカワガラスの個体数変動

調査年	1956	1959	1963	1965	1972	1974	1976	1977	1979	1980	1983	1987	1988	1989	1990	1993	1995	1997	2000
月日	5/13, 12/2	12/4	1/14	5/10, 11/24	5/5, 12/17	12/20	12/28	3/27	3/20	3/20	3/21	3/20	3/3	4/3	3/1	5/3	3/1	3/20	3/1
巣数	4	4	2	2	(2)	2	1	1	2	2	1	0	1	0	0	0	0	0	0
個体数	15	15	7	4	4	4	3	2	4	4	2	2	3	1	1	1	0	0	0
減少率%	100	100	47	27	27	27	20	13	27	27	13	13	20	7	7	7	0	0	0
摘要		9/26 伊勢湾台風被害	'63〜'65 伊勢道路工事						'80 8/3 集中豪雨被害		'83〜'86 河川改修工事	'85 風日祈宮橋橋桁に営巣			旱魃、暖冬	冬は旱魃暖冬、'94マツの一斉枯死	夏は猛暑 冬は寒波旱魃		

注：（ ）は正確な確認ができなかったので推定で示す。
営巣数の増加は橋梁の橋桁利用、並びに暗渠で効果が不能になった個所の利用。
水棲昆虫の発生が少なくなった。

54）コムクドリ（渡）内宮：苑地1959（2/5）、一五羽を記録（一週間ほど滞在）。

55）カワガラス（留・繁）五十鈴川と島路川の記録によると伊勢道路工事、河川改修工事等、河川の環境変化によって生息状況の変化を来し、主として彦谷、その他の小谷で冬期に時々一羽程度が飛来する他は烏帽子岩付近で記録されるのみとなった。

上の表に示すように1959（12/4）には一五個体棲息していたが1993（5/3）一個体を記録、それ以降は記録がない。

56）マミジロ（夏・繁）、**トラツグミ**（留・繁）、**クロツグミ**（夏・繁）、**マミチャジナイ**（渡）、この仲間はトラツグミ以外は夏鳥として繁殖しているが個体数は少ない。

マミジロ、神路：大床谷2000（6/2）、雄、雌の成鳥と営巣を記録、二〇〇〇年以前の記録はない。

トラツグミ、島路山彦滝奥に奥野新田がある。周辺はアカマツと常緑のカシ類のかなり古い森があり、夏に水田耕作者が田小屋で起居していると夕方から夜間にかけ、女の悲鳴に似た声が聞こえることから昔から「夜泣田」という地名までついた。現代でも気味が悪いという有名な話が伝わっている。一九六二年、作業員がその声を教えてくれた。トラツグミの啼鳴とわかり解決し「夜泣き田」の名称は残った。やがて忘れられるであろう（林班七八、伐採年不詳の広葉樹の疎林で地質は痩せる。約三七ヘクタール）神宮林全域に生息するが造林地の増加で常緑広葉樹帯に限定される傾向にある。
内宮:苑地 1975（2/26）、（4/10）、1977（2/20）、（12/20）、1978（2/17）、（12/30）、1979（3/16）、（11/7）、1980（1/11）、1981（10/19）、1990（2/1）、1993（4/5）、（5/13）。
神路：大床谷 1971（12/21）、仙人谷 1974（3/14）、朝日谷 1974（12/26）、倉口谷 1982（11/21）、1983（2/21）、1983（7/10）幼鳥一羽、1986（1/17）、1987（2/3）、（7/4）幼鳥一羽、（12/18）、1989（11/18）。
島路：夜泣田 1961（4/14）、（5/11）、1963（4/20）、1964（2/14）。
佐八：苗畑 1965（4/12）、1967（1/20）。
クロツグミ、内宮：苑地 1970（5/7）、1978（3/27）、1999（4/16）、（5/19）。
神路：大床谷 1997（4/22）、1997（6/4）営巣。
島路：逢坂峠 1962（3/26）。
前山：前林 1971（3/9）、1972（4/17）。
マミチャジナイ、島路：楠部峠 1965（6/3）。

57）シロハラ（冬）、アカハラ（冬）、ツグミ（冬）、この仲間は神宮林全域とその周辺接続地に広く冬鳥として記録できる。シロハラ、アカハラについては印象に残った行動記録だけを示した。
シロハラ、内宮:苑地 1963（3/26）、1967（3/19）、1975（4/10）、（10/7）、（11/17）、1976（1/29）、

1977（3/27）、（11/8）四羽、1978（2/17）二羽、1978（3/27）、（12/30）、1980（1/11）、1981（11/17）、（12/12）、1990（3/16）、（12/25）、（11/20）三羽、1991（4/6）雄、1998（2/28）、（3/20）。

神路：大床谷1972（4/17）、（10/12）、（11/17）、法度口1975（1/26～5/11）、（3/30）、朝日谷苗畑1977（4/20）、朝日谷1983（8/25）、1984（3/9）、田代谷1985（4/1）、（12/9）、（11/18）二羽、大滝1986（1/17）、（2/7）、倉口谷1987（12/18）二羽、1988.8.25に朝日谷で記録した個体が越夏したのは珍しい。理由は不明。

島路：事業所1959（4/15）、1961（4/14）、1963（4/20）、1964（1/17）、（2/14）、（3/26）。

前山：前林1970（10/28）。

佐八：苗畑1967（1/20）、（2/8）一〇羽、1968（3/17）、（4/15）。

アカハラ、内宮：1963（3/26）、1975（11/17）、1977（3/27）、1979（3/18）、（12/16）、1981（10/19）。

島路：事業所1964（1/17）。

ツグミ、内宮：苑地1957（4/6）、1959（4/26）、1966（1/1～2/28）、（3/6）、1967（3/19）、（4/17）、1970（3/26）三～四羽、（4/28）、（11/11）、1975（2/26）、（4/10）、1977（3/27）四羽、1980（3/14）、（10/12）、1998（1/19）、（3/20）±五〇羽飛去、（4/1）±一〇〇羽飛去、1999（4/16）。

神路：朝日谷苗畑1977（1/20）。

島路：事業所苗畑1956（11/30）一二羽、1960（4/14～15）。1962（10/23）、1963（4/20）、1964（1/17）、（2/14）、1965（11/24）。

佐八：苗畑1968（3/17）、（4/15）、（5/10）、（12/7）、1970（10/28）、（11/28）、1971（3/9）。

58）**コマドリ**（渡）、**コルリ**（渡）、この仲間は夏鳥として飛来するが神宮林では渡り期に一時滞在するのを記録。

コマドリ、内宮：苑地1999（4/10）、啼鳴。

島路：魚乗り1963（4/20）、1964（4/20）。

コルリ、島路：天狗谷1963（11/18）。

59）**ルリビタキ**（冬）、**ジョウビタキ**（冬）、この仲間は林内の茂みと開放地の界で日当たりの良好な地域にはルリビタキ、開放地の界ではジョウビタキが、また自動車のバックミラーを見て時々攻撃を加えている光景をみる。

ルリビタキ、内宮：苑地1975（11/17）、1980（3/14）、1993（12/8）。

神路：大床谷1972（1/20）雌、1983（3/3）、1986（3/9）雄、1987（12/18）。

島路：事業所苗畑1963（11/18）、1964（1/17）、（11/9）、1965（11/24）。

前山：土広1967（2/8）雌七羽、雄二羽。

佐八：苗畑1970（11/28）、1976（11/8）。

ジョウビタキ、内宮：苑地1976（2/1）、1977（11/3）雄、1980（1/11）、1999（10/30）。

神路：朝日谷苗畑1976（11/8）、1985（10/25）。

島路：事業所苗畑1956（11/7）雄、1964（2/14）。

佐八：苗畑1968（10/16）三羽、1970（10/28）雄、雌、（11/28）、1971（3/9）雌。

60）イソヒヨドリ（留・〔繁〕）三重県では海岸の岩場で繁殖し生息しているのが普通である。しかし近年は磯釣り人が増加しその生活圏が脅かされることから内陸部の鉄筋コンクリート高層建築に生じた隙間や軽量鉄骨の凹んだ空間を営巣場所として利用、伊勢市駅から南の内宮付近にかけて八ヶ所に縄張りを形成し繁殖している。例えば伊勢市楠部町、イオンジャスコが開業（1997.4.16）したその翌年に隙間の軽量鉄骨に営巣し毎年繁殖している。二〇〇三年五月には奈良県境高見峠の人家の軽量鉄骨建築の小屋で営巣繁殖していた（成鳥二羽、雄、雌、幼鳥一羽）。

内宮：苑地 1967（11/3）雌。

神路：法度口 1986（5/12）幼鳥一羽。

島路：燧石カーブ 1966（4/29）、伊勢道路で事故死（昨年の幼鳥）。

宮域外：伊勢市楠部町イオンジャスコの建築物内 1988（3/6）繁殖。

61）エゾビタキ（渡）、**サメビタキ**（渡）、**コサメビタキ**（渡）、**キビタキ**（渡）この仲間は夏鳥として飛来し、一時滞在（約一ヶ月）して飛去する。いずれも樹冠の先に止まって飛来する昆虫を捕食していることが多い。

エゾビタキ、内宮：苑地 1975（9/18）、1976（9/13）幼鳥一羽。

神路：法度口 1972（9/19）。

サメビタキ、内宮：苑地 1975（10/9）、1978（10/24）、1980（10/12）。

神路：法度口 1983（10/20）。

コサメビタキ、内宮：苑地 1975（10/9）。

神路：法度口 1987（7/4）。
キビタキ、内宮：苑地 1970（5/7）、1975（10/9）雄、1976（4/19）。
神路：法度口 1977（4/20）、大床谷 1997（4/22）。

62）オオルリ（夏、繁）は比較的湿気に豊み蘚類の生育する岩場の凹んだ崖のような環境を好み営巣する。
内宮：苑地 1959（4/26）、1970（5/7）。
神路：大床谷 1976（4/16）、1977（4/20）、1982（4/27）、1983（8/25）雄。
島路：一之瀬橋 1956(6/4)、彦の大曲 1961(3/14)、天狗谷 1962(4/23)、彦谷 1963(4/20)、1964(4/20)巣、燧石 1971（10/4）、彦滝 1972（5/12）巣と卵五個。一九七四年と一九九八年における生息域の変化は次ページの図のとおり。
前山：鶴松 1965（5/10）。

63）カヤクグリ（冬）冬鳥として記録。
神路：坂本谷 1976（2/10）、（3/27）。

64）スズメ（留・繁）森林の繁茂した環境では記録できないが、人間生活のある開けた地域では繁殖をする。従って、造林奉仕隊が起居する期間は少数が事業所宿舎に飛来する。神宮林では人間生活の減少と共に個体数や繁殖行動が減少している。
内宮：苑地 1966（1/1～31）、1967（11/3）、±二〇羽、（4/17）、1975（6/21）、（7/10）、1976（8/7）、

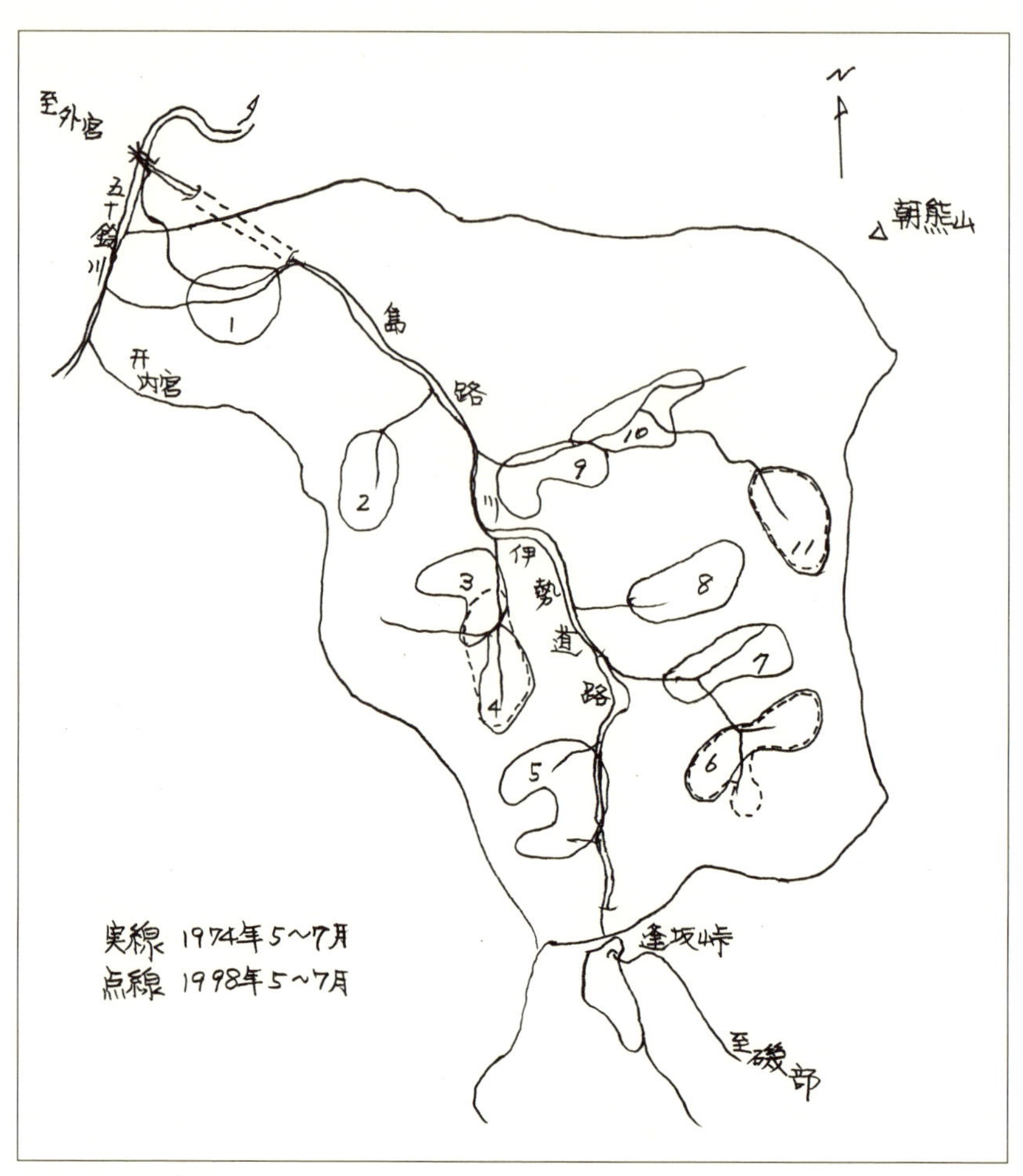
N
至外宮
五十鈴川
朝熊山
島路
内宮
川
伊勢道路
逢坂峠
至磯部
1
2
3
4
5
6
7
8
9
10
11
実線 1974年5～7月
点線 1998年5～7月

オオルリの生息域

1977（3/27）、1978（2/17）二羽、（5/18）、（6/3）幼鳥一羽、（7/7）幼鳥一羽、1979（7/3）幼鳥一羽、1980（5/12）、（10/12）、1981（4/18）、（7/7）幼鳥一羽。

神路：事業所 1975（5/21）、1977（6/5）、1982（7/23）、1983（10/20）。

民有地の有坂（約一・六ヘクタル）が宅地開発され 1997（4/22）±三〇羽。

島路：事業所 1959（4/18）から 1960（7/9）まで二～五羽（造林奉仕で春、秋、冬に集団で人の出入が続く）、1962（7/19）、1963（3/24）、（5/22）、1964（8/27）、1966（6/5）、1968（4/15）。

65）キセキレイ（留・繁）、**ハクセキレイ**（留）、**セグロセキレイ**（留・繁）、この仲間は水辺があれば記録される。キセキレイは比較的水質の綺麗な環境、ハクセキレイ、セグロセキレイは土壌が比較的腐植した環境でも記録できる。

キセキレイ、内宮：内宮神域内の五十鈴川河川敷 1966（1/1～31）、1967（4/17）、1970（4/28）、（5/7）二羽、（11/11）三羽、神楽殿屋根 1975（7/10）幼鳥五羽、五十鈴川河川敷宇治橋下流 1976（8/7）、1977（3/27）雄、雌各一羽、（12/20）雄一羽、宇治橋上流 1978（5/17）幼鳥一羽、を連れた雌がオタカを追った。1981（4/18）、（7/17）幼鳥一羽、1991（5/13）参集殿裏の窓と格子桟の間、1999（4/16）、（5/19）幼鳥三羽、雄、雌、各一羽が営巣、（6/25）巣立を記録。

神路：後口入口 1974（4/13）、1975（8/25）、磯部谷 1977（6/5）大床谷 1982（7/23）幼鳥一羽、坂本谷 1983（4/13）、（10/20）、1984（6/5）雌一羽。

島路：彦の大曲 1957（1/15）雄二羽、雌二羽。

佐八：苗畑 1968（10/6）±五羽。

ハクセキレイ、内宮：五十鈴川河川敷 1966（1/1 〜 2/28)、1976（11/17)、(12/23)。
神路：法度口 1957（1/15)。
セグロセキレイ、内宮：五十鈴川河川敷 1966（1/1 〜 2/28)、1967（11/3）雄、(4/17）幼鳥一羽、1970（11/11）四羽、1975（4/10)、1981（5/19）雄一羽、幼鳥一羽、1991（5/13)、1999（4/16)。
神路：法度口 1970（10/28)。
島路：一之瀬周辺の島路川河川敷 1957（1/15）雄一羽、雌三羽。

66）**ビンズイ**（冬)、**タヒバリ**（冬）この仲間はともに冬鳥として越冬し飛去する。
ヒンズイ、内宮：苑地 1966（1/1 〜 2/28)、1970（3/26)、(11/11） ± 五〇羽、1977（3/27)、1980（10/12)、1998（3/20)、1999（4/16)。
神路：法度口 1976（11/8)、1997（4/22）六羽。
島路：一之瀬 1957（1/15)。
佐八：苗畑 1968（3/17)、(4/15)、(10/16)、1970（10/28)。
タヒバリ、島路：苗畑 1957（1/15）三羽。

67）**アトリ**（冬）この種は冬鳥として全国に飛来するが群の変化で有名である。例えば三重県では 1985（1/7）朝日新聞によると（1/5）伊賀町と関町で二万〜三万羽、昨年は飯高町で十二月初旬に五〇〇〇羽、普通は数百羽である。また（1/23）の報道によると青山町、美杉村では三〇万羽以上の群で毎年県下では六〇〜三〇〇羽、春に帰る頃は五〇〇〇羽ほどだと伝えた。春に帰る頃、三月頃の三重大学演習林では三〇〇万〜五〇〇万羽の群が飛来し、ハンノキやスギの花芽を捕食しながら気がくるったように大群が移動する行動はしばらく続いたという。

島路：一宇田峠、朝熊岳周辺 1997（11/1）。

68）カワラヒワ（留・繁）この種は森林帯の奥では記録がない。海岸部のクロマツ林、あるいは河川護岸や社寺境内のクロマツ、アカマツの茂った林で記録する。神宮では内宮宇治橋外のクロマツ林で繁殖することが多い 1956（5/7）。祓川（はらいがわ）中流域出屋敷新川橋付近の稲田に早朝栽培中の乳熟期稲が本種の±三〇〇羽群がスズメと同様の被害を与えていた 2000（8/17）。スズメと同様の習性を持つ。

内宮：苑地 1959（5/8）、1966（1/1）、1967（3/19）、（4/17）、1975（4/10）、（5/18）、1976（1/13）、（8/7）、1977（3/27）二五羽、1978（5/17）幼鳥一羽、1979（7/3）幼鳥一一羽、1980（4/21）、1981（5/19）、（7/17）幼鳥一羽。

神路：朝日谷苗畑 1973（6/13）、1977（6/5）、1986（6/26）雄、幼鳥各一羽、法度口苗畑 1997（11/12）±二〇羽が飛去。

島路：事業所苗畑 1956（5/13）、（11/20）。

佐八：苗畑 1965（11/24）、1968（11/7）六羽、1970（7/12）。

69）マヒワ（冬）この種は温暖化傾向にある近年は冬期間の気温上昇の影響か群の記録が少ない傾向にある。

70）イスカ（冬）この種は飛来例が少ない。マツの枯損が多いためか。
島路：一宇田峠と鳥居松周辺1968（12/7）、アカマツの毬果を捕食していた（十一月頃より翌年二月二〇日頃まで姿を観察したと高木森林監守の連絡を受けた）。

71）ウソ（冬）この種は越冬期間中に宮域林に飛来し、早春からソメイヨシノサクラの茂る内宮神域に姿を現わし花芽を好んで捕食するので人に嫌われている。
内宮：苑地周辺1967（3/19）±七羽、神宮司庁舎内1956（11/20）。
神路：丸山の麓、1960（11/12）、法度口苗畑1963（10/10）、（11/18）、1964（11/9）、朝日谷苗畑1977（2/2）。
佐八：苗畑1965（4/12）、（11/24）。

72）シメ（冬）、コイカル（冬）、この種は個体数も少なくあまり記録はない。
シメ、内宮：苑地1959（4/21）、1966（2/1～28）、1974（4/28）、1975（4/10）二〇羽、1977（3/27）、1979（1/4）、1980（2/24）。
神路：シャミセン谷1986（10/30）。
島路：嵐尾1957（1/15）。
コイカル、内宮：宇治橋中警衛見張所前のソメイヨシノサクラ1975（4/10）二二羽を記録。

73）イカル（留・繁）この種は伊勢市高向の稲荷神社境内に毎年冬鳥として数羽の飛来後、一九七五年に外宮神域に冬鳥として二羽が南下、一九七六年に四羽、一九七七年に四羽、一九七八年に六羽、一九七九年に一三羽、一九八〇年に四羽、一九八一年に一八羽、一九八二年に二四羽、一九八三年に一三羽、一九八四年に一〇羽、一九八五年に七羽がいずれも一月下旬から二月中旬まで記録した。

内宮:神域 1963（11/27）、1966（2/1～5）、1967（4/13）、1970（5/7）、1974（4/22）、1977（3/27）八羽、（9/16）五羽、1979（1/4）、1980（3/14）、（5/12）、1993（7/11）二四羽、1998（3/20）、（4/1）、1999（3/13）、（4/16）。

神路：法度口 1974（2/20）一〇羽、1975（5/21）、1982（4/25）二羽。

島路:魚乗り 1961（4/14）、1963（5/22）、1965（11/24）三羽、1966（5/19）、（6/5）、1968（1/26）、（12/7）。

一九八三年以降は神宮林全域で記録。一九八五年以降は留鳥として現在では±五〇羽前後が群となって生息するが、冬期に飛来する群とは混群にならない。また地元の人達は留鳥となった群の啼鳴は「伊勢いいとこね」「ちょっと兄さん」「ちょっと姉さん」と聞做しされるといって親しんでいる。

74）ホオジロ（留・繁）神宮林全域で記録できるが森林の繁茂する場所では確認できない。

内宮:苑地 1967（4/17）、1970（4/28）、（5/7）七羽、1975（8/12）幼鳥一羽、（11/17）、1976（8/7）九羽、（9/13）幼鳥一羽、1977（3/27）五羽、1978（4/26）二羽、1979（11/7）。

神路：朝日苗畑 1975（6/11）、1977（2/2）±五羽、（6/5）、1983（10/20）。

島路：苗畑 1956（5/13）、（8/28）、（12/2）、1963（4/20）、1964（2/14）、1970（7/12）、（8/11）、（9/7）、（10/28）、1971（3/9）、1974（3/14）。

佐八：苗畑1965（5/10）、（11/24）、1968（4/15）。

75）カシラダカ（冬）冬鳥として飛来する。
内宮：苑地1966（1/12）。
神路：法度口1976（11/8）。
島路：彦谷入口1962（12/19）、1964（4/20）、（11/9）六羽。
前山：土広1968（11/7）、（12/7）六羽。

76）ミヤマホオジロ（冬）冬鳥として飛来する。
内宮：苑地1976（12/1）幼鳥一羽。
島路：燧石1956（12/13）、天狗谷1967（2/8）二羽。

77）ノジコ（冬）、アオジ（冬）、クロジ（冬）、オオジュリン（冬）、この仲間は神宮林のどこでも記録できる。
ノジコ、内宮：苑地1975（10/9）、（11/17）、1984（4/9）。

神路：大滝1984（3/9）、アオジと非常に似ており鳴き声によって識別しないと困難なときもある。

アオジ、内宮：苑地1957（11/15）、1967（4/17）、1974（1/20）、（4/22）、1975（11/17）、1976（12/1）雄二羽、1978（4/26）、1980（3/14）、1981（2/16）雌、1993（4/5）、1998（1/19）、（3/20）、（4/1）、1999（4/16）、（10/30）。

神路：朝日谷苗畑1976（11/8）、1977（4/20）、1983（11/26）、1984（3/9）、1987（11/10）、1989（3/19）、大床谷1997（4/22）、（11/12）、越冬する個体は年々減少傾向にある。温暖化の影響で南下する個体が少ないのではないかと推察される。

島路：苗畑1956（12/2）、1964（1/17）、（2/14）±五羽、1972（4/17）、1973（4/6）。

佐八：苗畑1967（2/8）三〇羽。

クロジはアオジと同様の傾向を示す。

神路：大床谷1997（4/22）。

島路：魚乗り1964（12/4）。

オオジュリン、神路：狼谷1998（1/18）一〇羽。

島路：楠部峠より楠部峠道の神宮林側1998（1/18）±七羽。

78）コジュケイ（留・繁）この種は神宮林で生息しなかったが伊勢湾台風後は全域に生息（一九七五年）するようになった。現在は森林環境の変化によって伊勢志摩スカイライン周辺の一部と宇治橋付近の一部にしか記録されない。

内宮：風日祈宮奥1967（4/17）、1976（8/7）。

神路：法度口苗畑1976（4/16）、（6/20）幼鳥二羽、1977（11/18）。

島路：燧石1962（8/9）。

前山：茶ノ木谷1971（3/9）、1972（7/26）。

佐八：苗畑1966（11/30）、1968（6/11）幼鳥一羽、（8/16）、1970（7/12）、（8/11）。

一九五六〜二〇〇〇年間の四〇年余りの間に記録された鳥類の習性についてみると留鳥四二%、夏鳥一四%、冬鳥二三%、渡り二一%、繁殖記録のある種三七%、神宮林以外の周辺部で繁殖記録のある種は九%、となり繁殖記録のある種の多いのに驚く。これは、それ以外の地域環境の変化が厳しいからではないかと思われる。理由の一つに台風被害が多発するにもかかわらず神宮林の植生保存を考慮しながらヒノキ造林地を形成しようとしていることのお陰で鳥類は他の地域に較べ少しずつ変化していることが窺える。

例えば個体数の増加がみられる種は復元しつつある種として、オシドリ、マガモ、コガモ、カルガモ、新しく侵入した種はカワウ、クサシギ（渓流を河川改修で変化させたことで必ずしも良いとは言えない）、ウチヤマセンニュウ、エゾセンニュウ、ヒメアマツバメがいる。新しく繁殖記録を残した種はササゴイ、ヤイロチョウ、シジュウカラ、リュウキュウツバメ、ヒメアマツバメ、イソヒヨドリ、イカル。周年繁殖する種はキジバト、カワラバト、ハシボソガラス、ハシブトガラス。細々と記録（減少しつつ）される種はホトトギス。減少または記録されなくなった種は記録なしがウズラ、コノハズク、カッコウ、ツツドリ、ジュイチ。減少傾向にある種はヤマドリ、キジ、オオコノハズク、トビ、サシバ、カワガラス、スズメ、アオジ、マヒワ。侵入したが再び減少傾向にある種はコジュケイ。繁殖記録がなくなった種はサギ類。天候不順によって退避した種はアカエリヒレアシシギ、オジロワシ、（記録には残っていないがハシボソミズナギドリ）。越冬する種はコチドリ、ヒバリ、サシバ。渡りルートを代表する種はサシバ、ヒヨドリ。その他、個体数の少ない種はアオバズク、フクロウ、チョウゲンボウ、ノリス、オオタカ、ハイタカ、ツミ、カイツブリ、記述を省略したが稀に飛来する種にヒドリガモ、オナガガモ、ハシビロガモ、オオバン、ユリカモメがある。なお、鳥類の渡りのルートについては、概略図のようになった。

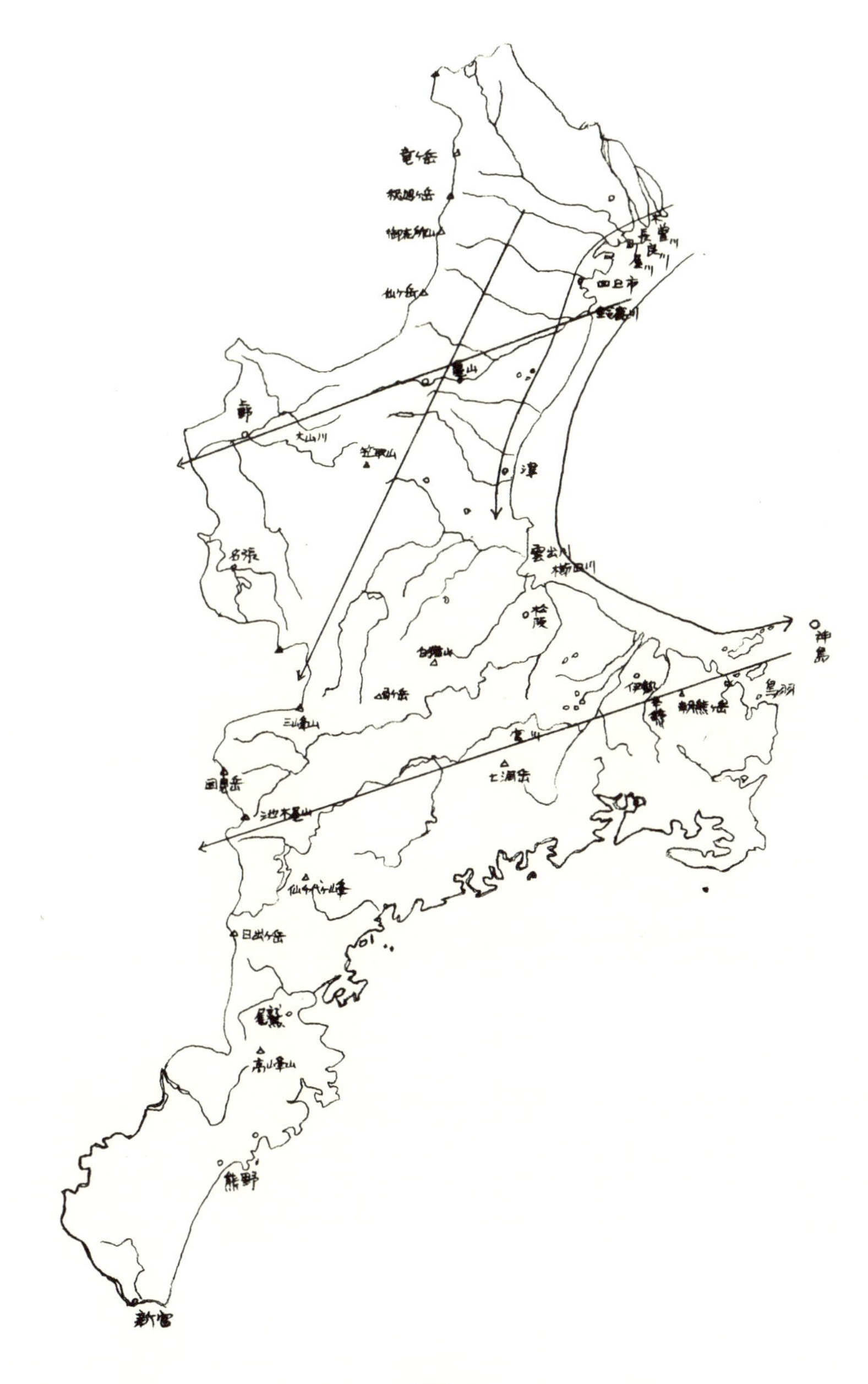
竜ヶ岳
御在所山
仙ヶ岳
四日市
亀山
大山川
津
名張
雲出川
櫛田川
松阪
白猪山
神島
伊勢
朝熊ヶ岳
鳥羽
宮川
七洞岳
池木屋山
仙千代ヶ峰
日出ヶ岳
熊野
新宮

概略図

第五章

第六十二回式年遷宮と、神宮司庁舎に衝突した鳥

I　神宮林の環境の変化

今年（二〇一三）は伊勢神宮の二十年毎に斎行される式年遷宮（第六十二回）が十月に行なわれ、伊勢地方は嘗てない未曾有の参拝と観光を兼ねた客人を招き、地元では一〇〇〇万人を突破した、江戸時代のお蔭参り以来のできごとだと騒がれた。それは日本全体が長く経済の不景気で沈滞していたこともあり、さらに出雲大社では六〇年毎に斎行される式年遷宮があって報道関連で偶然騒ぎが起り連鎖反応が起ったものと思われる。

宗教的な見方をすれば世界の宗教は大きく多神教と一神教に分けられるという。なぜ今回のように日本では伊勢神宮と出雲大社の御遷宮が一致したのかということで各界の有名人が資料を繙（ひもと）き不明なところはそれぞれに想像を交えて解説されているので興味深い。本来の東洋は日本と同じ多神教的な国々が多く、西洋は一神教的な国が多いことは誰もが認めるところであり、東洋を代表する国といえば日本である。日本民族は古来より多民族が集合しお互いが理解し融合した結果共通点を一致させたが、他国に於ては各民族が小集団で統合しそれぞれに民族色を残したまま国家を統一したことでお互いに統合したものの根本的なことを決めようとすれば意見はくい違って争いが発生する。人類は一つであると近年はよく言われ考え方は同じであるはずであるが、地球上の環境は様々であり、その環境によって様々な反応に対応し出来上った思想を簡単に変えることはできない。従って一神教だの多神教と騒がねばならなくなるのだと思われる。

人類は生物学的に見れば環境に適応し進化発展して来た哺乳類の一員に過ぎない。環境が違えば脳神経の発達が他の生物と違って極度に変化したゆえ精神的な志向性のあることは当然のことである。日本古来から存在する神は「何々の命」、大陸方面から移住してきた一部の民族が日本列島に定着し政治色を拡大しながら統一してきた神を「何々の尊」と表現しているのだと先人から聞かされたときは私にとって驚きであった。それは生まれ落ちた時から世の中は戦時色が濃く第二次世界大戦以前の教育で洗脳されていたからである。このことについては専門外でありこれ以上のことは述べない。

近年は生物の多様性が叫ばれるようになったが、私達の年代の幼少の頃と現在の孫達の幼少の頃の自然環境をみてみると自然環境は極めて単純化しつつある。従って、孫達が大人になり環境について反省したとき自分の幼少時の自然環境を標準としてしまうことを私は恐れる。

そこで、私は御遷宮用材が自給できる檜の育林作業を行っていた傍、自分は野鳥の行動について興味を持っていたことから記録の整理をはじめてみたところ面白い事実が見えてきたので、野鳥を主体として神宮林の取扱い如何によって将来に亘ってよりよい環境を維持して行く参考になることがあれば活用していただきたい、そう念じて纏めてみることにした。

地　形

一般に表現される神宮林と言えば広大でその位置を示すにも複雑である。まず日本列島のほぼ中央に伊勢湾があり奥には名古屋市がある。伊勢市は伊勢湾の西岸沿いに当たり伊勢湾と熊野灘の分岐点で伊勢湾寄りに広がった地域の一角に凡そ17,800ヘクタール（昭和三〇年代に町村合併した広さ）の中小都市の中にあり、そのうちの約1/3を占めて神宮林（5,600ヘクタール）がある。内宮神域を中心とすると地図上では東経136°43′33″、北緯34°27′03″、海抜約15メートル、五十鈴川の中流右岸にある。内宮の神域はその南側に御遷宮用材を育林する宮域林が海抜200～500メートルの山波を形成して取囲むように東と西に挟まれた小さな盆地状の地形をしている。三重県を目安として探してみても県のほぼ中央、伊勢平野を経て伊勢湾には直線で15キロメートル隔たった志摩半島の一角で、地形は近くに中央構造線が走り山地全体は東西に細長く波打つような形となっている。（図1）

　まず地形からみると、外宮神域と内宮神域とそれに続く宮域林の地形は最高峰が五十鈴川水系と宮川水系の分離する鷲嶺（海抜548メートル）である。ここから北へ走る山波は前山（海抜528.8メートル、三角点）、宇治橋の西に見える鼓ヶ岳（海抜385.2メートル）に連なっている。もう一つの山波は、鷲嶺から東に向い滝ヶ峠（海抜330メートル）を東に進み、続いて南へ八称宜山（はちねぎさん）（海抜421.8メートル）、剣峠（海抜342.5メートル）さらに東へ築地山（海抜414.8メートル）と進む、山波はここから北へ折れ志摩路トンネルのある逢坂峠（海抜242.5メートル）、奥島路（海抜198.2メートル、三角点）、山伏峠を通って宮域林の東北に聳える朝熊岳（海抜555メートル、三角点）の南をかすめ、朝熊山三角点（海抜478.1メートル）に連なり、ここからは西に折れて一宇田峠（海抜330メートル）、楠部峠（海抜248メートル）を過ぎ西の内宮神域北部に終る山波の内側全体となっている。（図2）

　これらの山々に囲まれた地域は、中央のやや東寄り内宮神域の南東付近から口島路（海抜405メートル）を通り、逢坂峠に向う南南東に走る山々で区切られる。通称東路山地域と呼ばれ、五十鈴川の支流の島路川と支流の彦谷、小屋ヶ谷、西河内谷という谷水を集め、その流域は約2,000ヘクタールに及ぶ。さらに、宮域林は前山を中心として南北に走る山々によって分水界を東側と西側に分ける。口島路と前山の両嶺に

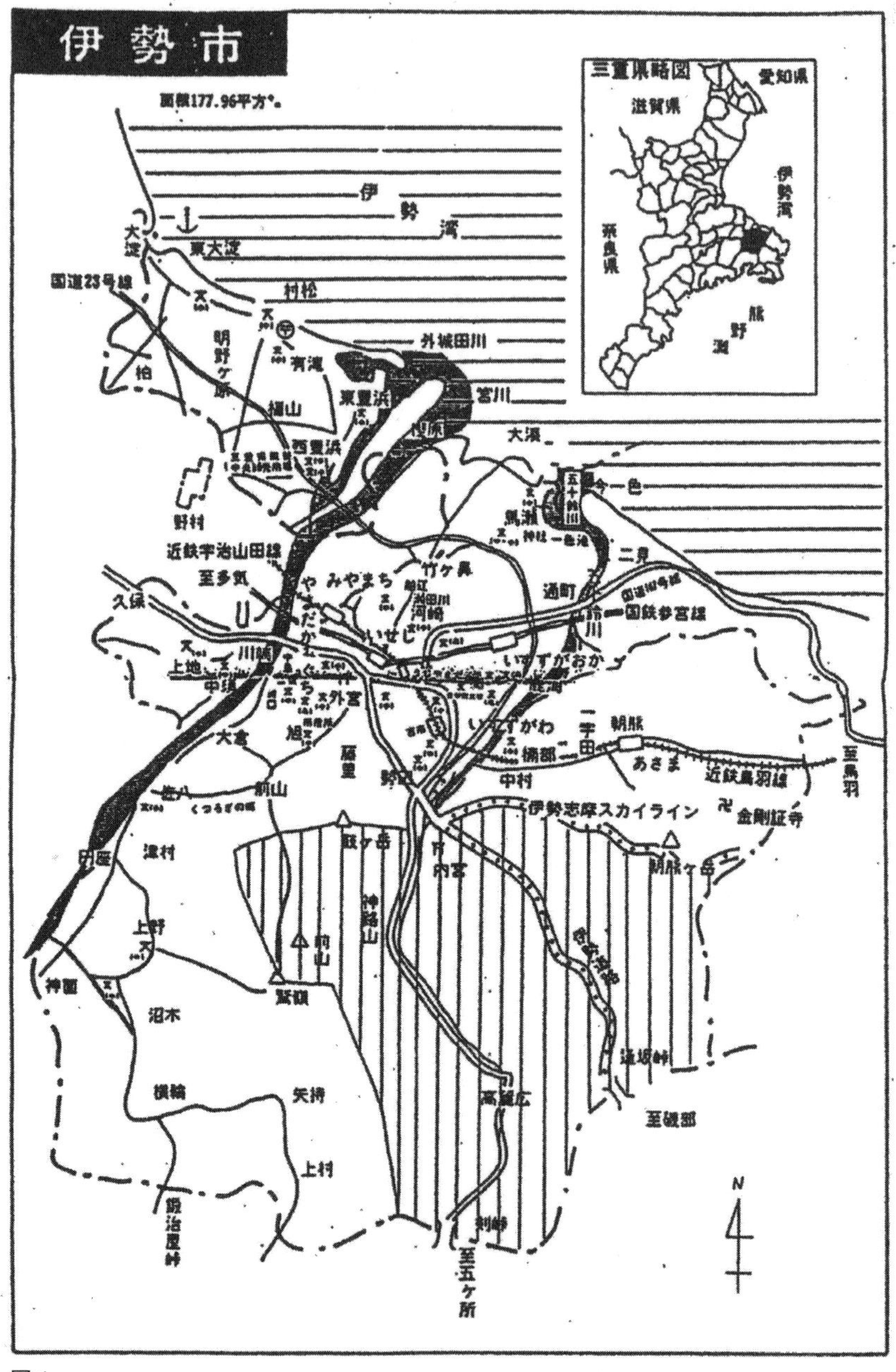
伊勢市
面積177.96平方キロ
三重県略図
愛知県
滋賀県
伊勢湾
奈良県
熊野灘
伊
勢
湾
大淀
東大淀
国道23号線
村松
外城田川
有滝
明野ケ原
東豊浜
宮川
西豊浜
大湊
五十鈴川
今一色
野村
近鉄宇治山田線
至多気
竹ケ鼻
二見
通町
国鉄参宮線
久保
川端
いすずがおか
上地
中須
外宮
いすずがわ
二宇田
朝熊
大倉
旭
楠部
あさま
近鉄鳥羽線
至鳥羽
中村
伊勢志摩スカイライン
金剛証寺
鼓ケ岳
内宮
朝熊ケ岳
田丸
津村
神路山
上野
前山
神薗
鷲嶺
沼木
逢坂峠
横輪
矢持
高麗広
至磯部
上村
剣峠
鍛治屋峠
至五ケ所
N
図１

挟まれた地域は、通称神路山と呼ばれ、内宮お手洗場の上流で島路川と合流し神路川となった五十鈴川の本流は約20キロメートル上流部の剣峠が源流のはじまりとされる。神路川の支流には、倉口谷、仙人谷、田代谷、磯部谷、朝日谷、灰ノ木谷などがあり流域面積は2,700ヘクタール余りとなっている。前山嶺線の西側は通称前山地域といわれ宮域林の北部（近畿伊勢自動車道の北側）で農耕地、丘陵地の中に点在する大小の飛地を含めた約670ヘクタールは宮川支流に境川と宮川流域に降水は主として流れ、前山飛地の通称東山地

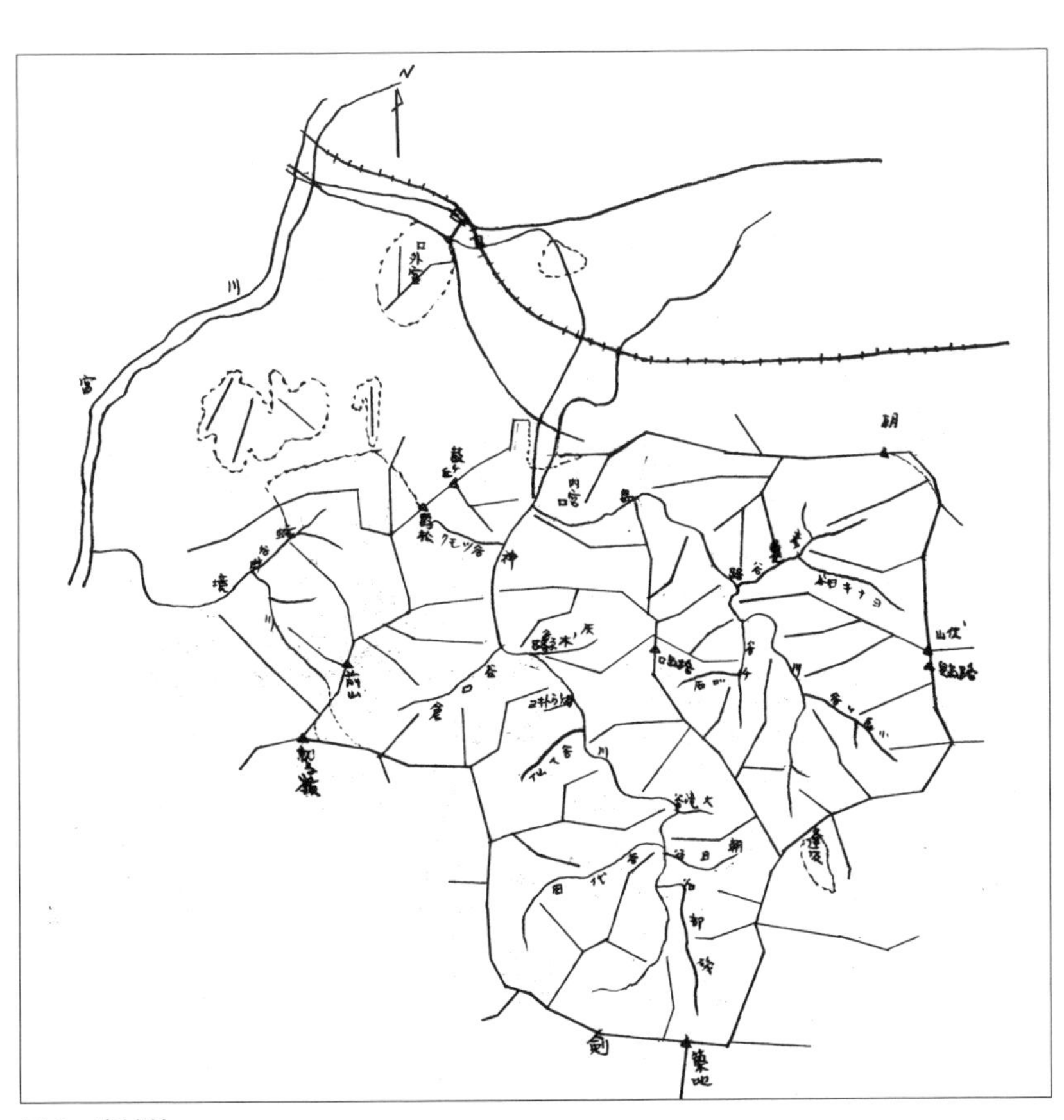

図２　宮域林

区は勢田川流域の最上流域となって、外宮神域の降水を集め伊勢湾に注いでいる。

地質と土壌

神域林と通常表現されている地域の地質は次のように説明されている。（図3）
概要は主に東西の走向を持つ古生層の水成岩で成り立ち、鷲嶺から朝熊山のすぐ南の寺見坂にかけて東西の大断層が走っている。地質学で有名な中央構造線である。
地層は北部が古成層下部の御荷鉾層、南部は秩谷古成層、最南部は中生代ジュラ紀の松尾層が出現している。内宮神域と前山の一部それに外宮神域は新第三紀層が堆積し、五十鈴川の川岸は沖積層の部分が出現している。

さらに、御荷鉾層は南の鷲嶺層と北の宮川層に分けられ、この二層の間に塩基性の火成岩である斑糲岩、橄欖岩が帯状に小さく貫入し一部は蛇紋岩、緑泥片岩に変質している。鷲嶺層は主に角閃岩、緑泥片岩から成り、石英片岩、絹雲母片岩などを挟んでいる。秩父古成層は主に砂岩、粘板岩、輝緑凝灰岩から成り、その間に石灰岩、角岩を挟み各地に小規模な石灰洞を形成している。これは南方の珊瑚礁が地殻変動によってレンズ状に閉じ込められたものでフィリピン海プレートが北上した証拠となるものである。ジュラ紀の松尾層は主に砂岩、頁岩から成りこれも間に石灰岩、角岩を挟んでいる。このような二畳紀、ジュラ紀から生成された土壌はほとんどが褐色森林土に属し、比較的まばらに腐植質を交え黄褐色を呈していることが多い。土壌型はBD　BD（d）　BC　BEで土性は埴壌土が主で酸度は低く、土層は深い部分が多く森林の生育はよい。一方、御荷鉾層、斑糲岩から成る土壌は堅く腐植質に乏しく

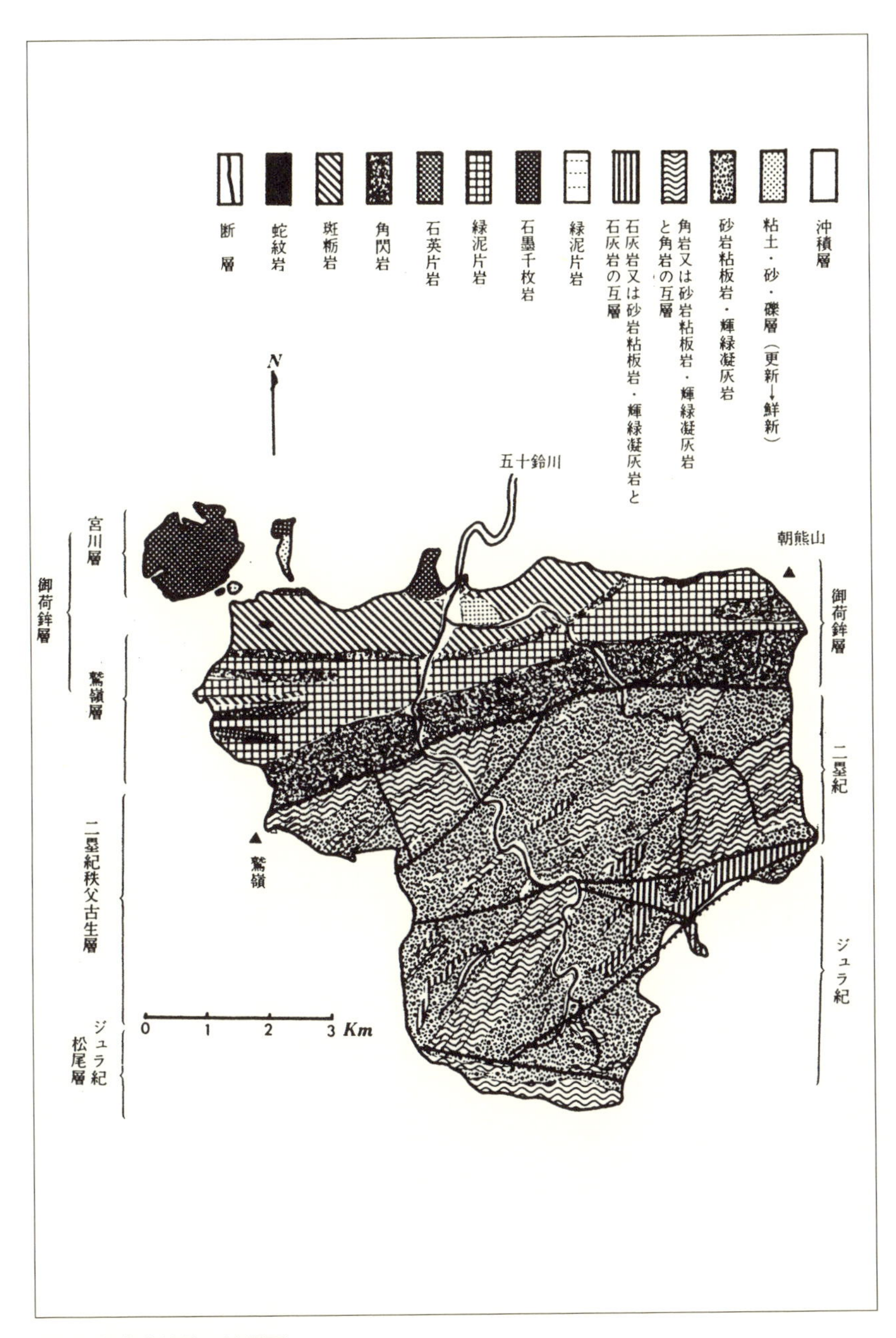

図３　神宮宮域林の地質図

褐色、土壌型はBA BC、BD（d）で埴土が多く塩基性成分が流出し酸性度は高い。土層は浅く森林の生育に不適で前述の区域とは対照的である。

植　物

外宮神域　内宮神域、宮域林の中で代表される植物は、日本の植物分布帯からみると、暖帯林（常緑広葉樹林＝照葉樹林ともいう）の中心にあたる。それを代表する樹種はカシ類、シイ類、クスノキ類、ヤブツバキ、ヤマモモ、サカキ、オガタマノキ、イスノキ、トキワマンサク、バクチノキ、リンボク、ユズリハ、クロガネモチ、タラヨウ、ヤマビワ、ホルトノキ、カクレミノ、アオキ、アセビ、タイミンタチバナ、トキワガキ、ミミズバイ、などが目につきやすい。

落葉広葉樹の高木はコナラ類、シデ類、カエデ類、ヤナギ類、ハンノキ類、ヒメシャラ、ヤマザクラ、ケヤキ、エノキ、ミズキ、カマツカ、ネムノキ、カラスザンショウ、クサギ、コバノトネリコ、アカメガシワ、ヤマハゼ、ヌルデ、イイギリ、ハリギリ、ヤマボウシ、リョウブ、ネジキ、ヤマガキ、エゴノキ、ゴンズイ、ゴマギ等である。

低木はクロモジ、アブラチャン、ウツギ類、タマアジサイ、キハダ、サンショウ、コクサギ、キブシ、タラノキ、ムラサキシキブ、ガマズミ等がある。

針葉樹はヒノキ、スギ、アカマツ、モミ、ツガ、イヌマキ、カヤ、イヌガヤ、ネズミサシ等が二次性天然林の常緑広葉樹の中に混じって生育している。

ササ類は神路川、島路川、境川などの川畔の一部などにメダケ、ヤダケ類が限られた区域に生育している。

つる性植物はクズ、フジ、ツタ類（ツヅラフジ、ツタ、テイカカズラ、カギカズラ）、アケビ、ムベ、ヤマノイモ、カラスウリ等が生育している。

その他草類が六百数十種、シダ類が百三十余種、地衣類が三十余種変形菌種が四十余種記録され、集団的に温存されているものも多いが、中には植物学上極めて貴重な種類が幾つかある。

次に植物を森林集団として眺めてみると、内宮神域とその周辺の第一宮域林区域に生育する二次性天然林の標準型は二次性（一九五九年の伊勢湾台風以前は過去にも幾度か更新された天然林として存在したが、今回は一部に植林が行われ、本来の天然林の姿は薄れてしまっているので二次性と表現することにした）で高木層に丘陵性のツブラジイが比較的温存され（板根の発達した樹が比較的目立つ）、サカキ、タイミンタチバナが優占している。とくに鬱閉林が破壊された跡は、陽光を好むタイミンタチバナの群落となり、先駆樹的性格を有するこの種は森林が茂ると消滅し極盛相としてツブラジイ—サカキ群集に移行する。

第一宮域林の大部分はツブラジイ—タイミンタチバナ、アカマツ—ツブラジイ、またはアカマツ—サカキ群集で構成され谷筋の肥沃地は比較的スギがよく生育している。瘠悪地は特にウラジロシダ、コシダが目立ちかなり広範な広さで生育している。この地域については昭和初期頃に集中豪雨が発生し山腹崩壊を起した経緯のあるところで瘠悪地となっている。林床植物のシダ類でもカナワラビ、ベニシダ等の生育地は対照的に土壌は肥え湿潤で水はけがよく、スギ、ヒノキの生育は良好である。

内宮神域と宮域林を外観と一部の植生を調査し図化してみると（図4）一九二〇年代はアカマツ—ツブラジイ、—サカキ、ツブラジイ—カシ—サカキの各群集が大部分を占め、スギ、ヒノキの植林地は各

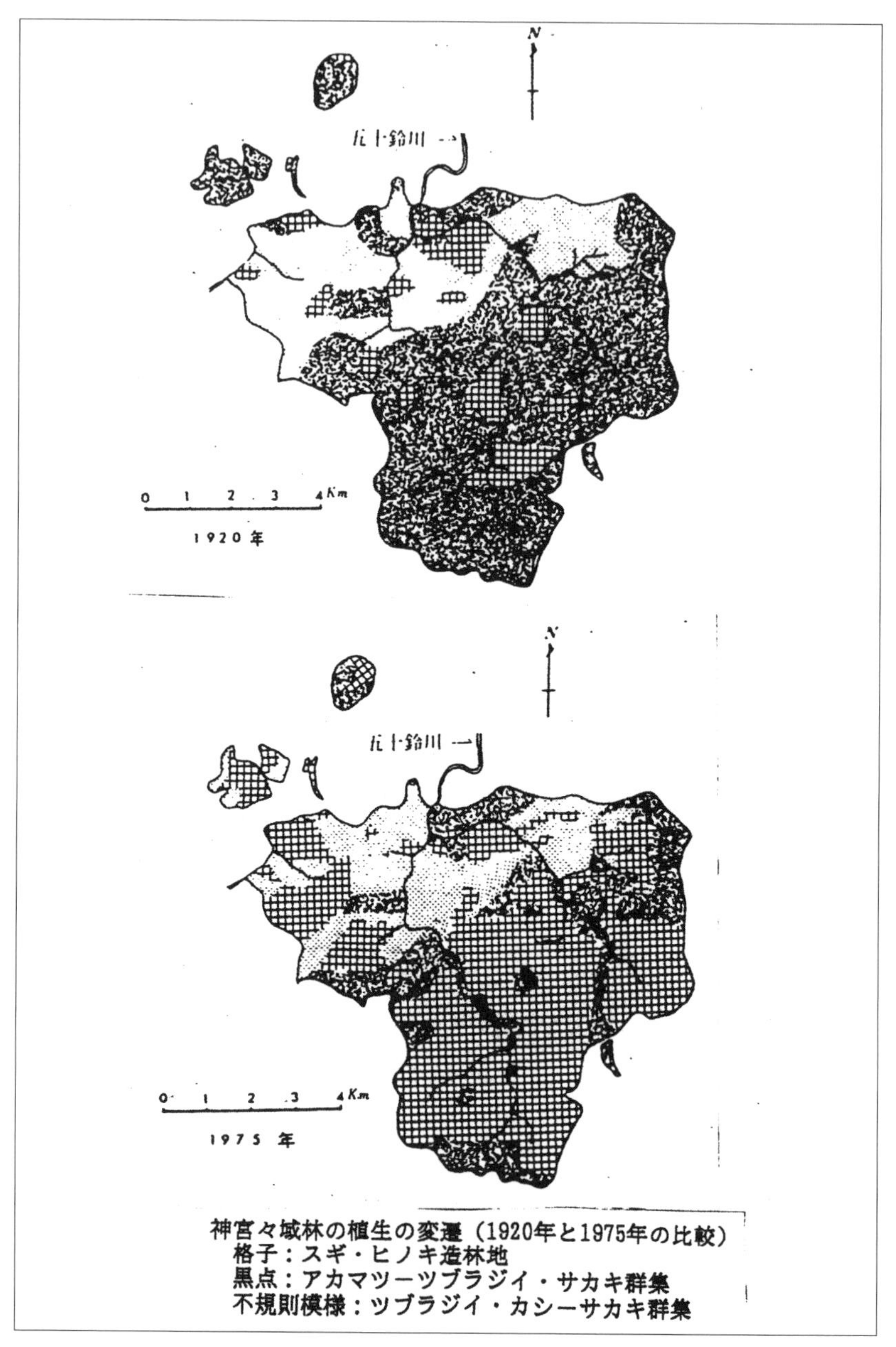
N
五十鈴川
0 1 2 3 4 Km
1920 年
N
五十鈴川
0 1 2 3 4 Km
1975 年
神宮々域林の植生の変遷（1920年と1975年の比較）
格子：スギ・ヒノキ造林地
黒点：アカマツーツブラジイ・サカキ群集
不規則模様：ツブラジイ・カシーサカキ群集

図４

地に点在したに過ぎなかった。ところが一九七五年代は内宮神域付近のアカマツ―ツブラジイ、―サカキ群集が成育する他、内宮神域の北部、朝熊山麓の一部、倉口谷と鷲嶺にかけ東西に細長く延びた区域、神路川、島路川の各川岸沿いの帯状に連続する部分（森林施業上、護岸保全のため川岸より水平に約60メートル以上山手になった斜面は自然状態で伐採しない）はツブラジイ―カシ―サカキ―ヒサカキ群集がそれぞれ集団的に生育した二次性天然林となっている。大部分はヒノキを主とした植林地で約2,800ヘクタールの面積は全体の55％を占めている。因みに神路山地区の通称「嵐尾のクス」が生育する二次性天然林の植生断面を図化してみると第5図となる。神路川沿いの岸から尾根に向った150メートルまでは、高木層にヤブツバキ、アラカシ、イチイガシ、ウラジロガシ、ヤブニッケイなどの常緑広葉樹が覆い、中に落葉広葉樹のクマノミズキ、が点在していた。林床植物は陽光の当る場所ではハナワラビ、ハマクサギ、コムラサキ、シロダモ、イロハモミジがわずかに生育していた。ヤブツバキ群集地は日光の射し込みがなく林床植物の生育はなく地表は表土が流出し大小の転石が露出していた。斜距離150～270メートル間は、高木層にクスノキが優占し、亜高木層にヤブツバキが目立った。林床植物は陽光が達しないためまったく植物が生育していなかった。斜距離270メートル以上では伊勢湾台風（一九五九）の被害で林相の一部が破壊されたものの大部分の植生は回復しモチツツジ、ヒメウツギ、ハマクサギ、ウツギなどがブッシュ状に繁茂し、中にヒメイタビカズラ、テイカカズラなどの蔓性植物が豊富に生育していた。高木層はアカマツ、ヤマモモがわずかに生育し殆んど植生の再生でアセビ、ヒサカキなどが本来の低木層を除けば大部分がツブラジイ、ソヨゴ、アラカシなどの高木層の幼樹で鬱閉しない枯損木が目立つ状況であった。その結果この地域の植生は外観上はクスノキを高木層として、亜高木層にヤブツバキに優占されたクスノキ―ヤブツバキ群集という宮域林の植生では特殊な群集であった。さらにここで注目したいのは常緑

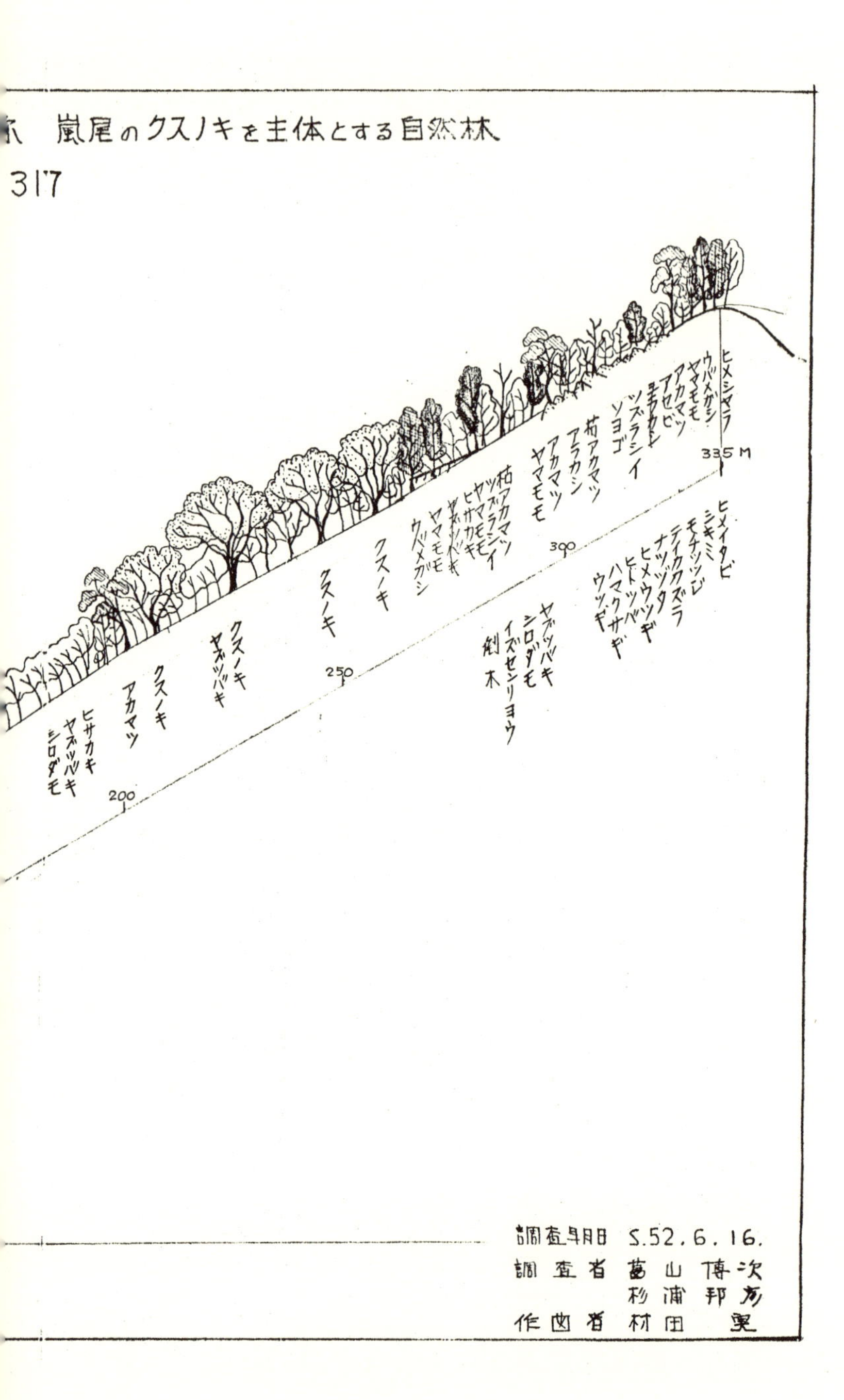
嵐尾のクスノキを主体とする自然林
317
ヒメシャラ
ウバメガシ
ヤマモモ
アカマツ
アセビ
ツズラシイ
ソヨゴ
枯アカマツ
アラカシ
アカマツ
ヤマモモ
枯アカマツ
ツブラジイ
ヤマモモ
ヒサカキ
ヤマモモ
ウバメガシ
クスノキ
クスノキ
クスノキ
ヤブツバキ
クスノキ
アカマツ
ヒサカキ
ヤブツバキ
シロダモ
200
250
300
335 M
ヒメイタビ
シキミ
モチツツジ
テイカカズラ
ナツヅタ
ヒメウツギ
ヒトツバ
ハマクサギ
ウツギ
ヤブツバキ
シロダモ
イズセンリョウ
創木
調査年月日 S.52.6.16.
調査者 葛山博次
杉浦邦彦
作図者 村田実

伊勢志摩国立公園　伊勢神宮宮域林　54林班

位置　伊勢市宇治今在池町大字灰ノ木

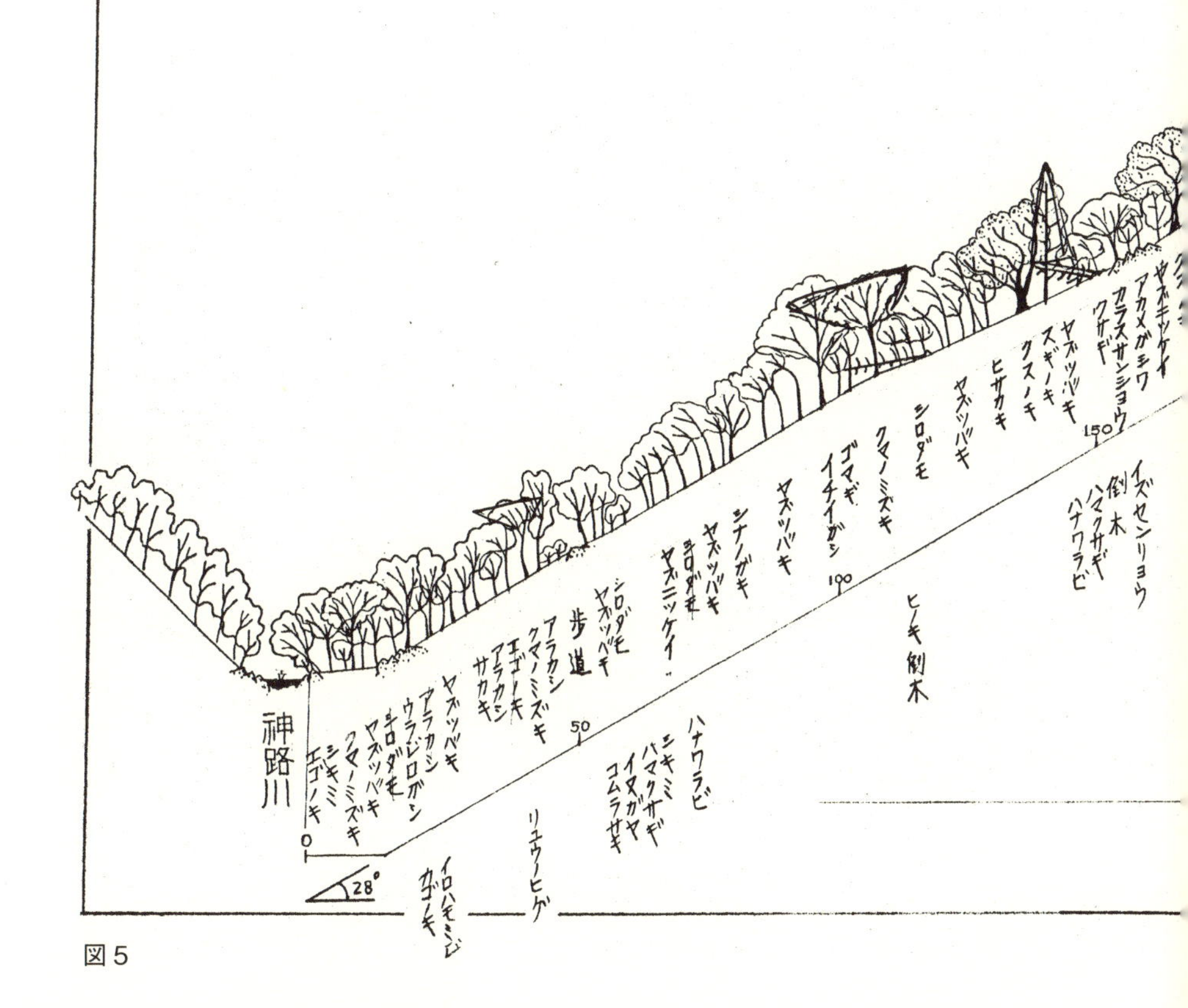

図５

広葉樹帯の植生遷移が典型的に現われており、森林保全について土壌状況と植生に係わる関係について私達になんらかの示唆を与えるものとして注目すべき地域である。

動　物

神宮の境内地（広域的にみた境内地）に生息する哺乳類は、7目12科24種が記録されている。この中で大型動物のホンシュウシカ、イノシシは昭和初期に山林の害獣駆除の対象とされ、定期的に統制のとれた間引きが行われ順調に個体数は調整され一九四五年までそれが続いた。調整された個体数から当時の境内地に生息していたと推定されたホンシュウシカは4.5頭/㌶、イノシシは2.5頭/㌶であった。（明治十八～昭和十年頃までの捕獲記録によって算定されている。）しかし、一九四五年（終戦後）以降は御造営用材育成のためのヒノキ造林地が拡大（約2,900㌶）したのと、毎年狩猟期間中のマナーに欠ける行為が時々発生し両種の生息個体数は減少傾向（全国的に減少）をたどって来た。（戦後の食糧不足をはじめ混沌たる社会状況が続き密猟が時々発生した。）昭和四十年代から平成の初期にかけて林内に入っても群や個体に出会うことは極めて珍しくなり、マーキングや移動の痕跡さえ発見が困難となっていることを考えると境内地約5,600㌶余りに生息する個体数を推測するとホンシュウシカもイノシシも共に100頭前後に減少したのではないかと思われるようになった。内宮神域と第一宮域林、外宮神域は禁猟区に指定されている関係で毎年十一月頃になると宇治橋前では夜間になるとシカの啼き声をよく聞くことができ、内宮、外宮の参道を少し離れた場所ではイノシシの親子連れによる食痕跡が地面に残されていることが多くなった。この足跡についても年々小形化の傾向にあり、伊勢自動車道（高速道路で一九九三年開通）の開通は外宮神域と宮域林が遮断されることによって発生する外宮神域の自然はいつまでネイチャーアイランドとして残ることが出来るか興味の持たれるところである（昭和二九年〈一九五四〉、巨大イノシシが外宮神域から飛び出し旧国鉄伊勢市駅方向に向って猪突猛進した事例は残っているし、外宮神域に隣接する山田工作場で当直していた職員が外の異常な雑音に気づき窓越しに様子を見て驚いたことに、凹地を渡って移動するイノシシの群を見たので数えてみたらシシ16頭だったと落語の種になるような実話があって騒がれたこともあった）。

さらに動物たちの繁殖期（五月）の夜はキツネ、アナグマなどがしきりに活動しムササビは樹上で夜通し啼き続け昼間とは違った雰囲気となる。ムササビは時によっては御本殿周辺に張ってある鉄条網にひっかかり犠牲になる個体も現れる。タヌキはぽかぽか陽気になるとふらりと参道に姿を見せることもある。タヌキ、アナグマは内宮や外宮の神楽殿床下に穴を掘り営巣場所として利用している。この季節は野生化した犬、猫が近年増加傾向にあり、身籠もったホンシュウシカの雌を襲ったり、ニホンザル、タヌキ、イノシシ等が伊勢道路などで自動車と衝突することも多くなり森林内の生態系は変化しつつあった。

また帰化昆虫として知られているアオマツムシは外宮神域の一部で一九五二年に橋本太郎によって確認されていたが分布を拡大し内宮神域、神宮宮域林の一部で確認（一九七七年）するようになった。自動車の移動によって拡大し現在では全国に広まり、離島でも確認できるようになった。さらに、この種の活動は日中摂氏一七度以上でないと活発な活動ができないことも確認された。（杉浦記録）

時は過ぎ一九八二年（昭和五七）八月二～三日の台風10号による集中豪雨で五十鈴川が氾濫、参道は火除橋より下流部一帯が浸水し膝の近くまで水に浸かってしまい、宇治橋の橋脚は大きな捨石で固定していたものが下流部へ押し流され橋梁全体が浮き上がってしまった。（神路山田代谷で自動雨量計の記録によれば七～九時で140ミリメートル、一日421ミリメートルの降雨があった。）その結果一九八三～一九八四年にかけて宇治橋附近の五十鈴川河川工事がはじまり、護岸、川底は自然石を用いた三面張のコンクリート工事が一部にされ、見かけ上の自然石による二面張りの自然との共生が発生した。このために渓流は一般化した河川になり、魚類をはじめ鳥類の生息状況は大変化をはじめた。一方、一九八九年（平成元）七月七日は伊勢市付近は集中豪雨に遭遇し勢田川の氾濫で市役所や近鉄宇治山田駅を中心に下流部一帯の低地は人の胸近くまで増水した。続いて一九九〇年（平成二）頃から冬は暖冬、夏は猛暑と旱魃が毎年発生し、梅雨期のうっとうしい雨と霧の発生はなく、ハルゼミ、ニイニイゼミ、アブラゼミ、クマゼミ、ミンミンゼミ等のセミの鳴声はすっかり変り、いきなりクマゼミが鳴き出し、前者の種の鳴声はあまり聞かれなくなってしまった。その上、冬期の五十鈴川は流水がなくなり深みの一部が枯渇した小さな溜め水的状況となって大量のコイ、フナ、ウグイ等の死骸が姿をみせた。異常気象で内宮神域を取囲む二次性天然アカマツ林（約一五〇年生）1,000ヘクタール余が一九九三～一九九四年に突然一斉に枯損、さらに近畿伊勢自動車道の開設や神宮林の北部にあった広大な常緑広葉樹の広がる里山はサンアリーナの開設によって、カラスのねぐらや繁殖地となっていた約3,000羽の大群が分散し伊勢市内の各地に広がって他の鳥類や人の生活圏へ影響を与え続けている。

また二〇一三年五月八日の外宮神域南斜面では伊勢湾台風以来常緑樹林帯は自然回復し、およそ過去の極盛相に近い外観となり、寒暖差の大きな昨今の状態でカシ、シイ類の雄花が一斉に開花し山腹は黄色の絵具で塗り潰したように全山が淡黄色となった。今までに経験したことのない景観に深く感動したものである。

II　内宮神苑の鳥類について

ルートセンサス調査の結果

内宮の森は古来から信仰の対象となって自然が他の地域に比べ比較的温存されている。近年は世間でよく神宮の山と表現されているのは明治以降に国家管理になってからのことである。様々な形態を経て大正時代の後半になってから二十年毎に行なわれる式年遷宮に必要な檜林を造成することを基本とし、神宮の森厳を維持することを目標として一九二二年から神宮神域（93ヘクタール余）を禁伐林に、宮域林（5,400ヘクタール余。旧宮内省管轄の世伝御料地）を御造営用材の育成地とし檜を主とした人工造林地に、さらにその中を第一宮域林（1,912ヘクタール余）、第二宮域林（第一宮域林以外の土地、4,300ヘクタール余）とし、第二宮域林は取扱上で特別施業地（1,255ヘクタール余）、防火樹帯（154ヘクタール余）、普通施業地（2,914ヘクタール余）に区分、五十鈴川の水源涵養、風致の増進を目的とし、その中で生物の生態系の調和を計りながら檜を主とした針葉樹と広葉樹の混交した長伐期択伐施業地とした森林管理目標を立て森厳保持が計られ、一般的には動物相にとって生物の多様性に係わる住みよい環境を維持することになった。

内宮神域は御本殿を中心として広がる森であり、その中は宇治橋を中心にして、南は火除橋に至る広い庭園式の地域は神苑（7.3ヘクタール余）と宇治橋外の現在駐車場（大正期に県管公園となって神宮に保管転換された。因みにそれ以前には国道一号線が火除橋前まで来て終点となっていた時代もあった）は古来からの神域の尊厳を強化する目的で整理（殆んどが民有地であった）された区域で現在でも自由に散策することができる。

内宮神域と神宮宮域林の学術的な報告があったのは一九三四年に鳥類について川村多実二が初めてで、その後、一九五七年に橋本太郎が神宮の依頼を受け、その後二〇〇二年（一九九八年から三ヶ年）神宮が所管する地域を山階鳥類研究所が橋本氏同様、神宮の依頼で調査し神宮鳥類生息調査報告として取纏められた。

川村氏の報告は宇治橋を中心に神苑の区域と内宮神楽殿から御本殿のある参道周辺であり、橋本氏の報告は、内宮、外宮の両神域と別宮の森、宮域林全般に亘る鳥相を主とした鳥類目録に止まっている。因みに森林経営上の必要性から地理的分布調査（一九二四、一九三二）、生態的分布調査（一九三二）、陸貝調査（一九五二）、神宮宮域林産生物目録（一九五七）、昆虫類の生態的な解析（一九八〇）等が諸氏によって発表されて来た。

近年は自然保護や生物の多様性に関心を持たれる参拝者が多くなり参道で「どんな鳥類が生息しているのか」「過去の鳥相と現在観察される鳥相や個体数の増減に関すること」「タカ（主にサシバ）類の秋の渡りに関する」といった質問をよく受けるようになった。そこで、宇治橋内から神楽殿の東側の御酒殿付近に至る参道を中心に、参拝者の多い昼頃を普通のルートセンサス法に従って殆んど毎日調査をしその解析を試みることにし、一九七九年の一ヶ年を予備調査として、月一回、日中約三〇分、一九八〇年から一九九九年の二〇年に亘った資料を纏めてみた。

調査位置ならびに調査区域とその周辺の環境

今回の調査地は内宮神苑が主で東経136°43′33″、北緯34°27′03″、海抜約15メートル程の平地で、五十鈴川中流右岸にあり、神宮宮域林に囲まれた山波（海抜200～300メートル）に東と西から挟まれた小さな盆地的地形の一部である。この地は日本列島からみると三重県のほぼ中央にあり、東は太平洋、西は海抜300～500メートルの中央構造線によった山波、南は神宮宮域林の海抜300～500メートルの山波、北は伊勢平野と伊勢湾に、それぞれ直線で15キロメートル程隔たって志摩半島の一角となっている。地形は凸凹があっても殆んど気になるような高低差はなく沖積層で構成された平地で調査区域内は一部に五十鈴川の水面が含まれている。

気候は東海型気候区に属し、一月二月が最も低温で、七月八月は最も高温が続く。降水量は秋季の末期に最も多く、年間の降水量は平均2,000ミリメートルを越える。

今回の調査域は人が自由に往来できる範囲を調査したので、建造物、歩道（玉砂利敷の舗装）、アカマツを主としたシバの草地（西洋式庭園）、スギ、ヒノキ（造林木四十年生程）を主としたクスノキ、ケヤキ、カシ、シイ類の天然木が混交した高さは平均20メートル程の上木とその下層にヒサカキ、サカキ、シロダモ、アラカシ、フユイチゴ等の貧弱な植生で注目するような植物はない。これは一九五九年の伊勢湾台風以来、人工的に補植したスギ、ヒノキが密集し、調査期間中に一度だけ枯枝の枝打と生長量の5％にも達しない間伐が実施された以外は手が加えられなかったので密植状態が続き林床植物は貧弱になったことによる（植栽時は一ヘクタール当り6,000本植）。さらにアカマツを上木とする苑地の草地は年に二～三回草刈が実施され、マツにはマツノザイセンチュウを防除するために春に二回ほど薬剤の噴霧散布と材幹に薬剤注入が実施されている。因みに参道は年間を通して約四〇〇万人以上の参拝者があり、特に春、秋の観光シーズンは多く、七月と十二月は各々十八万人以上の参拝者で最低となる。鳥類の調査は正午から三〇分間実施したので、この間は人出が比較的少ない時間帯となっていた。

調査方法

調査は標準的なロードセンサス法によって左右各水平距離25㍍の面積内に入る個体数と種名を記録し、一部通路が交差する箇所は前に通過した記録を優先し後に通過した記録は省略した。従って調査区域は図6に示すように39,200平方㍍内で記録したものである。なお調査道具は十倍の双眼鏡とカメラを使用し調査距離は1,300㍍、これを三〇分（約2,600㍍を一時間の割）かけてロードセンサスを行った。

調査結果と考察

調査結果に基づいて一九八〇年から一九九九年の二十年間における月毎、種毎に纏めてみると表1になる。確認された種は六二種、九、八九四個体（神宮宮域林全域では一年間で約一〇〇種は確認できる）となり、そのうち幼鳥が確認されたものは三四六個体となった。幼鳥の個体数が多い順に示すと、スズメ、ヒヨドリ、エナガ、ヤマガラ、シジュウカラ、ツバメ、キセキレイ、メジロ、ゴイサギ、カワラバト、コゲラとなり、都市部に生息する種と、常緑広葉樹と針葉樹の混交する森林性の鳥類の繁殖することがわかった。

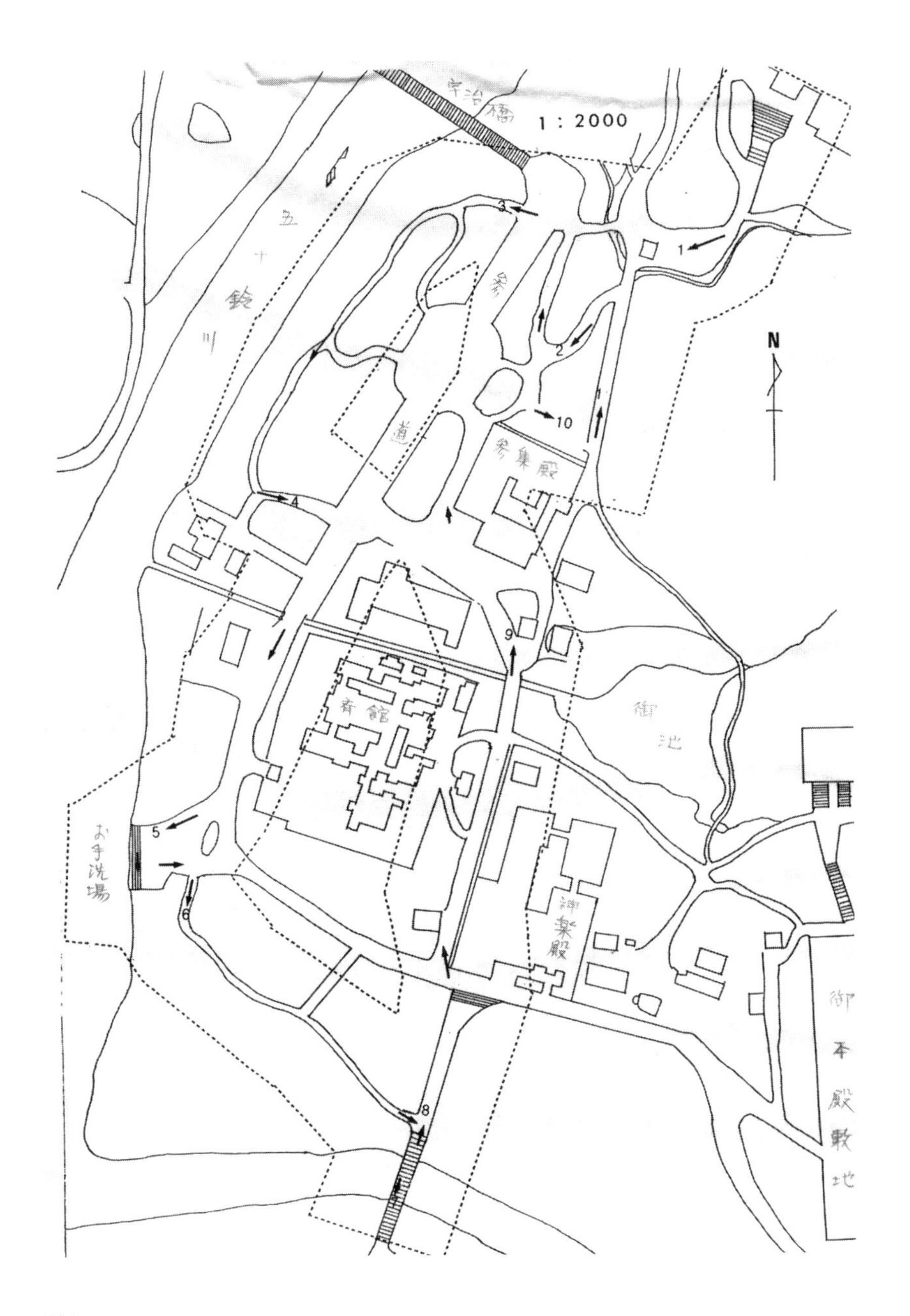

図6

月別区分(1980～1999)をした内宮参道のルートセンサスによる鳥類個体数表

鳥名＼月	1	2	3	4	5	6	7	8	9	10	11	12	年
ヒヨドリ	188	99	87	92	(9) 112	(20) 97	(10) 97	(7) 99	(27) 185	(2) 479	316	317	(75) 2,168
エナガ	126	96	66	(2) 60	(12) 48	(12) 63	29	41	(1) 53	112	103	185	(27) 982
メジロ	90	73	53	83	44	55	51	(2) 46	81	96	113	111	(2) 896
スズメ	16	36	21	88	(45) 190	(84) 155	(49) 160	(36) 66	(4) 14	4	2	5	(218) 757
アオジ	108	116	98	66	8					6	29	95	526
ヤマガラ	43	29	43	49	49	(3) 44	10	(6) 32	(1) 45	53	59	38	(10) 494
カワラヒワ	39	67	60	111	68	50	14	5	2	1	44	31	492
カワラバト	71	26	39	35	84	8	(1) 5	8	8	41	50	21	(1) 396
シジュウガラ	21	32	38	48	(5) 52	37	(3) 15	(2) 17	35	25	34	29	(10) 383
キジバト	51	39	31	23	21	11	12	28	20	37	21	48	342
イカル	30	21	41	5	10	13	14	9	11	21	64	40	279
ハシブトガラス	14	44	21	24	10	13	6	19	17	23	18	21	230
コゲラ	18	7	27	20	11	18	8	(1) 19	14	14	17	20	(1) 193
シロハラ	35	50	23	37	3						10	24	182
ムクドリ	82			1	2							82	167
キセキレイ	4	9	10	19	25	(3) 26	5	6	14	18	9	16	(3) 161
ツグミ	28	19	21	11							35	41	155
トビ	19	9	9	11	6	16	2	1	9	12	8	10	112
セグロセキレイ	6	7	11	11	12	10	2	5	10	16	9	4	103
ハシボソガラス	9	6	6	5	6	13	13	11	4	7	11	11	102
マガモ	20	10	31	2							18	18	99
ウグイス	6	9	7	12	4	3			1	4	17	21	84
ビンズイ	23	8	19	5	3					1	8	14	81
コサギ	4	5	5	2			3	6	14	7	6	5	57
アイガモ		24	2	6	4	3	3	2	1	2	2	3	52
ツバメ			1	10	7	(7) 16	16	1					(7) 51
ウソ	8	21	17	4									50
クロジ	8	14	5	3						1	1	6	38
カワガラス	5	3	2	1				2	3	2	4	2	24
シメ	8	6	3	1								4	22
カワセミ	1		2	1	4		3	3	1	2	1	3	21
アオバト	9	2	4	1	1							2	19
モズ		2	2						2	5	5		16
ルリビタキ	3	7	1	2								2	15
アオゲラ	1	1	2	4	2			1	1	1		1	14
ハクセキレイ	2	2	3	1						1	3	2	14
カワウ			3			3	1	1	2			3	13
アオサギ	1	2	1				1	3	1	1		1	11
ササゴイ					1	3	3	2					9
トラツグミ		1	6	1	1								9
ホオジロ		1					2			3	3		9
カケス	2	1	2	1					1		1		8
アカハラ	2	3		1									6
イワツバメ								5					5
ジョウビタキ	1	2	1									1	5
ノジコ												5	5
ゴイサギ					1			1	(2) 2				(2) 4
アオバズク					2	1	1						4
サシバ			1	1					1				3
イカルチドリ								1	2				3
クサシギ											3		3
コシアカツバメ										3			3
サメビタキ										3			3
オシドリ		1										1	2
アカゲラ				1						1			2
ヒレンジャク		2											2
センダイムシクイ				1	1								2
ホトトギス									2				2
ノスリ									1				1
クロツグミ									1				1
エゾセンニュウ					1								1
サンショウクイ					1								1
計	1,102	912	825	(2) 860	(71) 794	(129) 658	(63) 476	(54) 440	(35) 558	(2) 1,002	1,024	1,243	(356) 9,894

表 1

季節的な変動については、春季二、四七九、夏季一、五七四、秋季二、五八四、冬季三、二五七各個体となって苑地では冬季の十二月一、二四三、一月一、一〇二、二月九一二、各個体で、十二月、一月が最も多くの鳥類に出会う。二月になると越冬していた鳥類はさらに南下するものが一部に発生するためである。続いて固体数の多い季節は秋季の二、五八四個体で九月五五八、十月一、〇〇二、十一月一、〇二四の各個体となった。苑地では八月下旬から九月中旬頃になると愛知県伊良湖方面からサシバが南下する主要な渡りコース（北西風の強弱によって北は伊勢市大湊町、南は神宮宮域林のほぼ中央部）内になっており、他の鳥類の春秋の渡りコースにもなっているからである。今回の調査では二十年間にサシバの渡りコースは北側を通り宇治橋上空でよく確認されたり、五十鈴川お手洗～神路川と島路川の合流付近の上空を通過することが多く苑地上空は避けて通る傾向があった。これは苑地の西の鼓ヶ岳が高く山脈として西に延びていて苑地上空には上昇気流の発生が少ないことによる。これはサシバの渡り調査によって毎年確認されている。続いて春季は二、四七九個体となって、三月は八二五、四月は八六〇、五月は七九四の各個体となった。五月に入ると留鳥として一年中確認できるスズメは四五、エナガは一二、ヒヨドリは九、シジュウカラは五の各個体の、巣立ち後間もない個体を確認した。繁殖期には森林内に分散し各種とも姿を見せなくなり、他の越冬鳥として冬に滞在していた個体は各々飛去する種が発生し、三月からは各個体の確認は困難となってくる。最後に夏季は一、五七四個体となって冬季の四八％余りしか確認することができなくなる。

続いて一九八〇～一九九九年の二十年間を一九八九年までの前半と一九九九年までの後半に分け鳥類の相対密度の変化をみると、増加した種はヒヨドリである。さらに鳥類を検討してみると森林の回復、あるいは小集団の変化によると推察される種は、メジロ、ヤマガラ、シジュウカラ、コゲラ、ルリビタキ、

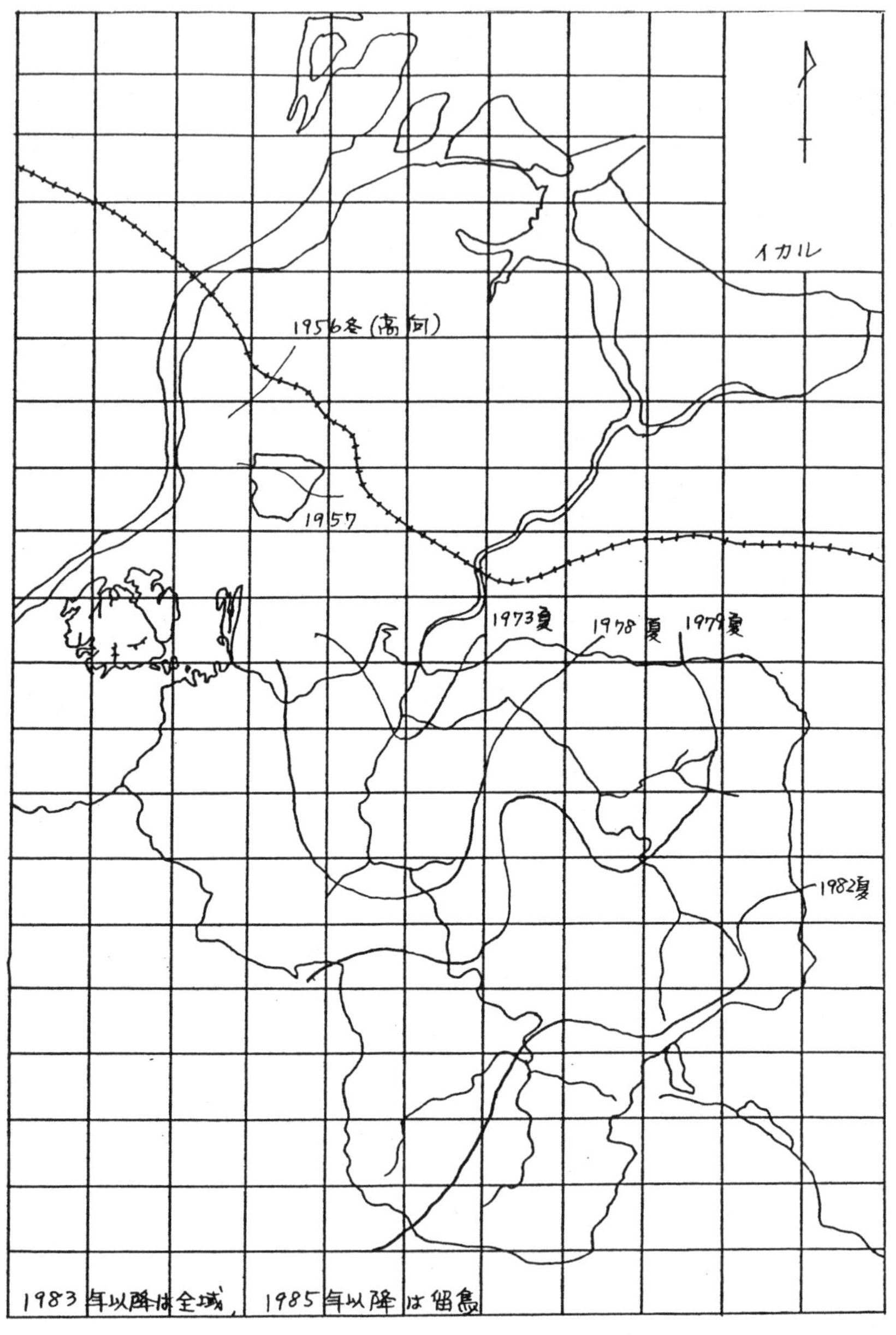
イカル
1956冬(高向)
1957
1973夏
1978夏
1979夏
1982夏
1983年以降は全域，1985年以降は留鳥

図７

アオゲラ、トラツグミ、ジョウビタキ、アカゲラ、ホトトギス、クロツグミ、エゾセンニュウ、と個体数の多い順に確認された。因みに宇治橋外に生育するクロマツ林内において営巣数の増加をみた種にカワラヒワがいた。火除橋付近の神鶏として献納された飼育種のおこぼれを目当てに飛来する種はカワラバト、宮域林奥地で過去に越冬鳥としての記録はあるものの最近になって奥地で繁殖し集団で飛来するようになったイカルがある。因みに宮域林に分布を拡大したイカルの記録を整理してみると図7のようになり、神苑に姿を現わすようになったのは一九七三年夏頃からであり、一九八〇年六月からは毎月確認できる機会が増すようになった。次は公共機関によるサンアリーナ建設によって宮域林に隣接する里山の森林帯が消滅しカラスのねぐらが破壊されたことによってハシブトガラス、ハシボソガラスが伊勢市内の安全とみられる樹木や電柱と電線等に小集団でねぐらを求めるようになった。また、五十鈴川のお手洗場の対岸で砂利層の変化する州（大小の転石層が細かい砂利層に変化、これは五十鈴川の宇治橋付近の河川改修が大きな影響を与えている）に、飛来するキセキレイ、セグロセキレイ、ハクセキレイがいた。内宮神楽殿裏の御池にマコモが茂り隠れ場所が現れるとマガモの小群が姿を現わすようになった。島路川の旧一の瀬橋下流部（通称魚乗り）周辺の護岸に生育するメダケ群落の回復によるウグイス。五十鈴川の河川改修によって渓流区域であったのが上流部河川に変化し、流水の変化と小魚の隠れ場所の変化によって、コサギ、アオサギ、ササゴイ、カワウ、カワセミ、イカルチドリ、クサシギ、過去にはアオサギ、カワウ、チドリ類は姿を見ることもなかった（河川改修前はネコギギ、カジカガエル、ゲンジボタル、が驚くほど生息していた）。また、烏帽子岩より上流で宇治橋下流の右岸の区域は公園化になった地域の一部に床版、橋の下桁のI型鉄骨が共になくなり、その周辺護岸の茂みの除去が献納された茶室と日本庭園に変化したことによってカワガラス、ゴイサギの飛来がなくなると同時にカワガラスの営巣場所が消滅した。さらに五十鈴川お手洗場の下流に献納されたアイガモが一〇羽ほど放鳥されたことによって今まで観察されなかったオシドリの小群が飛来するようになった。

暖冬傾向による渡り期の変化によってウソ、クロジ、神宮以外の東方に生育する森林の変化に伴い渡りコースのメインになる通過地点の変化によるサシバの秋の移動は上昇気流の微妙な変化の影響かと思われる。

減少した種は、ルートセンサス内に於て営巣場所の変化によるエナガ、休憩所内に於て食料品の販売中止と営巣個所の除去によるツバメ、コシアカツバメ、スズメ。暖冬傾向になった秋の渡りの変化（北部または山岳地帯からやって来る種の南下傾向がなく、例年の越冬は関東以東、あるいは高山帯から低山帯に移動する種、あるいは個体数の減少、例年、三重県の北勢地方で確認された冬鳥の群は凡そ一ヶ月から一・五ヶ月後にならないと中勢地方や神宮の森でしか確認できない）によるアオジ、シロハラ、ビンズイ、ノジコ、（冬鳥と同様で春期の寒冷の影響による）センダイムシクイ、サンショウクイ、森林の回復によって鬱閉度が強くなり里山の環境変化によるキジバト、ムクドリ、宇治橋下流部からお側橋に至る区域の五十鈴川が河川改修と同時に大きな自然石によって三面張りの見かけ上は自然に調和したといわれる公園化で本来の河川とは異なる異色の構造物となり、周辺は駐車場と化したことによる影響によってトビ、ノリスがたまに飛来する。

五十鈴公園のクヌギ大木の結実が年々減少し一部に枯損木が発生したことによるシメ、内宮神楽殿付近のクヌギ大木の花穂が開花しなくなったことによるアオバト、森林が回復し周辺に孤立木がなくなったことで、モズ、ホオジロ、サメビタキ、気象の前線通過の関係するイワツバメ。主にソメイヨシノサクラの老化によるヤドリギの減少でヒレンジャクの飛来が減少した。

変化のない種は秋の渡り期の変化に関係なく渡った種はカケス、アカハラ、繁殖場所の安定でアオバズクとなった。

次に神苑内において二十年間の各種毎に年間一日当りの個体数と一ヘクタール当りの個体数を最多順にみると、ヒヨドリは一日当り5.94羽、一ヘクタール当り五五三羽となる。（以下、5.94/1day 553/1ha と記す）

以下順にエナガ（2.69/1day 250/1ha）、メジロ（2.45/1day 228/1ha）、スズメ（2.07/1day 193/1ha）となりヒヨドリ—エナガ—メジロ—スズメ群集を構成する鳥類相となって降雨時以外の天候であればなんとか確認できる種であるといえる。

続いてアオジ（2.16/ 1day 134/ 1ha）、ヤマガラ（1.35/1day 126/1ha）、カワラヒワ（1.34/1day 125/1ha）、カワラバト（1.08/1day 101/1ha）、シジュウカラ（1.05/ 1day 97/1ha）となりこのグループは冬鳥のアオジ以外は年間を通じなんとか確認できる種である。

次にキジバト（0.94/1day 87/1ha）、イカル（0.76/1day 71/1ha）、ハシブトガラス（0.63/1day 58/1ha）、コゲラ（0.53/1day 49/1ha）、シロハラ（0.84/1day 46/1ha）、ムクドリ（1.38/1day 42/1ha）となり群行動と季節変化によって確認できる種である。

これら以外の四七種については季節、環境、生息場所によって確認できる。

キセキレイ（0.44/1day 40/1ha）、ツグミ（0.81/1day 39羽/1ha）、トビ（0.31/1day 28/1ha）、セグロセキレイとハシボソガラスは共に0.28/1day 26/1ha、マガモ（0.55/1day 25/1ha）、ビンズイ（0.35/1day 21/1ha）、ウグイス（0.28/1day 21/1ha）、コサギ（10.19/1day 14/1ha）、アイガモ（0.003/1day 13/1ha）、ツバメ0.28/1day 13/1ha）、ウソ（0.42/1day 12/1ha）、クロジ

(0.18/1day 9/1ha)、カワガラス(0.09/1day 6/1ha)、シメ(0.15/1day 5/1ha)、カワセミ(0.06/1day 5/1ha)、アオバト、モズは共に(0.1/1day 4/1ha)、ルリビタキ(0.1/1day 3/1ha)、アオゲラ(0.05/1day 3/1ha)、ハクセキレイ(0.66/1day 3/1ha)、カワウ(0.07/1day 3/1ha)、アオサギ(0.04/1day 2/1ha)、ササゴイ、トラツグミ、ホオジロは共に(0.07/1day 2/1ha)、カケス(0.44/1day 2/1ha)、アカハラ(0.67/1day 1.53/1ha)、イワツバメ(0.01/1day 1/1ha)、ジョウビタキ(0.04/1day 1/1ha)、ノジコ(0.01/1day 1/1ha)、ゴイサギ、アオバズクは共に(0.43/1day 1/1ha)、サシバ(0.03/1day 0.7/1ha)、イカルチドリ(0.05/1day 0.7/1ha)、クサシギ(0.1/1day 0.7/1ha)、コシアカツバメ(0.1/1day 0.7/1ha)、サメビタキ(0.1/1day 0.7/1ha)、オシドリ(0.04/1day 0.5/1ha)、アカゲラ(0.03/1day 0.5/1ha)、ヒレンジャク(0.7/1day 0.5/1ha)、センダイムシクイ(0.03/1day 0.5/1ha)、ホトトギス(0.07/1day 0.5/1ha)、ノスリ、クロツグミ、エゾセンニュウ、サンショウクイは共に(0.03/1day 0.3/1ha)となった。従ってこれらは幸運に恵まれれば観察できる。

これら鳥類の環境を主として検討してみると森林性環境に生息する種を個体数の多い順に示すと、ヒヨドリ、エナガ、メジロ、アオジ、ヤマガラ、シジュウカラ、キジバト、イカル、コゲラ、シロハラ、ツグミ、ビンズイ、ウグイス、ウソ、クロジ、シメ、アオバト、ルリビタキ、アオゲラ、トラツグミ、カケス、アカハラ、ジョウビタキ、アオバズク、サシバ、サメビタキ、アカゲラ、センダイムシクイ、ホトトギス、ノスリ、クロツグミ、エゾセンニュウ、サンショウクイの三三種となる。里山または都市の緑地帯環境に生息する種は、カワラヒワ、カワラバト、ハシブトガラス、ムクドリ、トビ、ハシボソガラス、ツバメ、モズ、ホオジロ、コシアカツバメ、ヒレンジャク、の十一種となる。水辺または河川環境に生息する種は、キセキレイ、マガモ、コサギ、アイガモ、カワガラス、カワセミ、ハクセキレイ、カワウ、アオサギ、ササゴイ、ゴイサギ、イカルチドリ、クサシギ、の十三種となる。渡り期に上空を飛去する種は、イワツバメ、サシバ（一九五八年頃は宮域林内の水田耕作がされていた頃は繁殖していたので苑地にもよく飛来したが、宮域林内の水田地が殆んど休耕田、あるいはスギ、ヒノキの植林地に移行してしまい繁殖しなくなった頃より夏季の記録はなくなった）。

続いて二十年間をみると、全体で六二種、個体数は九、八九四個体となっているが、これを一九八〇～一九八九年の前半、一九九〇～一九九九年の後半に分け種数をみると前半では48％後半は52％となって後半の方がわずかではあるが種数が多くなっている。個体数については前半50.23％で後半は49.76％となりほぼ同じの出現率となった。そこで月別に前半と後半の種数の変化をみてみると一月は合計二五八種で前半51％、後半は49％となり、二月は同様に示すと、二七八種、前半は47％、後半は53％となり、三月は二七五種で前半・後半共に50％となった。四月は二八三種、五月は二一六種で共に前半は48％、後半は52％、六月は二〇六種で前半51％、後半は49％となり、七月は一五四種で前半42％、後半は58％、八月は一四五種で前半43％、後半は57％、九月は一六九種で前半44％、後半56％、七、八、九月は大差が出た。十月は二〇〇種、十一月二三二種、十二月二六〇種となり順次種数の増加はあったが、共に前半50％となって変化はなかった。従って前半に種数が多かったのは一月、六月、後半多かったのは二月、四月、五月、七月、八月、九月となり、前半・後半のほぼ同じ月は三月、十月、十一月、十二月となり、全体としてみると二、六七六種で前半は48％、後半は52％となって後半に種数は増加している。これは、調査区域外の森林環境の移行が順調に進行していることと、集中豪雨によって河川環境が大きく変動していたのが少しずつ落ち着いて来たことによるものと思われる。

さらに個体数変動についてみると一月は一、一〇二個体で前半は六六七個体、後半は四三五個体となるが二十年間の総体密度（九、八九九四個体）で検討してみると一月の前半は6.74％、後半は4.40％となる。以下、二月は前半は4.54％、後半は4.68％となって後半の方が多く、三月の前半は8.34％、後半は4.28％でかなりの差があった。四月は前半が4.29％、後半は4.40％、五月は前半3.87％、後半は4.15％でそれぞれ後半がわずかに多くなった。六月の前半は3.56％、後半は3.09％となって前半がわずかに多くなった。七月の前半は2.10％、後半は2.71％、八月は前半が1.73％、後半が2.72％、九月の前半は2.44％、後半は3.20％となって後半がわずかに多い傾向となった。十月は前半と後半は共に5.06％となって同じとなった。十一月は前半が4.84％、後半は5.51％、十二月は前半が7.02％、後半は5.54％となってかなりの差を生じた。これを纏めてみると、一、三、六、十二月は前半が多く十二月、一月は越冬鳥の南下によることが原因であり、六月は繁殖期の半ばとなって幼鳥が姿を見せることが多くなるためと考えられる。また、二、四、五、七、八、九、十一の各月が後半に多いのは、二月は寒波が厳しく、北勢地方の越冬鳥が少しずつ南下する現象が見られることにより、四、五月は春期の渡り期に入り、伊勢地方以南の個体、あるいは夏鳥の一部が飛来することによって一時的に飛去と飛来が重なる現象によるものと思われる。七、八、九月は繁殖を終え幼鳥の飛来が多くなるためであり、十一月に個体が増加するのは秋の渡りで北勢地方に滞在していた個体が南下をはじめ一時滞在をするか、越冬するために増加するからであるが、後半に多いことは主として五十鈴川河川改修が終りかけ変化した環境が落ちついて来たことによると考えられる。

最後に各種毎に前半と後半に区分して前半の方が観察されることが多かったのを個体数の多い順にその理由が推察できるのを示せば次のようになる。

ヒヨドリは渡りコースの変化によって後半の方が個体数は多く観察できた。エナガは調査区域内の繁殖場所が変り営巣しなくなったために後半は減少した。メジロは森林の回復によってよく参道の人目につく場所に現われるようになったので後半には多くなった。スズメは休憩所の食料販売が中止されたので後半は減少した。アオジは全国的に冬鳥として飛来するのが少なく後半は減少した。ヤマガラは森林の回復、カワラヒワは宇治橋外のクロマツに営巣をするようになってそれぞれ後半には多くなった。カワラバトは日除橋の中で献納のニワトリに餌をあたえるようになってから小群で飛来するために後半では増加した。シジュウカラは森林回復によって後半に多く観察できるようになった。キジバトは森林回復によって里山の環境変化により少し彼らにとっては悪化傾向になり後半は減少した。イカルは宮域林の奥地で繁殖し一群で行動しているのが飛来するようになり後半では増加した。ハシブトガラスは宮域林の東部にあった里山がサンアリーナの建設によって集団ねぐらが崩壊したことによって大群が分解し小集団で分散したことで後半はよく観察できた。コゲラは森林回復によって後半ではよく参道に姿をみせるようになった。シロハラは冬鳥の飛来が暖冬異変以来全国的に減少傾向にあることによる。ムクドリは森林の回復によって苑地の周辺一帯が集団ねぐらに相応しくなくなり減少した。キセキレイは五十鈴川お手洗場の対岸にいつも形成される砂利州の転石がなくなり、細砂の堆積に変化したことによって水生昆虫類の採餌が容易になったことにより増加。ツグミはシロハラ同様の傾向、トビは宇治橋下流の河川敷が公園化されたことにより減少した。セグロセキレイはキセキレイと同様の傾向。ハシボソガラスはハシブトガラスと同様であり、ときには参道の人目につきやすい所によく営巣するので増加傾向となった。マガモは神楽殿裏の御池内に生育する植物相の変化によって隠れ場が増加したことで飛来することが多くなった。ビンズイはシロハラ、ツグミ同様で減少傾向を示した。ウグイスは島路川上流の一の瀬橋下流部にメダケ群落が回復したことで姿をよく見せるようになった。コサギは五十鈴川の河川改修が落合い上流部まで進んだことによって魚類の生息が変化し増加傾向を示した。アイガモは献納され、お手洗下流部に放流されたことで姿を見せるようになった。ツバメはスズメ同様に休憩所の営巣を除去をされ少なくなった。ウソは奥地から集団移動しソメイヨシノザクラの蕾を採餌する傾向が多くなったためである。クロジは渡去の変化によって多く見られる傾向になった。カワガラスは河川改修によって営巣場所と採餌区間の変化により減少傾向をしめした。カワセミは河川改修により下流部が公園化され、神路川と島路川の合流する落合より上流部まで行動圏を移動させたことでよく見られるようになった。アオバトは神楽殿のクヌギの大木が花穂（かすい）を着生させることが少なくなり飛来することが少なくなった。モズは周辺部の森林が山里から森林帯に変化したことによって繁殖あるいは飛来が少なくなった。ルリビタキは森林の変化による林縁の変化でよく姿を現すようになったために発見することが多くなった。アオゲラは広範な縄張りを持ちその北端の一部である苑地より奥の森林帯の縄張りが少しずつ変化するために姿を見せる傾向で増加した。ハクセキレイは汐合のＪＲ鉄橋の下流部にある汐合橋に約二〇〇羽以上の集団でねぐらを形成するようになってから苑地に姿を見せる傾向が多くなった。カワウは五十鈴川河川改修がお側橋から上流に施工され渓流部が落合いよりさらに上流部へと移行し水深を深く（約五〇チセン以上）したことによって採餌のため飛来し、最近では神路川の田代谷が合流する辺りにまで姿を見せるようになった。アオサギ、ササゴイも五十鈴川河川改修によってよく観察される。トラツグミは採餌場所の変化によってよく見られる。ホオジロは苑地周辺の森林変化によって姿をみることが少なくなった。カケス、アカハラは渡り期の変化があまりなく、変化の傾向はみられない。イワツバメは天候の前線通過と同時にやって来ることが多いのでチャンスに恵まれないと観察はできない、ジョウビタキはルリビタキと同様である。ノジコはシロハラ、ツグミと同様である。ゴイサギは河川改修により隠処の消滅で減少傾向を示した。アオバズクは営巣場所に変化はないので傾向は安定している。サシバは秋の渡りコースの微妙な変化で苑地の上空を通過するために後半で少し多い傾向となった。イカルチドリ、クサシギは五十鈴川の河川改修で落合付近で後半に観察した。コシアカツバメはツバメと同様である。サメビタキは森林の変化によって観察しやすい樹木が少なくなったことによって減少した。オシドリはアイガモの放鳥によって五十鈴川お手洗い下流部に飛来するようになった。アカゲラは森林の変化によって観察されるようになった。アオゲラと同様の傾向である。ヒレンジャクはサクラの老齢化によって寄生のヤドリギが少なくなったことにより飛来しなくなった。センダイムシクイは夏鳥の移動変化により、常緑樹の葉が硬くなる頃に集中飛来する（寒冷気団の影響）ため、奥地の落葉広葉樹に集中することで苑地に姿をみせなくなった。ホトトギスはウグイスの鳴声が多くなったら姿をみせるようになった。ノスリは河川改修によってお側橋上流付近一帯が公園化されたことで減少した。クロツグミ、エゾセンニュウは森林の変化によって観察できるようになった。サンショウクイはサメビタキと同様の傾向である。

以上、これらを前半と後半で分けてみると前半に多く後半に少ない傾向となった種は、エナガ、スズメ、アオジ、キジバト、シロハラ、ムクドリ、ツグミ、トビ、ビンズイ、ツバメ、カワガラス、シメ、アオバト、モズ、ホオジロ、イワツバメ、ノジコ、ゴイサギ、コシアカツバメ、サメビタキ、ヒレンジャク、センダイムシクイとなり、前半に少なく後半に多くなった種はヒヨドリ、メジロ、ヤマガラ、カワラヒワ、カワラバト、シジュウカラ、イカル、ハシブトガラス、コゲラ、キセキレイ、セグロセキレイ、ハシボソガラス、マガモ、コサギ、アイガモ、ウソ、クロジ、カワセミ、ルリビタキ、アオゲラ、ハクセキレイ、カワウ、アオサギ、ササゴイ、トラツグミ、ジョウビタキ、サシバ、イカルチドリ、クサシギ、オシドリ、アオゲラ、ホトトギス、ノスリ、クロツグミ、エゾセンニュウ、サンショウクイとなった。前半、後半共に変化のなかったのは、カケス、アカハラ、アオバズクであった。

前半後半における種と個体数の変動は森林環境が順調に進行しており、河川改修後の河川環境が徐々に落ちつきを取り戻して来たことにより、また全国的な気候変動によって鳥類の飛来と飛去に変化を及ぼしていると推察できるのではないだろうか。伊勢地方は三重県内において鳥類の様々な行動を観察するのに中心的な地域と言えるのではないだろうか。

Ⅲ　神宮司庁舎に衝突した鳥類について

はじめに

伊勢神宮内宮神域の森は自然崇拝の神聖な地として支えられ幾多の自然災害等を潜り抜け森林生態学で言われる老杉と樟、樫、椎類の大木（約四〇〇～五〇〇年）に覆われた常緑広葉樹林の極盛相を構成していた。ところが、一九五九年九月の伊勢湾台風によって神域の六割近くが風水害を受け台風被害木の処理後の人工造林地を一部含んで現在は更新しつつある森である。因みに過去に森林の極盛相は日本の気候帯からみると二〇〇年以上経過した森林を指してもよいのではないかと学者間の議論の対象によく上った。

現存する神宮司庁舎は本来の神域の北部一角で過去一九一二年頃は御本殿近くにある民有地であったものを神域の森厳保持に必要であるとの理由で明治以降に買収された地域であったが、伊勢湾台風で最も被害の大きかった地域で根返りした杉、樫、椎類の台風被害処理後の伐根が悲惨な状態で広く分散し、また辛じて倒木を免れた一〇〇年生前後の杉や樟、その他の常緑広葉樹の風害を免れた幼樹が茂りかけていた状況の環境となっていた。

一九七一年年頃になると社会情勢は経済の高度成長期を迎え、戦後の駐留軍の支配下におかれた神宮は旧神宮司庁庁舎の老朽化と共に社会情勢の変化に伴い事務が狭隘（きょうあい）となったのと、幸い寄付の申し出を受けたことによって新庁舎の建設に該地が選ばれた。一九七三年五月に新庁舎は完成し移転をはじめ実質上の運営は六月から始まった。

　このように特殊な地域のため、新庁舎の周辺はできる限り地形は現在の自然状態を残し、約一ヘクタール余りが整地され地上二階鉄筋コンクリート造り、玄関、渡り廊下等は採光のために周りは三ミリ厚の透明な硝子張りの近代的な鉄骨と石材による建物が建設された。従って硝子窓とコンクリート壁部分が多く外周の環境は外部の景色が反射する場所が多くなった。また、外側の小高くなった地形は建物との境が最小の幅になるようにして大小の自然石で乱れ積みの石積で区画され、建物以外の平地は大木を伐採しないでできる限り残し、アスファルト舗装がされ駐車場となった。建物は一階が二・九八平方メートル、二階二・〇二〇平方メートル、車庫、倉庫等は一階鉄筋コンクリート造りの一三五平方メートルとなった。

　従って外見上は自然環境の中に突如として人工構造物が出現することとなって自然界の動植物達はその適応に戸惑ったことであろう。そこで衝突し生命を落す鳥類が続出したのである。

　この現象は日本各地の私達の身近な建造物で発生し珍しい現象ではなく、鳥類の渡り期になると灯台に衝突する事例はよく見受けられるが建物に関する報告例は極めて少ない。北米西海岸の林業地を視察することができた時、世界の三大林業会社の一つ、ウエヤハウザー社の本社を訪ねた際にも周辺は森林内に近代建築が存在し鳥類の衝突事故が沢山観察された。

　筆者は長年の観察事例をみて世界的に多発している現象であるにもかかわらず軽視されている鳥類の硝子に衝突する事故がどのような傾向にあるのか観察資料を纏めてみたのがこの報告文である。

結果と考察

鳥類の種別、衝突年別、月別区分その他

一九七三年六月から一九九〇年三月までの十八年間にわたって鳥類が神宮司庁舎に衝突した事柄を鳥類の種別と年別区分と種別月別区分と幼鳥と性別判定の確定した個体区分に整理したのが表2、表3である。

建造物を中心とした周辺環境は次のようである。一九七三年五月に事務所は移転、六月から運営をはじめた。建造物を覆っていた外壁は外され、建造物内の日中は各部屋による照明で明るく、外部からみれば窓硝子、硝子壁はやや黒味を帯び紫外線を反射する硝子となって外観からの光景は奥行のあるように人には感ずる状況である。例えば、渡り廊下と玄関は北、西、南の三方は硝子張りとなっているため、外観からは硝子の反射で前方の景観が見通しがよく障害物があるように人は感じない。鳥類は紫外線を感受する視力であると言われているため、どのように感じているかは不明である。また、建造物の南側の東半分は五㍍ほど高くなった小高い尾根形となり玄関近くは低く東へ行くほど高くなり奥地の稜線へと続いている。北側は朝熊岳参道が西から東へと緩く登り坂となり、建造物の平地より五㍍ほど高く壁状になっている。西側は内宮神域内へ入る裏参道となって建造物の約五～一〇㍍ほど下方を北から南へと幅約三㍍の掘割道となり五十鈴川右岸に沿って上流へと登り神楽殿に通じている。従って周辺はできる限り従来の環境を保全するように、生育している樹木は残され建造物と樹木の間は小さな空間の駐車

表2　衝突した鳥類の種別年別区分表

年	一九七三	一九七四	一九七五	一九七六	一九七七	一九七八	一九七九	一九八〇	一九八一	一九八二	一九八三	一九八四	一九八五	一九八六	一九八七	一九八八	一九八九	一九九〇	計	飛去
ハイタカ			1																1	
ヤマドリ									1										1	
キジバト	4	5	11	5	20	11	3	14	13	17	11	1	2	3	1	2	3		126	64
アオバト	1				2	1		1	1	2	1			1	1		1	2	14	1
カッコウ																		1	1	
ツツドリ									1										1	
ホトトギス							1												1	1
オオコノハズク				1			1												2	
アオバズク		1	1				1			3	1						1		8	
フクロウ		2	1																3	2
カワセミ	1		2				3		3	1						2			12	4
アオゲラ		1	1	1					1	1		1							6	
コゲラ												1			2			1	4	1
ツバメ	1		1																2	1
キセキレイ	1	1	1		1			1		3	2	1							11	1
ハクセキレイ			1																1	
セグロセキレイ	1								1										2	
ヒヨドリ									1								2		3	
モズ							3												3	
カワガラス	1												2						3	3
ルリビタキ	2	5	1	1						1	1	1	1		1				14	1
ジョウビタキ			1					1					1						3	1
イソヒヨドリ														1					1	1
トラツグミ	5	2	3	1	2	2	2	1	1	4	2	1	1	4	4	1	2	1	39	2
クロツグミ								1											1	
アカハラ			1				1												2	
シロハラ	5	6	2	2	2	2	2	3	2	3	2	1	3	4	5	3	5		52	11
ヤブサメ						1													1	1
ウグイス		1	2	1	1		2	1	1	1									10	2
メボソムシクイ			2		1			1	2	1	1								8	2
イイジマムシクイ																		1	1	1
キビタキ			1		1														2	
オオルリ										1	1								2	
サメビタキ			1			1		2	1	1	1								7	
エゾビタキ			1	1															2	1
コサメビタキ			1													1			2	
サンコウチョウ				1															1	
エナガ								1					1						2	2
ヤマガラ		2	1			1			1										5	2
シジュウカラ	1	1		1				1	1			3	1			1		1	11	5
メジロ					2				2	3	2	2		2	2	3			18	2
ホオジロ			3	1			1			3	1	1							10	2
ミヤマホオジロ				1															1	
ノジコ			2							1	1	2							6	1
アオジ		2	3	2				1	1	2	1				1	1			14	
カワラヒワ			1	2		1		2	2	1				2			1		12	5
シメ														1	1				2	
スズメ			3			3	1	1	2	3	1								14	3
ハシボソガラス	1	1	15	2			4	1	1										25	24
コジュケイ				1															1	
カワラバト		2	17	15	9	11	24	6		6				1			3		94	25
デンショバト					1											1			2	
計	24	32	81	39	42	34	49	39	39	58	29	15	12	19	18	15	18	7	570	172

参考現象

- 事務所が五月から移転
- 庁舎の北西近くのクスノキ大木にアオバズクが営巣し繁殖に成功
- カワラバトが2階軒下に営巣繁殖
- ハシボソガラスが巣内の卵ヒナ、幼鳥を襲う
- 庁舎前東の石垣にセグロセキレイが繁殖成功
- 40～50センチの緋鯉を放流　屋根の銅板による緑青により全滅
- 11月[illegible]ガラスに衝突逃　12/13/31[illegible]衝突死
- 庁舎南東の石垣にキセキレイが繁殖成功
- 庁舎のカーテンの存在するところは閉めて退庁することになった

表3　衝突した鳥類の種別月別区分と幼鳥と性別判定の確定した個体区分表

季節区分	夏季			秋期			冬期			春期			年	幼鳥と成鳥の判定ができた個体			
鳥名＼月	6	7	8	9	10	11	12	1	2	3	4	5		幼鳥	雄	雌	計
ハイタカ		1											1				
ヤマドリ												1	1			1	1
キジバト	5	4	4	4	7	12	19	15	14	27	6	9	126	1			
アオバト						1	3	3	2	5			14		3		3
カッコウ					1								1				
ツツドリ												1	1				
ホトトギス	1												1	1			
オオコノハズク								1				1	2				
アオバズク		2		3								3	8	2			
フクロウ				1						1		1	3				
カワセミ		4	1	3						1	2	1	12	1	1	1	2
アオゲラ		2	1	1				1				1	6	3			
コゲラ	2	1								1			4	3			
ツバメ	1											1	2				
キセキレイ	1	1	2	1	2		1				3		11	2	3	2	5
ハクセキレイ						1							1				
セグロセキレイ					1							1	2	1	1		1
ヒヨドリ	1				1	1							3	2			
モズ					1		2						3				
カワガラス					2		1						3				
ルリビタキ						2	3	3	1	3		2	14		6	4	10
ジョウビタキ					2			1					3		2	1	3
イソヒヨドリ												1	1	1			
トラツグミ		3		2	1	8	6	6	9	4			39	2			
クロツグミ					1								1			1	1
アカハラ						1				1			2				
シロハラ					1	15	12	11	7	5	1		52				
ヤブサメ	1												1				
ウグイス		2	1	1	3	1				1		1	10	2			
メボソムシクイ			3		4				1				8				
イイジマムシクイ										1			1				
キビタキ					1						1		2		1		1
オオルリ			2										2		1		1
サメビタキ			1		6								7				
エゾビタキ				2									2				
コサメビタキ		1			1								2				
サンコウチョウ			1										1			1	1
エナガ					1		1						2				
ヤマガラ			1	1					2	1			5	1			
シジュウカラ		2								1	6	2	11	3	2		2
メジロ	1	5				2		4	2		2	2	18				
ホオジロ			1	2	2	3					2		10	3		1	1
ミヤマホオジロ						1							1				
ノジコ					1	3				2			6		1	1	2
アオジ						5	1	1	3	3	1		14		4	1	5
カワラヒワ	2	3				1				1		5	12	6			
シメ					2								2				
スズメ	1	4			3				1		2	3	14	3			
ハシボソガラス	4		1	3	1	1	1	1	10	1		2	25				
コジュケイ								1					1				
カワラバト	4	8	1	7	3	6	23	11	11	12	6	2	94				
デンショバト										2			2				
計	24	43	20	31	48	64	73	59	63	73	32	40	570	37	25	14	39

場として舗装されている。

このような環境で一九七三年には早くも南側のみだれ石積石垣にキセキレイが繁殖し、一九七四年は建造物の北西角のクスノキ（二五〇年生ほど）の大木にアオバズクが二年連続して繁殖。銅板葺き屋根の流水が集積する深さ五〇チセンほどの人工池に緋鯉二〇匹が放流され、緑青毒性によって一年余りで全滅してしまった。その後放流は中止された。一九七五年十一月には野犬に追われた雄鹿が十二月三日、三月三一日には雌鹿が玄関西口の硝子壁に衝突し、雄は怪我もなく逃げ去った（角によって硝子が割れ落下する前に身を後退させた）が、雌鹿は落下した硝子の破片で首に大怪我をし出血多量で即死した。また、一九七五年からカワラバトが二階軒先の桁上に集団繁殖し、それに気づいたハシボソガラスの小集団はカワラバトの卵、雛、幼鳥を襲うようになった。その結果カワラバトは一九七九年には集団繁殖を放棄し、一九八一年にはハシボソガラスの集団は姿を見ることは稀となった。一九八二年は庁舎南東の乱れ石積にキセキレイが繁殖に成功した。なお衝突事故の多発を防ぐ行為として、各部屋の硝子窓にカーテンの存在する箇所は一九八二年以降退庁時に必ず閉めて退庁することになった。また、建造物が全面硝子張りとなった内部（受付）からは外側の視界の利く範囲で鳥類の自然状態の行動が観察できる状態となっていた。

衝突した鳥類について

一九七三年六月から一九九〇年三月の十八年間に亘って庁舎に衝突した鳥類は表2のようにハイタカ

をはじめ52種に及んだ。そのうちの1種はデンショバトであった。犠牲となった鳥類の多い順からみると、キジバト126羽中64羽は衝突後一時落下するがしばらくすると飛去できたが、観察事例の一つに同種同士が追っかけ前面に硝子の障害物のあることに気づき急制動をかけ方向転換したものが2件確認された。続いてカワラバトの94羽で25羽は飛去できた。営巣にかかわり途中でハシボソガラスに追われ衝突したものの25羽は辛うじて急制動をかけ落下し一時その状態で短時間に回復し飛去した。飛去した直後再び衝突した（近くで二回衝突）もの2件があった。いわゆるこの種は繁殖場所を二階軒桁の広く平らな場所に求めたことにより犠牲が多発したものと推測された。

シロハラは52羽中飛去できたものが11羽で、衝突時に縄張り争いが確認されたもの6羽、タカに追われたもの1羽、モズに追われたもの1羽が確認された。

トラツグミは39羽は縄張り争いによって衝突し、その後飛去できたものが2羽であった。平成十四年に発行された「神宮鳥類生息調査」によると六月以降囀りが聞かれず他の生息証拠もないので繁殖はないと考えられるが、島路山地区に夜泣き田という地名が残っていたり、一九六〇年頃にトラツグミは6〜7羽確認し繁殖営巣地一ヶ所を確認している。今回の衝突事故で七月に3例あったことから推察してトラツグミは繁殖の可能性は高いものと思われる。

ハシボソガラスの25羽はカワラバトを追って犠牲になったのが1羽、衝突後飛去したのは24羽。そのうち6羽は急制動をかけ落下を免れた。また同種の争いで衝突し落下を免れた2羽は明らかにカワラバトの営巣攻撃に関係があったものと判断できた。

メジロは18羽中2羽は飛去した。衝突の原因は、縄張り争いで4羽、原因不明は2羽、同じく追うものと追われるものが同時に衝突し犠牲となったもの4羽が観察された。

アオジは14羽が犠牲になり、飛去できたものはいなかった。

スズメは建造物や駐車された車の近くで採餌していることがよくあり、突然の自動車の移動等で驚き衝突することが多く14羽が犠牲になり3羽は飛去したが、そのうちの1羽はドアが開いていたので廊下に入り人の手によって保護された。

アオバト、ルリビタキは共に14羽が犠牲になり1羽が飛去した。また、アオバトは激突し（原因は不明）3ミリ㍍の厚さの硝子窓に衝突し硝子を破損してしまった。衝突のすごさに驚かされた。

カワセミは12羽が落下しそのうち4羽は飛去した。

カワラヒワは12羽が一時落下し5羽は飛去した。

キセキレイは庁舎の南に造られた乱れ積石垣の凹地で繁殖したこともあって11羽は犠牲になり、そのうちの1羽は縄張り争いで衝突後、飛去したことが確認された。因みに原因不明の衝突が2件発生している。

シジュウカラは11羽中5羽は飛去した。そのうちの2羽は開いたドアから廊下に入り飛去しようとして犠牲になった。

ウグイスは10羽が犠牲になり2羽はそれぞれ飛去した。

ホオジロは10羽が犠牲になり、そのうち4羽が縄張り争いをしながら2羽は衝突し、2羽は飛去した。

アオバズクは建造物の北西角の出入口ドアの場所から約二〇㍍離れたところにクスノキの大木があり、高さ七㍍近くの空洞となった穴で一九七四年一九七五年の二ヶ年繁殖した。（過去にも毎年繁殖していた形跡が確認されている。）従って、人の出入りが頻繁でそれに驚くことがあり8羽の衝突があった。そのうち1羽の成鳥、2羽の幼鳥が自動車の往来で犠牲となった。

メボソムシクイは8羽の衝突があり、1羽はモズに追われ衝突したが一九七五年十月二三日の個体は三五分後に飛去した。

サメビタキは7羽が衝突し落下した。

アオゲラは6羽の雛が巣立ちし周辺で活動していたが一週間後自動車に驚き硝子壁に衝突し犠牲になった。アオバズク、アオゲラはクスノキの大木を中心として行動圏をそれぞれの環境に適応しつつ変化をさせ建造物を取り巻くうちに衝突事故を起し一年以内に幼鳥は総て犠牲になった。これは巣立ち後の行動が徐々に拡大しやがて拡散する本能的な行動で学習能力が不足していたことが主な原因のようである。

ノジコは6羽が衝突したが1羽は飛去した。

ヤマガラは5羽が衝突したが2羽は落下後飛去した。

コゲラは4羽が衝突しそのうち1羽は飛去し1羽は巣立ち後の幼鳥で自動車に驚き犠牲になった。

フクロウは3羽が犠牲になったがそのうち1羽は緋鯉を捕獲し人の気配を感じ飛去しようとして硝子壁に衝突し緋鯉を捕獲したまま落鳥してしまった。フクロウの爪が容易に獲物から離れなかったことによるものと推察される。2羽は衝突したがすぐ飛去した。

モズは3羽が衝突したがいずれも落鳥した。

カワガラスは3羽が衝突したがいずれも飛去した。

ジョウビタキは3羽が衝突し、そのうち1羽が飛去し2羽が犠牲となった。

オオコノハズクは2羽が犠牲となった。これによって伊勢地方では越冬することが確認できた。

ツバメは2羽が硝子窓に衝突したが1羽はトンボを捕獲しようとして犠牲になり、また他の1羽は昆虫を捕獲したとき制動がきかず落下しすぐ飛去した。

セグロセキレイは2羽が犠牲になった。そのうち1羽は幼鳥だった。

イイジマムシクイは1羽が衝突したが落下後すぐ飛去した（5分後）。なお、本種は絶滅危惧II類（環境省レッドリスト）で渡りルートや越冬地が不明である種である。一九九〇年三月二六日朝七時頃であった。

エゾビタキは2羽が犠牲となり1羽は飛去した。1羽は昆虫を捕獲しようとして制動がきかず犠牲となった。

アカハラ、キビタキ、オオルリ、コサメビタキはそれぞれ2羽が犠牲となった。

シメ、デンショバトは各々2羽が犠牲になった。

ホトトギスは幼鳥が1羽衝突したが飛去した。

ハイタカ、ヤマドリ、カッコウ、ツツドリ、ハクセキレイ、クロツグミ、サンコウチョウ、ミヤマホオジロ、コジュケイは各々1羽が犠牲となった。

イソヒヨドリは1羽が衝突したが落下後すぐ飛去した。この種は本来海岸部に生息し繁殖するのが普通である。しかし伊勢市内では一九七〇年頃より鉄筋コンクリートの建造物で繁殖が確認され、特殊な例では暗渠が詰まり用をなさなくなった中で繁殖したり、（二〇〇二・五・三、御木本道路の蛙石付近）C型軽量鉄骨の構造物、（一九九八・五・五、イオン楠部店）、また、高見山峠付近の人家の納屋の軽量鉄骨で幼鳥を確認（二〇〇三・五・二二）。因みに台湾では内陸鳥類とされている。

ヤブサメは1羽が衝突し落下したが飛去した。

これらを纏めると、カワガラス、エナガ、ホトトギス、イイジマムシクイ、イソヒヨドリ、ヤブサメは100%、ハシボソガラスは96%、フクロウは66.67%、カワラバトは55.87%、キジバトは50.20%、ツバメ、エゾビタキは各々50%、シジュウカラは45.45%、カワラヒワは41.67%、ヤマガラは40%、カワセミ、ジョウビタキは各々33.33%、ハシボソガラス、コゲラは各々25%、スズメは21.43%、シロハラは21.15%、ウグイスは20%、ノジコは16.67%、アオバト、ルリビタキは各々7.14%、メジロは11.11%となり、アオジ、アオゲラ、アオバズク、サメビタキ、ヒヨドリ、モズ、オオコノハズク、セグロセキレイ、アカハラ、キビタキ、オオルリ、ハクセキレイ、コサメビタキ、シメ、デンショバト、ハイタカ、ヤマドリ、カッコウ、ツツドリ、クロツグミ、サンコウチョウ、ミヤマホオジロ、コジュケイは衝突しすぐ落下してしまった。

また、縄張り争いが確認できたのはシロハラの6件、トラツグミ、ハシボソガラス、ホオジロの各々2件、メジロの4件、アオバト、キセキレイ、セグロセキレイの各々1件、タカ（種不明）に追われたシロハラが1件、モズに追われたシロハラとメボソムシクイが各々1件、当該地近辺で繁殖し偶然衝突したトラツグミが3件、原因不明はメジロ、キセキレイ、メボソムシクイの各々2件、人が原因はスズメの1件、採餌中はツバメ、エゾビタキの各々1件であった。

衝突の年別区分

衝突の年別区分によると表2のようになり、最大は一九七五年の81件、一九八二年の58件、一九七九年の49件が最多である。これは一九七五年にはじまる二階の軒桁上の空間を利用してカワラバトの冬期繁殖行動によって卵、雛、幼鳥をハシボソガラスが営巣箇所を攻撃することが多発したことでカワラバトとハシボソガラスの攻防行動が発生することになった。すなわち一九七七年の42件、一九七六年の39件、一九八〇年の39件はともに一九七五年に始まった営巣行動が最高となり、それを学習したハシボソガラスの攻撃によることが最大の原因である。また、キジバトの犠牲も多発しているが、これはカワラバトの繁殖によって誘導され、カワラバトの営巣場所付近に繁殖を試みた結果によるものと思われる。

一九八二年十二月末からは各部屋でカーテンを閉め退庁することによって衝突件数は急減しはじめ年々の衝突件数は一九八三年が29件、一九八四年が15件、一九八五年が12件、一九八六年が19件、一九八七年が18件、一九八八年が15年、一九八九年が18件、一九九〇年が7件と急激な減少となった。その中で一九八六年と一九八七年に増加しているのがトラツグミの4件、シロハラの4件、一九八九年の5件が増加したのは前述の縄張り争いの結果によるものでカーテンの閉め忘れが続いたためであったことが判明している。一九九〇年は衝突件数は7件と急に減少しているが、これは他の要因、例えば渡り期の鳥類、越冬する鳥類の状況が他の年と比較しどのようであったか広域的に検討しなければ明らかにならない。

衝突の月別、四季別区分

鳥類の衝突の月別区分をみてみると表3のように最大の月は十二月三月の73件、各々12.81%、続いて十一月の64件、11.23%、二月の63件、11.05%、一月の59件、10.35%、十月の48件、8.42%、七月の43件、7.54%、五月の40件、7.02%、四月の32件、5.61%、九月の31件、5.44%、六月の24件、4.21%、八月の20件、3.51%となった。十二月は伊勢地方が毎年越冬鳥類の集中する時期となり十一月から十二月にかけては各鳥類の個体は最大となる。二月の63件、一月の59件は越冬鳥がさらに南下する個体もあり一時的に減少するが三月になると南下していた越冬鳥が少しずつ北上するために十二月の最盛期と同様に最多となる傾向を示す。従って十一月〜一月は１９６件、全体の34.39%を示すことになる。続いて十月は第一波の渡り期にあたり48件、8.42%、となった。七月の43件、7.54%は伊勢地方においては鳥類の繁殖行動がほぼ完了に近づき、五月の40件、7.02%は繁殖期の最盛期に当る。四月は32件、5.61%は伊勢地方の鳥類の繁殖と夏鳥の渡り期になる。九月の31件、5.44%は秋の渡り期の第一波が始まり最も多いのはサシバの上空飛去である。六月は伊勢地方では繁殖期の最盛期にあたり経験の少ない幼鳥の被害は多くなる。八月は繁殖期も終り幼鳥の活動は活発な期間である。従って、四季区分すれば冬季の１９５件、34.21%、春季の１４５件、25.44%、秋季の１４３件、25.09%、夏季の87件、15.26%、となって一般に苑地において野鳥との出合いが一致し最も少ない季節と一致する。

解剖により判定できた死因

解剖により判定できた死因についてみると表４となった。即ち衝突した総数は５７０件、そのうち解剖によって判別できたのは72件となった。これを頭部、胸部、内臓部と外部に区分すると頭部は43件、59.72%、胸部は８件、11.11%、内臓部は20件、27.78%、外部は1件、1.39%となった。飛翔の勢

表4　解剖により判定できた死因

区分	部位の百分率%	解剖結果による区分	個体数	個体数の百分率%
		衝突した総数	570	
		解剖区分できた合計	72	100.0
頭部	59.72	脳内出血	41	56.94
		左眼内出血	1	1.39
		嘴峰破損	1	1.39
胸部	11.11	胸骨々折	2	2.78
		肋骨々折6本	1	1.39
		気管支切断	1	1.39
		心房潰れ	4	5.56
内臓部	27.78	内臓のダメージ	16	22.22
		肝臓破裂	1	1.39
		肝臓陥没、肺の内出血	1	1.39
		内臓全体が下腹部まで下る	2	2.78
外部	1.39	左翼骨折	1	1.39

いで衝突することが多く胸内出血が41件で56.94%が最も多く、続いて内臓のダメージが16件、22.22%となった。これは採餌後に胃内に確保された食物が満杯であることが最も多く、胃内容物が空のときは肝臓、肺の内出血等となって、内臓全体が下腹部まで下っていたのは胃の内容物が最も多かったときである。この他、左眼内出血、嘴峰破損、胸骨骨折、肋骨骨折、気管支切断、心房潰れ等様々な死因であることが判った。これは人の自動車事故と同様でスピードと被害の凄まじさは比例する。硝子に衝突し死去する鳥類のスピードの凄いものがあることがわかった。

衝突後飛去にかかった時間

鳥類の硝子に衝突した総数は570件（硝子に形跡を残した件数も含む）あり、その中

表５　衝突後に飛去にかかった時間の割合

区分		件数	衝突に対する百分率
衝突した総数		570	
回復が確認できた数		114	20
回復の時間	すぐ回復	68	11.93
	1時間以内	12	2.11
	2時間以内	20	3.51
	3時間以内	12	2.11
	7時間以内	2	0.35

で回復が確認できた件数は１１４件で衝突に対する百分率は20％、となった。回復時間については複雑なため表４に示した区分によって整理してみると、（中には保温対策等、回復に対する手当を施したのも含む）落鳥後個体自身に意識がもどりすぐ回復し飛去した個体は68件で衝突に対する百分率は11.93％となった。以下同様に一時間以内は12件、二時間以内は20件、三時間以内は12件、2.11％、3.51％、七時間以内は２件、0.35％となって衝突後の自然回復は困難であることがわかった。因みに衝突原因が偶然川合幸洋他六名によって確認されている。縄張り争いが19件、追いかけて衝突したのは１件、追われて衝突したのは４件となって縄張り争いで衝突するのが最も多いようである。

衝突時刻の傾向

衝突時刻については様々な条件が重なってその正確さについては無理なところもある。しかし、概略の時刻について纏めてみると、次のようになる。第一に、出勤時刻その他の条件が加わり、明確な判断ができない理由は落鳥後の鳥の状態によって判断する時、また日出時刻は二〇年間で多少のずれがあること、これは日本暦の標準時刻（神宮暦昭和四十四年版を採用）によったこと、庁舎の建っている位置が宮域林の裏側に存立する小さな山形によって太陽光が照射する時刻をみると約三〇分後になると庁舎全体が太陽の光を受けることになる。このことから庁舎全体に太陽光が当り硝子に外の景色が反射することによって衝突するのではないかと推測し一九七三年から一九九〇年の十八年中に記録のあるものを整理してみたのが表6と表7である。確認できた全体は２４３件、そのうち日出から午前七時三〇分までは80件、32.9％となり、午前七時三一分から午前九時五九分までは94件38.7％となった。午前十時から午前十二時五九分までは40件11.5％となり衝突の最も多い時間は午前七時三〇分から午前九時五九分までの94件となった。因みに午後一時から日没前の午後五時五九分までは29件で午前六時から午前六時三〇分までの時間帯と同じ件数となって、明らかに庁舎全体が太陽光に当り周辺環境の景観が硝子に反射することが主要の原因であるといえる。

衝突箇所の傾向

神宮司庁舎に衝突した鳥類の位置を整理するのに、コンクリートや金属による壁には衝突痕はみられないことから硝子窓と硝子壁を一階、二階、北側、南側と区分し西から東へ各々一区画毎に番号を付けて区分してみると、衝突した位置が集中する箇所が現われる。一階については調度部と運転手控室の窓の調度部の硝子窓に一ヶ所、北側の出入口のドア1N4―一と玄関ホール北の硝子壁1N5―一から四、東ホールの硝子窓1N5―五と六、大会議室の硝子壁1N5―七、会計課、財務部長室の硝子窓1S1

表6　鳥類が衝突した時刻

	一九七三	一九七四	一九七五	一九七六	一九七七	一九七八	一九七九	一九八〇	一九八一	一九八二	一九八三	一九八四	一九八五	一九八六	一九八七	一九八八	一九八九	一九九〇	計
4					1														1
							2												2
5		2	1		1				1						2		1		8
				1					2	1	1								5
6		1	3	2		4	2	1	1	4	4		4	1	1		1		29
			1			1	3						1	1					7
7	1	2	1	1	3		5	6	4	2	1						1	1	28
	4	4	2	2			2		3			1		1					19
8	4	5	2	1	7		2	7	1		1				1	2	2		35
	1		2		1				1	1		1			2				9
9		1			1	1	3	2	2				2			1			13
	1	4	6	1		1	1	1		1							2		18
10	2			1		1		1	1				1						7
			1						2					1				1	5
11	1	1	2		2	1				2	1				1				11
		1	1	2											1	1			6
12		1						2	1					1					5
			2		1	1					1			1					6
1									1								1		2
								1											1
2			1					1			1		1	1			1		6
			1	1					1	2	1		1	1		1			9
3																			0
		1	1				1										1		4
4				1							1		1						3
											1	1							2
5			1								1								2
																			0
前中	1		11	2	4	2	9	6	1	4					1	4	3		48
后中	1		3		1				1										6
夜							1												1
夕方									1										1

表7

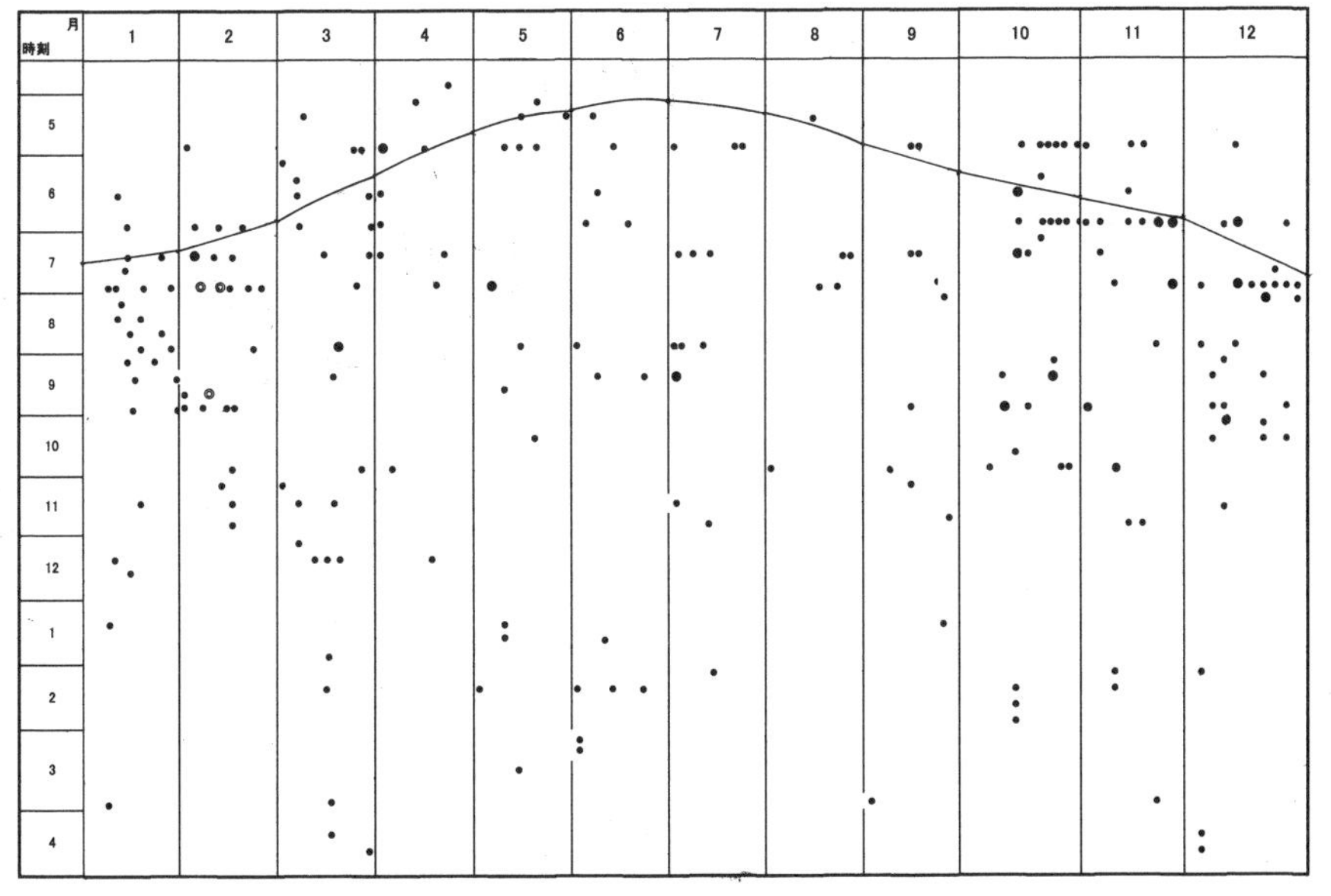

一四、物置室の1S1―七と八、正面玄関上部の硝子壁と全面壁の1S3―二と三、および1S3―四、五、六、総務部長室、総務部、小会議室、出入口の1S5―一から四までの硝子窓、ちょうど部長室の硝子窓と西側渡り廊下壁の1W1―三から八、玄関ホールの出入口ドアと硝子壁の1W2―二、総務部西にある渡り廊下および土地利用によって会計課以北にある構造物への渡り廊下1W3―一から九、西側の渡り廊下壁とドアの1E1―二から六、会計課以北の構造物へ連絡する階段状の1E2―三、および四、大会議室の硝子窓1E3―二から四、二階は営林部長室、営林部、営繕部長室、文教部長室、営繕部の存在する2H3―一から2N3―八、正庁北側硝子壁と硝子窓の2N4―一から三、玄関ホール吹抜の硝子壁、東ホールの硝子壁と硝子窓の2N5―一から八、貴賓室の硝子壁と硝子窓の2N6―一と二、物置、神宝装束部長室、考証課、儀式課、祭儀部長室の硝子壁と硝子窓の2S1―一から八、西南角の顧問弁護士室の硝子壁2S2―一、玄関ホール吹抜けの硝子壁の2S3―一から五、応接室、秘書部長室、小宮司室、大宮司室、貴賓室の硝子壁と硝子窓の2S4―一から八、北側通路の硝子壁の2W1―一と二、総務部西北にある階段式渡り廊下の硝子壁、2E1―一から2E2―四、正庁東側の硝子壁と硝子窓の2E3―一から四、貴賓室東側の硝子壁と硝子窓の2E4―一から四として区分整理したのが表8である。これによると一階では全体では185件、1S3―二から1S4―一までが53件、28.65%、1W1―三から1W3―五までが37件、20.00%、1N4―一から1N5―七までが36件、19.46%、1E1―二から四までが19件、10.27%、1S5―一から1W1―一までが17件、9.19%、1W3―七から九までが7件、3.78%、1S1―七から八までと1E3―二から四までが5件、2.70%、1E2―三から四が共に4件、2.16%、1N1―一と1S1―四が共に1件、0.54%となった。二階では全体で252件、2S4―一から八までが108件、42.86%、続いて2N5―六から2N6―二までの40件、5.87%、2E1―一から2E2―三までが31件、12.30%、2E3―

一から2E4―四までが28件、11.11％、2N3―一から三までが10件、3.97％、2N4―一から三までが9件、3.57％、2S1―二から三までと2S1―五から七までが共に6件、2.38％、2W2―一から三が5件、1.98％、2N3―五から七までが4件、1.55％、2N5―四が2件、0.75％、2S3―四、2W1―四、2W2―五は共に1件、0.40％となった。

すなわち、一階、二階が連続して、硝子壁と硝子窓により吹抜け状態となっているため、一階では玄関ホールの南側、南北に長い渡り廊下西側の硝子壁、玄関ホール、東ホール北側の硝子壁、二階では南側各部屋の硝子窓、玄関ホールから続く吹抜けの北側の硝子窓に衝突痕が多発してるとわかった。この結果を検討すると、硝子壁と硝子窓には衝突しやすい条件があると推察される。

まとめ

現在の神宮司庁舎へ移転してから十八年間にわたる庁舎に衝突した鳥類についての観察結果および考察によると、衝突場所は、ほぼ同一の場所に集中している。庁舎が太陽に当たり周辺環境の景観が硝子に反射する日出後、約三十分から一時間の間に犠牲が多発している。採餌による縄張り争いが原因の一つである。かなりのスピードで衝突しているということが分かった。

庁舎の建設の経緯から見て、神宮司庁舎建設以前から、鳥類にとって採餌場所であり、渡り期の飛行行路となっているために行路変更が困難であることがわかった。

（平成二七年三月　未完）

二S4ー六	二S4ー七	二S4ー八	二W1ー一	二W1ー二	二W1ー三	二W1ー四	二W1ー五	二W1ー六	二W1ー七	二W1ー八	二W1ー九	二W1ー十	二W1ー土	二W2ー一	二W2ー二	二W2ー三	二W2ー四	二W2ー五	二W2ー六	二W2ー七	二W2ー八	二W3ー一	二W3ー二	二E1ー一	二E1ー二	二E1ー三	二E1ー四	二E1ー五	二E2ー一	二E2ー二	二E2ー三	二E2ー四	二E3ー一	二E3ー二	二E3ー三	二E3ー四	二E4ー一	二E4ー二	二E4ー三	二E4ー四		計
22	4	4				1								1	3	1		1						10	6	3	3	1	1	3	4		1	3	1	3	5	4	5	6		252
1																																									2
1																																									2
																									1	1																4
1						1																	3			2															12
1																									2											1	1		2		15
3	2																													1		1										18
1	1																												1				2	1	3				2		29
1		1												1									2					1				1								17
	1	1																											1									1		9
6		2																																	1	2	5	1		27
3															1		1						4	1		1		1		1						1					49
3													1										1				1														23
1														2									2	2					1	1						2	1				45

一W2ー一	一W2ー二	一W3ー一	一W3ー二	一W3ー三	一W3ー四	一W3ー五	一W3ー六	一W3ー七	一W3ー八	一W3ー九	一W4ー一	一W4ー二	一E1ー一	一E1ー二	一E1ー三	一E1ー四	一E1ー五	一E1ー六	一E2ー一	一E2ー二	一E2ー三	一E2ー四	一E3ー一	一E3ー二	一E3ー三	一E3ー四		計
2	6	1	3	3	9	1		5	1	1				4	5	10					1	3		1	1	3		185
			1																									1
			1		1																							5
																												2
																1												3
				1										1														4
	1			1	1											2												11
			1		4			1														1						15
	1				1	1										3						1						19
										1					1	2												16
														2	2										1	3		16
	2													1		1					1	1						17
1	2	1			2										2	1								1				31
																												11
1				1				4	1																			34

年/二階	二N1-一	二N2-一	二N3-一	二N3-一	二N3-二	二N3-三	二N3-四	二N3-五	二N3-六	二N3-七	二N3-八	二N4-一	二N4-二	二N4-三	二N5-一	二N5-二	二N5-三	二N5-四	二N5-五	二N5-六	二N5-七
計			3	1	1	5		2	1	1		1	5	3				2		2	17
1992																					
1991																					
1990																					
1989																					
1988																					
1987																					
1986																					
1985																					
1984																					
1983			1			1															
1982			1																		
1981																					
1980				1		1															1
1979						1			1					1						1	2
1978																		2			
1977														1							1
1976																				1	1
1975						1		1		1											6
1974																					2
1973			1		1	1		1				1	5	1							4

年/二階	二N5-八	二N6-一	二N6-二	二S1-一	二S1-二	二S1-三	二S1-四	二S1-五	二S1-六	二S1-七	二S1-八	二S2-一	二S3-一	二S3-二	二S3-三	二S3-四	二S3-五	二S4-一	二S4-二	二S4-三
計	8	3	10		4	2		2	2	2						1		5	18	17
1992					1															
1991																			1	
1990																				
1989																				
1988																				
1987																				
1986																				
1985																				
1984																				1
1983																			1	1
1982	1		1													1				
1981																				
1980					1	1		2										1	1	1
1979	1																		1	3
1978																			3	
1977					1															1
1976			3															2	1	2
1975	3	1	2															2	6	4
1974	3					1													1	4
1973		2	4		1				2	2									3	

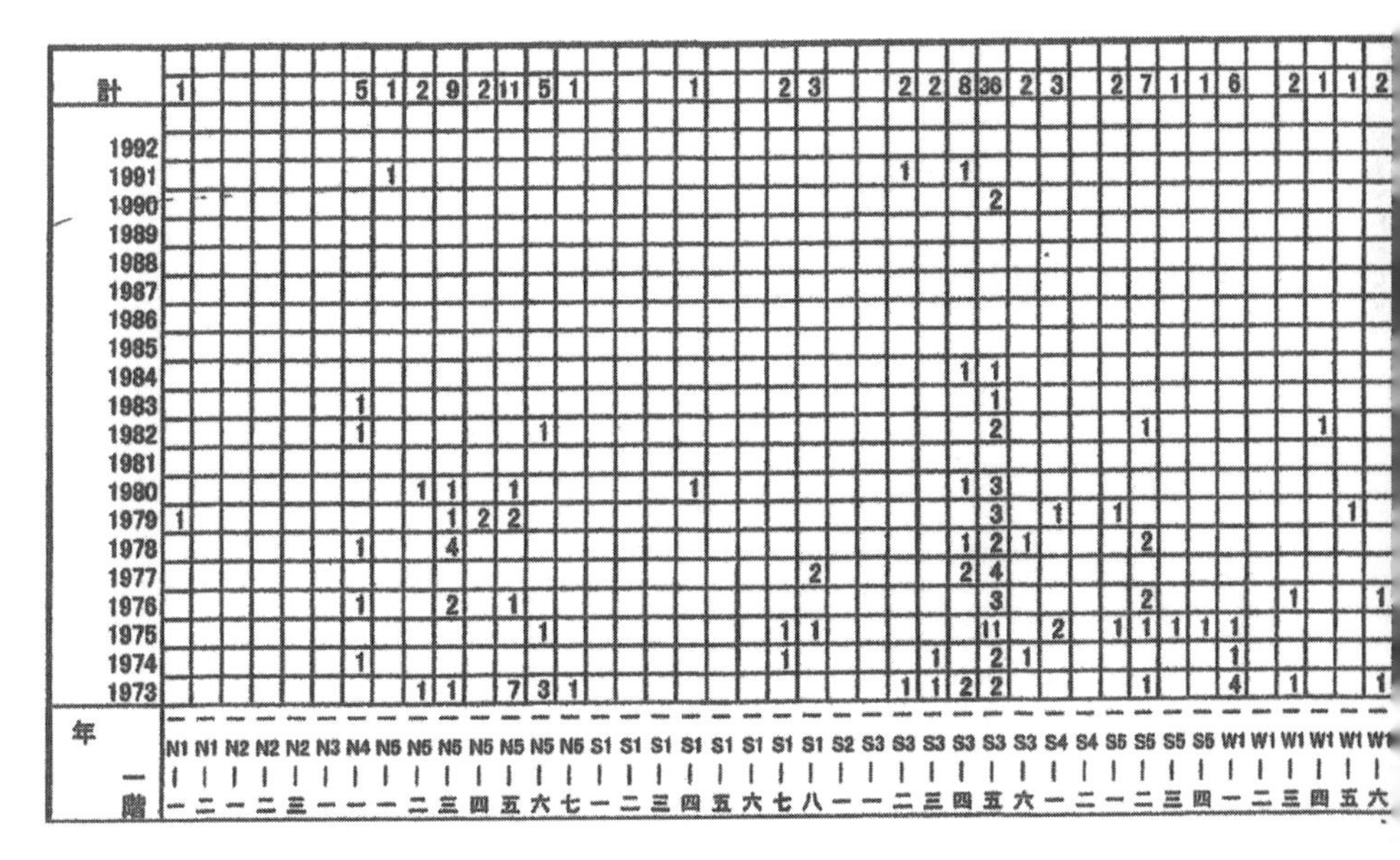

年/一階	一N1-一	一N1-二	一N2-一	一N2-二	一N2-三	一N3-一	一N4-一	一N5-一	一N5-二	一N5-三	一N5-四	一N5-五	一N5-六	一N5-七	一S1-一	一S1-二	一S1-三	一S1-四	一S1-五	一S1-六	一S1-七
計	1						5	1	2	9	2	11	5	1				1			2
1992																					
1991								1													
1990																					
1989																					
1988																					
1987																					
1986																					
1985																					
1984																					
1983							1														
1982							1						1								
1981																					
1980									1	1		1						1			
1979	1									1	2	2									
1978							1			4											
1977																					
1976							1			2		1									
1975													1								1
1974							1														1
1973									1	1		7	3	1							

年/一階	一S1-八	一S2-一	一S3-一	一S3-二	一S3-三	一S3-四	一S3-五	一S3-六	一S4-一	一S4-二	一S5-一	一S5-二	一S5-三	一S5-四	一W1-一	一W1-二	一W1-三	一W1-四	一W1-五	一W1-六
計	3			2	2	8	36	2	3		2	7	1	1	6		2	1	1	2
1992																				
1991				1		1														
1990							2													
1989																				
1988																				
1987																				
1986																				
1985																				
1984						1	1													
1983							1													
1982							2					1						1		
1981																				
1980						1	3													
1979							3		1		1								1	
1978						1	2	1				2								
1977	2					2	4													
1976							3					2					1			1
1975	1						11		2		1	1	1	1	1					
1974					1		2	1							1					
1973				1	1	2	2					1			4		1			1

表 8　衝突した鳥類の位置

あとがき

伊勢神宮の森と関わって
――日本人の感性のＤＮＡ――

まず、父自身が長年温め続けていた〝原稿を本にする〟という願いを形にすることができましたことに感謝申し上げます。

父がいよいよお迎えを覚悟した時、

「いろいろな書き物や書類は全部処分してしまって構わないから」

と、言い遺しました。おそらく様々な残務整理に追われるであろう私を慮ってのことだったとは思いますが、さて、父のマンションで片付けをしていますと、膨大なノートや資料、書物ばかりです。その一つ一つは自分の足で何日も何年もかけ山々等をめぐってまとめ上げられたデータであり、指一本で調べられるインターネットや情報網のない時代に各地の図書館や書店、新聞社など様々な所へ足を運び集めた資料でした。手に取ると原稿を熱心に作成していた父の姿が目に浮かびます。また、杉浦節と言われていた父の声が蘇ります。

変化の時代を経た今でこそ当たり前となった地球環境の維持や生物多様性を注視しその一員として共存していくという父の哲学は、高度成長期の直中にあった当時としては珍しくある種奇異的なものだったと思います。しかしそれは、伊勢神宮に奉職しその森厳な山々と関わることで確立されたものです。一方で三重野鳥の会を立ち上げ、その哲学を臆することなく発信していました。

そうした活動の中で、いろいろな場面で講演を頼まれることがあり、お話をまとめた原稿が今回の講演録です。また、エッセイやNHKラジオ放送の原稿というのは、身近な鳥の紹介という形でラジオや新聞のコラムを依頼されお伝えしていた当時のままのものです。時にはNHKのみんなの科学という教育番組に出演しそのたびに人に伝える活動を丁寧に仕上げていました。

こうした父の哲学に共感していただける方々のご推薦をいただき、二〇〇六年環境大臣表彰を拝受いたしましたが、長年父の活動を蔭で支えてきた母が存命であったならどんなに喜んだことだろうと思うと大変残念でなりません。

晩年は、お蔭様で多くの仲間や友人に支えられ充実した生活を送ることができていました。片付けをする中で父と交流のあった方々にご挨拶するたびに、

「どんな事にも一生懸命でいつも穏やかな方でしたね」

といただくお言葉は大変ありがたく、父と交流のあった多くの方々にこの場をお借りして感謝申し上げます。

最後になりましたが、父の原稿を持て余している時に、

「本にしましょう」

と力強く提案してくださった山本直子様、編集して出版を実現して、表紙絵から装幀までを父の孫である野村雄大に任せてくださった書肆アルスの山口亜希子様、お二人とも私が大学時代に大変お世話になりましたリクルートスカラシップ、現公益財団法人江副記念財団のスカラシップ同窓生です。お二人に

心より感謝申し上げます。

追記

残念なことに父の愛でた伊勢湾台風以前の神宮の森はもう見ることができないけれどもＩｏＴやＡＩと騒がれている昨今であればこそ、伊勢神宮が続く限り神宮の山々はその姿を少しでも長く維持し、日本人の感性のあり方を静かに訴え続けてほしいと願うばかりです。

川上 育子

杉浦邦彦（すぎうら・くにひこ）

昭和７年５月６日、愛知県清州市に生まれる。31 年、三重大学農学部林学科を卒業後、神宮司庁に入庁、営林部に所属。平成 10 年、同庁財務部管財課を経て退職後は、財団法人三重県環境保全事業団嘱託専門員として、三重の自然観察と保護に取り組む。

日本野鳥の会三重支部（元三重野鳥の会）初代支部長
財団法人日本鳥類保護連盟評議員・専門員
国土交通省河川水辺の国勢調査アドバイザー
環境省希少野生動植物種保存推進員
三重県自然環境保全審議会委員

伊勢いいとこね　――神宮の自然――

平成 31 年 3 月 28 日　初版第 1 刷発行

著　者　　杉浦　邦彦

発行者　山口亜希子
発行所　株式会社書肆アルス
http://shoshi-ars.com/
〒 165-0024 東京都中野区松が丘 1-27-5-301
電話 03-6659-8852　FAX03-6659-8853
印刷／製本：株式会社厚徳社

ISBN978-4-907078-26-3 C0045